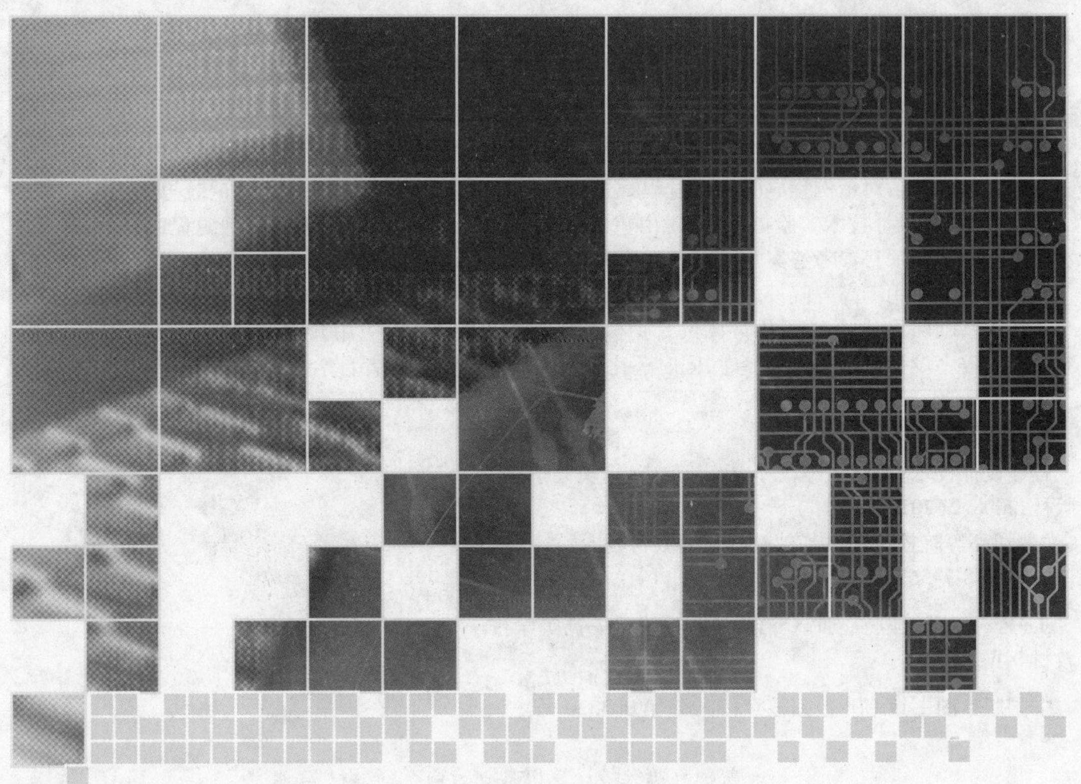

普通高等院校计算机基础教育系列教材

PUTONG GAODENG YUANXIAO JISUANJI JICHU JIAOYU XILIE JIAOCAI

程序设计技术

CHENGXU SHEJI JISHU

（第三版）

■主　编　熊　壮
■副主编　陈　策
■编　者　（以姓氏笔画为序）
冉春林　伍　星　刘慧君
张全和　何　频　林宝如

重庆大学出版社

内容提要

本书按照学生学习第一门计算机程序设计语言教学的规律和要求编写，语言表达严谨、流畅，实例丰富，对示例程序的实现过程都进行了注释并进行了较为详细的讨论。与本书配套编写的《程序设计技术实验指导》同时由重庆大学出版社出版，书中所用的实例源程序，习题参考答案和实验项目参考答案均可以在重庆大学出版社网站下载。

本书适用于高等院校理工类各专业本专科作为程序设计技术、程序设计语言或计算机软件技术基础课程教材，也可供计算机专业本专科学生以及计算机应用开发人员在学习程序设计语言和程序设计技术时作为参考，同时还比较适宜程序设计爱好者自学。

图书在版编目(CIP)数据

程序设计技术/熊壮主编. —3版. —重庆：重庆大学出版社，2008.2(2013.3重印)

(普通高等院校计算机基础教育系列教材)

ISBN 978-7-5624-3339-2

Ⅰ.程…　Ⅱ.熊…　Ⅲ.C语言—程序设计—高等学校—教材　Ⅳ.TP312

中国版本图书馆CIP数据核字(2008)第003330号

普通高等院校计算机基础教育系列教材

程序设计技术

(第三版)

主　编　熊　壮

副主编　陈　策

责任编辑：宋　坤　朱福荣　　版式设计：黄　河

责任校对：夏　宇　　责任印制：赵　晟

*

重庆大学出版社出版发行

出版人：邓晓益

社址：重庆市沙坪坝区大学城西路21号

邮编：401331

电话：(023) 88617183　88617185(中小学)

传真：(023) 88617186　88617166

网址：http://www.cqup.com.cn

邮箱：fxk@cqup.com.cn (营销中心)

全国新华书店经销

重庆升光电力印务有限公司印刷

*

开本：787×1092　1/16　印张：23　字数：574千

2008年2月第3版　2013年3月第11次印刷

印数：33 501—36 500

ISBN 978-7-5624-3339-2　定价：32.00元

编委会

序言

计算机技术的飞速发展，加快了人类进入信息社会的步伐，改变了世界，改变了人们的工作、学习和生活，对社会发展产生了广泛而深远的影响。计算机技术在其他各学科中的应用，极大地促进了各学科的发展。一个人如果不掌握计算机技术，就无法掌握最先进、最有效的研究开发手段，将影响到其所从事学科的发展。因此，计算机技术基础是21世纪高校非计算机专业大学生必须掌握的、最重要的基础之一。

1997年教育部颁发《加强非计算机专业计算机基础教学工作的几点意见》（教高[1997]155号）文件，明确了计算机基础教学在大学教育中的地位，提出了计算机基础教学三个层次的课程体系（即计算机文化基础、计算机技术基础和计算机应用基础），并提出了课程建设与改革思路，对促进和规范高校非计算机专业计算机基础教学、高校非计算机专业计算机知识和能力培养起到了重要作用。

进入21世纪，针对信息化社会中计算机应用领域不断扩大和高校学生计算机知识的起点不断提高等特点，教育部高校计算机课程教学指导委员会对高校非计算机专业计算机基础教学的目标、课程设置和主要课程教学内容进行了新的规划，将1997年提出的三层次教学调整为四个领域、三个层次和六个核心课程，即"大学计算机基础"、"计算机程序设计基础"、"计算机硬件技术基础"、"数据库技术与应用"、"多媒体技术与应用"、"网络技术与应用"。

为了适应新的要求，我们组织一批长期从事计算机技术教学和科研的教师，编写了这套计算机基础教育系列教材。本系列教材有如下特点：

1. 适合于计算机技术的发展和应用领域的扩大，以及高校学生计算机知识起点的提高。内容主要涉及"计算机系统与平台"、"计算机程序设计基础"、"数据分析与信息处理"和应用系统开发领域，使学生掌握计算机应用基本知识和技能，为今后的学习和工作打下坚实基础。

2. 强调应用和实用。非计算机专业的计算机基础教学以应用为目的，因此，本系列教材在编写上特别注意应用需要，强调实用性。主要课程教材都配有实验教程，基本知识理论讲深讲透，使用技术主要通过学生上机实验来掌握。

3. 便于自学。为了充分调动学生的学习主动性和能动性，本系列教材在写法上，既注意概念的严谨与清晰，又特别注意用易读、易懂的方法阐述问题，应用举例丰富，便于自学。

总而言之，本系列教材的编写指导思想是：内容要新，要体现计算机技术的新发展和适应教学改革的要求；概念要清晰、通俗易懂，便于学生自学；应用性、实用性要强，切实在培养学生应用能力上下功夫；层次配套，可选择性强，适用面宽，既是普通高校非计算机专业本专科学生教材，亦可作为高等教育自学教材和工程技术人员的参考书。

限于编者水平，系列教材的内容及体系难免有缺点错误，诚恳希望读者和专家给予指正。

编委会

2005 年 8 月

前言

程序设计技术和程序设计语言是大学计算机基础系列课程中的重要组成部分，培养学生的逻辑思维能力、抽象能力和基本的程序设计能力是程序设计技术课程的主要任务。本书从结构化程序设计技术出发，以 C 程序设计语言为载体，贯穿“基础—应用—提高”这一主线，着重讨论 C 程序设计的基础知识，突出使用方法，面向实际应用。通过对典型实例的处理方法描述和相应 C 语言代码实现，向读者展示了将求解问题的方法和程序语言编码相联系的具体程序设计过程，进而向读者介绍结构化程序设计的基本概念、基本技术和方法。

C 语言功能丰富、表达能力强、程序执行效率高、可移植性好；C 语言既有高级计算机程序设计语言的特点，同时又具有部分汇编语言的特点，因而 C 语言具有较强的系统处理能力；C 语言是一种结构化程序设计语言，支持自顶向下、逐步求精的程序设计技术，通过 C 语言函数结构可以方便地实现程序的模块化；在 C 语言的基础之上发展起来的面向对象程序设计语言如 C++、Java、C#等与 C 语言有许多的共同特征，掌握 C 语言对学习进而应用这些面向对象的程序设计语言有极大的帮助。综上所述，C 语言应该是学习结构化程序设计技术的首选语言之一。

本书按照第一门计算机程序设计语言教学的规律和要求编写，在介绍 C 语言基础知识的同时，还注重了程序设计基本概念、基础应用问题求解的基本原理和 C 语言简单应用等方面的讨论，本书主要有以下特点：

1. 注重基础知识介绍和基本技能训练。本书在对 C 语言的基础知识详细介绍的同时，还对 C 语言程序设计过程中经常出现的、比较困惑的问题进行了较为详细的讨论。例如，对 C 语言程序中数据输入方法的讨论；对 C 语言中一些比较特殊运算符使用方法的讨论；对运算符优先级的讨论；对字符串数据表示方式的讨论等。

2. 按照教学规律组织关联内容。本书根据计算机程序设计语言的特点和教学规律，将 C 程序设计学习中的基本知识按照“对比和联系”的原则进行了整合。例如，在讨论函数参数传递之前介绍数组的概念和应用以及指针的概念，将 C 函数调用中参数传递方法归纳在一起进行讨论，方便读者利用对比的方式掌握函数调用的知识；在对 C 程序设计中的难点知识——指针介绍过程中，没有孤立地讨论指针的操作方法，而是根据指针使用的规律将其分散到与其相关的 C 语言知识点中讨论。

3. 注重基础知识的应用和基本方法实现原理的介绍。本书在对 C 语言基础知识进行介绍的同时，还注重了对计算机程序设计中常见问题处理方法的讨论。例如，穷举方法的程序实现;迭代方法的程序实现;高阶方程求根方法的程序实现;定积分(曲边四边形面积)计算方法的程序实现;数组元素的随机生成;常用排序和查找方法的程序实现;字符串常用处理方法的程序实现;多源程序文件C程序的处理方法等。

4. 适应面广。本书在内容的选择和编撰上,全面地包含了教育部课程指导委员会白皮书中规定的知识点。同时对计算机等级考试(二级C语言)所涉及到的知识面进行了分析,参考计算机等级考试(二级C语言)大纲,在内容的组织、习题的设计、实验环节的设计上充分考虑了计算机等级考试的需要。因而,本书不仅适用于计算机程序设计语言(技术)的教学,同样也适应于需要参加等级考试的读者。书中部分较难的知识点都作了星号标志,教学过程中舍去该部分内容亦不影响学生对C语言基础知识和程序设计基本技术和技能的掌握。

本书每章均提供了与内容紧密相关的习题以帮助读者巩固所学知识,同时还提供了ASCII码对照表、C语言保留字等常用的学习资料。本书所有例题源程序、习题解答和电子课件均可以在重庆大学出版社网站上下载。与本书配套编写的《程序设计实验指导书》同时由重庆大学出版社出版,在实验指导书中提供了与本书内容呼应的实验项目、使用Visual C++ 6.0集成环境开发C程序的方法、常用标准(库)函数指南和模拟试卷及参考答案等重要学习资料。本书可供高等院校理工类各专业本专科作为程序设计技术、程序设计语言或计算机软件技术基础课程教材,也可供计算机专业本专科学生以及计算机应用开发人员在学习程序设计语言和程序设计技术时作为参考。

本书由熊壮、陈策主持编写,各章节编写分工如下:熊壮(第6章、第8章),陈策(第3章、第10章),林宝如(第1章),张全和(第4章),何频(第2章),刘慧君(第5章),伍星(第9章),冉春林(第7章),全书由熊壮、陈策进行内容调整、修改,统一定稿。

本书在编写和出版过程中一直得到重庆大学教务处、重庆大学计算机学院和重庆大学出版社领导的支持和帮助。重庆大学"计算机基础系列课程"负责人曾一教授对本书的编写提出了许多指导性的意见,重庆大学"大学计算机基础课程(理工类)"负责人郭松涛副教授、重庆大学"大学计算机基础课程(文理类)"负责人陈莉副教授对本书的编撰提出了许多宝贵的意见和建议,重庆大学出版社科技分社的各位编辑老师为本书的编辑、出版做了大量的工作,编者在此表示衷心的感谢。

限于编者水平,书中错误和不妥之处在所难免,恳请读者不吝指教。

联系地址:重庆,重庆大学计算机学院。

E-mail:xiongz@ cqu. edu. cn

编　者

2007年12月

目录

1 C语言数据描述和C程序设计初步

本章概要和学习目标

本章主要讨论C语言的基本组成成分、C语言基本数据类型、C语言的算术运算符和表达式运算，同时通过对标准输入函数和标准输出函数以及常见的数学类函数的介绍讨论C程序中的顺序程序设计问题。

本章的主要学习目标如下：

- 理解程序设计语言的基本概念
- 了解C程序的基本结构和C程序处理的一般过程
- 掌握C语言中的基本数据类型
- 理解C程序中表达式的组成和运算规则
- 理解C标准库函数的使用方法
- 掌握C程序中数据的输入输出方法
- 掌握顺序程序设计技术以及常用数学标准库函数的简单应用

1.1 C程序的基本结构

从某种意义上讲，计算机应用问题就是让计算机能够理解并执行人类解决某种问题的方法，从而达到解决实际应用问题的目的。为了能够使计算机理解人的意图，就必须解决人类和计算机相互交流的问题，将人解决问题的思路、方法和手段通过某种计算机能够理解的形式告诉计算机，使得计算机能够根据人的指令去一步一步地工作，进而完成某种特定的任务。这种人和计算机之间交流的语言就称为计算机程序设计语言。正如作曲家通过乐谱表现自己的情感、文学家通过文章表达自己的思想一样，计算机程序表达了应用计算机解决我们所处行业中具体问题的思路和过程。音乐的乐谱是由音符组成，而计算机的程序由计算机语言的语句或指令系统的指令组成。从计算机发明至今，随着计算机硬件技术和软件技术的发展，计算机程序设计语言也经历了机器语言、汇编语言、面向过程的程序设计语言以及面向对象的程序设计语言等阶段。

C 语言是国际上广泛流行的一种编译型结构化程序设计语言，它的前身是英国剑桥大学的 Martin. Richards 在 20 世纪 60 年代开发的 BCPL 语言。20 世纪 70 年代初，Ken. Thompsom 在软件开发中继承和发展了 BCPL 语言，进而提出了“B 语言”并使用它记述和开发了 PDP-7 小型机上的 UNIX 操作系统。此后，在美国贝尔研究所进行的更新型的小型机PDP-11的 UNIX 操作系统的开发工作中，Dennis. M. Ritchie 和 Vrian. W. Kernighan 对 B 语言进行了进一步的充实和完善，于 1972 年推出了一种新型的结构化程序设计语言——C 语言。C 语言用一种近乎人类英文的文字符号来表示计算机的工作步骤和数据，是一种计算机高级语言，C 语言具有下列基本特点：

(1)C 语言简洁、紧凑，使用方便、灵活。C 语言一共只有 37 个保留字(含 C99 标准新增)，9 种控制语句，区分大小写，程序书写形式自由。

(2)C 语言是位于汇编语言和高级语言之间的一种程序设计语言。C 语言允许直接访问地址，能进行位(bit)运算，能实现汇编语言的大部分功能，可以直接对计算机硬件进行操作。

(3)C 语言是一种结构化程序设计语言，程序的逻辑结构可以用顺序、分支、循环 3 种基本结构组成。C 语言具有结构化控制语句，十分便于采用自顶向下、逐步求精的结构化程序设计方法。C 语言程序的函数结构，十分利于把整体程序分割成为若干个相对独立的功能模块，并且为程序模块之间的相互调用以及数据传递提供便利，因此用 C 语言编制的程序，具有容易理解、便于维护等优点。

(4)C 语言数据类型丰富。C 语言的数据类型有：整型、实型、字符型、数组类型、指针类型、结构体类型、联合体(共用体)类型以及枚举类型等。可以实现各种复杂的数据结构，因而 C 语言具有较强的数据处理能力。

(5)C 语言运算符丰富。C 语言运算符包含范围广泛，共有 34 种之多。除一般高级语言使用的 +、-、*、/四则运算及与(&&)、或(||)、非(!)等逻辑运算功能外，还可以实现以二进制位为单位的位与(&)、位或(|)、位非(~)、位异或(^)以及移位(<<，>>)等位运算，并且具有 ++、-- 等单目运算和 +=、-=、*=、/= 等复合运算功能。

(6)C 语言本身没有提供用于程序中数据输入输出的语句，程序中的数据输入输出通过显式地调用标准库中的输入输出函数实现。

(7)C 程序开发环境中包含了语言核心、预处理器和标准函数库 3 个部分，因而在 C 语言程序中可以使用预处理语句实现宏定义、文件包含以及条件编译等预处理功能。

(8)C 语言程序可移植性好。C 语言本身并不依赖计算机硬件系统，从而便于硬件结构不同的机型间和各种操作系统间实现程序的移植。

1.1.1 C 源程序的组成成分

计算机程序设计语言是人类与计算机进行交流的工具，为了能够在程序员和计算机之间构成一种交流和理解的通道，每一种计算机程序设计语言都有自己特定的语法规则、语义和确定的表现形式，程序的构成规则和程序的书写格式是程序语言表现形式的一个重要方面。下面所讨论的 C 程序由两个函数 main 和 myputc 构成，该程序的功能是：在主函数中从键盘输入一个字符串，依次把串中的每一个字符取出作为参数调用函数 myputc，在函数 myputc 中判断该字符是否是小写字母，若是则将其转换为大写字母，否则不变，然后将其输出到屏幕上，直到字符串中的所有字符处理完为止。为了便于解释，将程序中的每一行都加上了行号。读者现在不需要理解掌握程序中每一条 C 语句的含义，此处仅通过对该程序的讨论理解 C 语言源程序的基本组成成分和基本结构。

例 1.1　C 语言源程序的组成成分和基本结构。

```
1    /* Name: ex01-01.cpp
2       Function: Print string as uppercase
3    #include <stdio.h>
4    #define SIZE 80
5    void main()
6    {
7       void myputc(char ch);        /[illegible]putc 的原型声明 */
8       char str[SIZE];
9       int j;
10      gets(str);                   /* 从键盘上接收一个输入字符串 */
11      for(j=0;str[j]!='\0';j++)/* 依次取出串中的字符作为参数调用函数
                                      myputc */
12          myputc(str[j]);
13   }
14   /* 函数 myputc 的定义 */
15   void myputc(char ch)
16   {
17      char cc;
18      cc=(ch>='a'&&ch<='z')? ch+'A'-'a':ch;
19      putchar(cc);
20   }
```

1）C 程序是函数型程序结构

一个 C 程序可以由一个函数构成，此时这个函数的名字只能是 main。C 程序也可以由一个主函数和若干个其他函数组成，除主函数的名字必须为 main 之外，其他函数由程序员根据函数所实现的逻辑功能予以命名，如例 1.1 中的 myputc。C 程序中，必须包含一个且只能有一个名字为 main 的主函数，C 程序的执行是从主函数开始的，主函数中的所有语句执行完毕，则程序执行结束。

2）函数的基本结构

C 程序中，一个函数一般实现一个相对独立的逻辑功能。函数由函数首部（函数头）和函数体组成，例如本例中主函数 main 由 5～13 行组成，其主要工作是从键盘上接收输入的字符串数据，然后调用函数 myputc 对其进行相应的处理，函数中第 5 行是函数首部，6 ~ 13 行是其函数体；函数 myputc 由 15 ~ 20 行组成，其主要工作是判断从主函数中传递过来的字符数据是否是小写字母，若是则将其转换成大写字母输出，否则按原数据输出，其中第 15 行是函数首部，16 ~ 20 行是其函数体。关于 C 语言中函数的其他问题，将在第 3 章中讨论。

3）注释语句

注释语句的主要功能是对程序做一些注解性的工作，注释语句对程序的功能没有任何影响。C 语言中的注释语句构成方式为：

/ * 字符序列 * /

注释语句中的字符序列可以由一行字符组成，如例中的第 14 行；字符序列也可以由若干行字符组成，如例中的 1 ~ 2 行；注释语句可以出现在程序中的任何地方，如例中的第 7、第 10 以及第 11 行中的注释语句。但需要特别注意的是，注释语句不能插入到在语法上是一个基本整体的程序构成元素中，例如下面的注释方法是错误的，其原因是 gets 在程序的语法结构上一个整体，不容许将其分开。

g/ * 从键盘上接收一个输入字符串 * /ets(str);

注释语句在程序设计中的另外一个重要作用体现在程序的调试过程中，如在调试程序时认为程序中的某些部分是不需要的或者是错误的。一种较好的方法不是直接将这些部分去掉，而是在这些部分的前后分别加上注释语句的标记，使其在程序中作为注释出现而不起功能性的作用。这样，当发现这些部分在功能上是需要的时，只需去掉相应的注释符号即可恢复其功能。例如，若认为例中的第 4 行是不需要的，则可以通过下面的形式使其失去功能上的作用而作为注释语句出现在程序中：

/ * #define SIZE 80 * /

在 C99 标准中，提供了另外一种书写注释语句的格式：

//字符序列

例如对于例中的第 10 行可以写为："gets(str);//从键盘上接收一个输入字符串"，第 14 行可以写为："//函数 myputc 的定义"。需要注意的是使用"/ * 字符序列 * /"方式可以将注释写在若干行上，而使用"//字符序列"方式则只能将注释写在一行上，两种注释方法在程序中可以根据需要混用。另外，由于"//字符序列"方式也是 C ++ 语言支持的注释方式，所以即使在不支持 C99 标准的 C/C ++ 编译环境中，也可以使用这种注释方式。

4）预处理语句

预处理语句是程序在编译之前就被执行的语句，其语句特征是用"#"字符开始，如例中的第 3 行和第 4 行。本例中第 3 行预处理语句的意思是将文件 stdio. h 嵌入到该语句处，以实现对程序中标准输入库函数 gets 的声明；第 4 行的意思是定义在程序中用单词 SIZE 表示数据 80，即程序中该语句之下的所有 SIZE 在编译时均被代换为 80 进行处理。关于编译预处理的其他问题，将在第 4 章中予以讨论。

5）定义和声明

C 语言是一种强制定义(声明)的程序设计语言，任何在程序中处理的数据对象和要调用的函数都需要在使用之前预先定义和声明。定义或声明的形式与处理的对象有关，如例 1.1

中的第 3 行通过预处理语句对标准库函数 gets 进行了声明;第 7 行对自定义函数 myputc 进行了声明;第 8 行定义了一个字符数组 str;第 9 行定义了一个整型数据对象(变量)j。

6)C 语句的结束符号

C 语句用分号";"作为其结束符号,每一个完整的 C 语句都需要用分号结尾。但需要注意的是预处理语句并不是 C 语句,所以预处理语句不需要使用分号结尾。

上面程序中主函数的书写形式还有另外一种常见的结构,而且这种结构是一些 C/C ++ 程序开发环境中所要求的主函数构成形式,这种形式如下所示:

```
int main( )
{
    //函数中的其他语句
    return 0;
}
```

用 C 语言符号书写的程序称为源程序,源程序描述的是通过 C 程序解决应用问题的思想和步骤,计算机系统并不能直接执行该源程序。C 语言源程序需要经过 C 编译程序处理后转换为目标程序,再通过连接程序把源程序中用到的其他功能函数与目标程序连接在一起,最后生成计算机系统可以执行的机器语言程序。C 程序处理过程如图 1.1 所示。

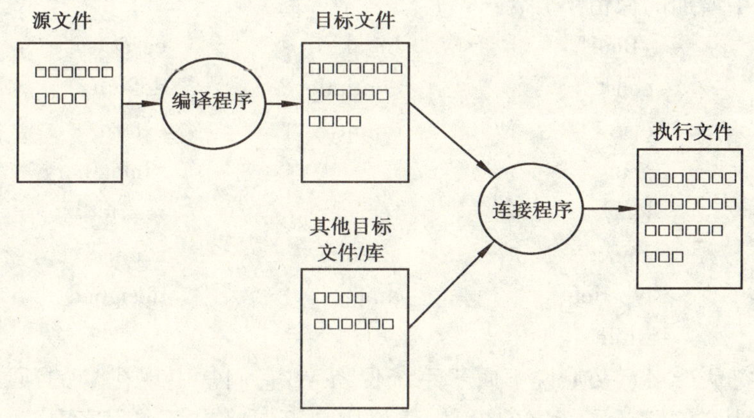

图 1.1　C 程序的处理过程

1.1.2　C 语言的基本元素

1)C 语言的字符集

每种计算机程序设计语言都规定了在书写源程序时允许使用的字符集,以便语言处理系统能正确识别它们。C 语言规定书写 C 源程序的字符集由以下字符组成:

(1)小写英文字母　　a,b,c,…,z

(2)大写英文字母　　A,B,C,…,Z

(3)数字　　0,1,2,3,…,9

(4)特殊字符　　　　　+ = - _ ( ) * & % $! | < > . , ; : “ ‘ / ? { } ~ [ ] ^

(5)不可印出的字符　　空格、换行、制表符等

2)标识符

标识符是给程序中处理的数据对象(如变量、常量、函数、数据类型等)取的名字。标识符的命名规则是:

(1)组成标识符的字符为字母、数字和下划线。

(2)标识符中第一个字符必须是字母或下划线。

(3)多数 C 编译系统在构成标识符时都要区分字母的大小写,即 abc 和 Abc 是不相同的标识符。

(4)构成标识符的字符个数(标识符长度)与所使用的环境相关,C89 规定可以区分的最大长度为 31 个字符,C99 规定的可以区分的最大长度是 63 个字符。例如在 C89 中,abcdefghijklmnopqrstuvwxyzabcdefg 和 abcdefghijklmnopqrstuvwxyzabcdef 被认为是相同的标识符,而在支持 C99 标准的环境中它们则是不同的标识符。

标识符分为两大类:系统保留字和用户标识符。C 语言有 37 个系统保留字(又称为关键字),保留字是一类特殊的标识符,是 C 语言中具有特定严格意义的基本词汇,任何情况下都不能将它们作为用户标识符使用。下面列出 C 语言中的保留字(其中标有星号上标的是在 C99 标准中增加的保留字):

auto	_Bool*	break	case	char
_Complex*	const	continue	default	do
double	else	enum	extern	float
for	goto	if	_Imaginary*	inline*
int	long	register	restrict*	return
short	signed	sizeof	static	struct
switch	typedef	union	unsigned	void
volatile	while			

有些标识符从严格意义上说不属于系统保留字,它们常出现在 C 的预处理器中,C 语言处理系统中为它们赋予了特定的含义,建议用户不要将它们在程序中随意使用,以免造成混淆。这些标识符是:

define	undef	include	ifdef	ifndef
endif	line	error	elif	pragma

程序员(用户)在程序中自定义标识符时,除了必须遵守标识符的命名规则外,还需要注意以下两个方面:一是要将标识符取得既有意义,又便于阅读;二是要注意避免含义上或书写时引起混淆。

下面是一些合法用户自定义标识符的例子:

a　　b1　　file_name　　_buf

下面是不合法的用户自定义标识符例子及错误原因:

123abc　　　　/*不是以英文字母开头*/

float　　　　　/*与系统保留字同名*/

up. to　　　　　　　　　/＊标识符中出现了非法字符“.”＊/

zhang san　　　　　　　/＊标识符中间出现了非法字符空格＊/

3)函数

在C程序中,函数是构成程序的基本模块,每个函数具有相对独立的功能。C程序中使用的函数有3种:主函数(即main函数)、C语言编译系统提供的标准库函数和用户自定义的函数。主函数是C程序执行的入口,即程序总是从主函数中的第一个可以执行的语句开始执行;主函数一般情况下也是程序执行的出口,即在执行完了主函数中的所有语句后结束。标准库函数是语言处理系统提供的常用功能的处理程序代码,标准库函数经过了严格的测试和优化,在编写应用程序时如能合理地选用标准库函数则可达到事半功倍的程序设计效果。在标准库中,标准库函数的原型声明被分门别类地书写在对应的头文件中,所以在程序中如要使用标准库函数,则需要在程序中合适的地方(调用标准库函数之前)用文件包含预处理语句将与所使用库函数相应的头文件包含到程序中来,如例1.1中的第3行“#include <stdio.h>”。用户自定义函数即程序员根据所设计应用程序的功能自己编写的函数,合理地编写用户自定义函数,可以简化程序模块的结构,便于程序的阅读和调试,是结构化程序设计方法的主要内容之一。关于自定义函数的相关问题,将在第4章中予以讨论。

4)C程序书写的基本要点

(1)C程序习惯上使用小写英文字母。为了清晰起见,在C程序中往往使用大写英文字母来表示宏定义或其他具有特殊意义的标识符。

(2)C程序中不强调程序行的概念。一行中可以有多条语句,一个语句也可以写在多行上,但语句与语句之间要用分号(;)分隔。

(3)C程序为了增强程序的可读性,可以使用适量的空格、空行和行间缩进结构。但要注意,程序中的变量名、函数名以及C语言本身使用的单词(如保留字、语句结构等)不能在其中插入空格。

1.2　C语言的基本数据类型

在C语言源程序中能直接书写的、需要被处理的符号只有数和字符两种,这种符号称为C语言的数据。计算机程序只能处理已经存入计算机系统内存的数据,任何需要用计算机程序处理的信息都需要被转换为内存中的数据才能被处理。计算机系统的内存是按字节编址的,在内存里存放一个数据所需要的内存字节数称为一个数据所需要的内存空间,程序中不同的数据在系统内存中所要求的存储空间大小也不一样,因而在程序设计中需要区分所处理数据的数据类型。

C语言提供的数据类型比一般高级语言丰富,除整型、实型、字符型等基本类型外,C语言还提供了数组、指针、结构体、联合体、枚举、位、位段等数据类型,程序中还可以使用这些数据类型构成复杂的数据结构。C语言中提供的数据类型如表1.1所示。

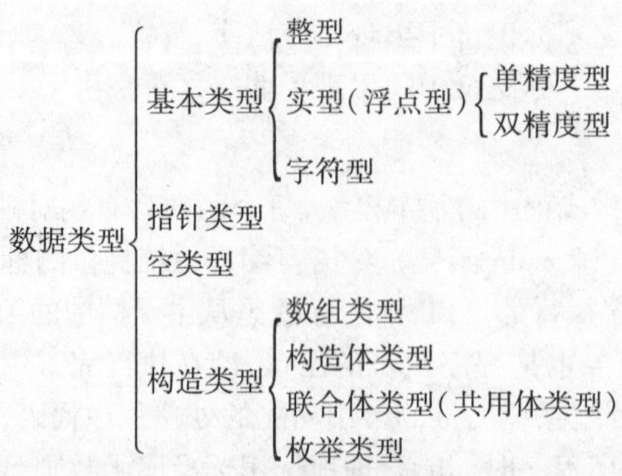

表 1.1　C 语言的数据类型

C 源程序中直接书写的数据称为常量,相应地将用标识符表示的对应某个存放数据内存空间的数据称为变量,内存空间中存放的数据内容称为变量值。常量数据在源程序中给定后,在程序的整个执行过程中保持不变。而变量通过不同的变量名加以区别、在程序的执行过程中是一个其值可以发生变化的量,因而变量值在程序执行过程中可以通过变量名来引用或者修改。在 C 程序设计中,需要解决所引用变量值的获取问题,因而需要讨论 C 语言中常量的书写方式、变量的定义方法以及为变量赋值的方法。

1.2.1　C 语言的整型数据类型

1)整型常量

整型数据是计算机程序设计中最常用的数据类型之一,在 C 语言中,整型数据用机器的一个字长来存储,所以整型数据的表示范围与计算机系统的软硬件环境有关。在字长为 16 位的计算机系统中,整型数据表示的范围为 -32 768 ~ 32 767($-2^{15} \sim 2^{15}-1$);在字长为 32 位的计算机系统中,则表示的数据范围为 $-2^{31} \sim 2^{31}-1$。

为了在某些情况下尽可能占用较少的存储单元,在 C 语言中还采用短整型整数。在 16 位系统中,短整型数据所占的存储单元长度一般与基本整型相同,所以在 16 位系统环境中进行 C 程序设计时,没有必要区分基本整型数据和短整型数据;而在 32 位系统中,短整型数据所占的存储单元长度一般是基本整型数据的所占存储单元长度的一半。

同样为了适应比基本整型数据更广范围运算,C 语言中提供了长整型数据。在 16 位系统中,长整型数据所占的存储单元长度一般是基本整型数据所占存储长度的两倍。而在 32 位系统中,长整型数据所占的存储单元长度一般与基本整型数据所占的存储单元长度相同,因而在 32 位系统环境中进行 C 程序设计时,也没有必要区分基本整型和长整型数据。

C 语言中的整型常量可以有 3 种表示形式:

(1)十进制整数,如 888, -123,0 等。

(2)八进制整数,以 0 开头的整数是八进制整型常量,如 0777, -011 等。

(3)十六进制整数,以 0x 开头的整数是十六进制整型常量,如 0x123,0xff 等。

为了表示长整型数据常量,在整型常数后添加字母“L”或者“l”,例如 11L,015L,0x23l 等。对于无符号整型常量,在整型常数后添加字母“U”或者“u”,例如 328u,0x32Au 等。当需要表示长的无符号整型数据时，同时使用字母“L”或者“l”以及字母“U”或“u”来表示，例如0XA3Lu，123LU等。

2）整型变量

程序设计中，变量用于表示程序中所操作的数据。变量不但要具有名字以便于操作，而且还需要一定的存储空间，以容纳该变量所表示的数据信息。因此，在定义变量时不但要为变量取名，而且还必须说明变量的数据类型，以便编译器确定对该变量的处理方法。

能够存放整型数据的变量称为整型变量。与整型常量对应，整型变量也有基本整型、短整型、长整型和无符号整型4种，其数据类型名分别由限定词int，short，long与unsigned组成。各种类型整型变量的定义形式如下所示：

基本整型：[unsigned] int 变量名列表；

短整型：[unsigned] short [int]变量名列表；

长整型：[unsigned] long [int]变量名列表；

标准C语言中没有具体规定这些整型数据所占内存字节数，系统中以一个机器字存放一个基本整型数据，长整型所占字节数应不小于基本整型，短整型所占字节数应不大于基本整型。在C语言处理系统中用符号表示了所有整型数据的最大值和最小值，这些值在头文件limits.h中声明，表1.2中列出了32位系统中的整型数据表示范围。

表1.2 32位系统中的整型数据表示范围

意　义	符号常量	字节数	值
短整型最大值	SHRT_MAX	2	32 767
短整型最小值	SHRT_MIN	2	-32 768
无符号短整型最大值	USHRT_MAX	2	65 535
基本整型最大值	INT_MAX	4	2 147 483 647
基本整型最小值	INT_MIN	4	-2 147 483 648
无符号基本整型最大值	UINT_MAX	4	42 949 672 95U
长整型最大值	LONG_MAX	4	21 474 836 47L
长整型最小值	LONG_MIN	4	-21 474 836 48L
无符号长整型最大值	ULONG_MAX	4	429 496 729 5UL

整型变量定义的一般形式为：

int <变量列表>；

例如：

```
int x1,x2;                    /*定义变量x1,x2为整型变量*/
long  x,y;                    /*定义变量x,y为长整型变量*/
unsigned c,d;                 /*定义变量c,d为无符号整型变量*/
```

例1.2 整型变量的定义和输出示例。

```
/* Name: ex01-02.cpp */
#include <stdio.h>
```

```
#include <limits.h>   //数据的最大值和最小值在 limits.h 中声明
void main()'
{   int minv,maxv;
    long minl,maxl;
    unsigned long maxul;
    minv = INT_MIN;
    maxv = INT_MAX;
    minl = LONG_MIN;
    maxl = LONG_MAX;
    maxul = ULONG_MAX;
    printf("minimum int value in VC6 is: %d\n",minv);
    printf("maximum int value in VC6 is: %d\n",maxv);
    printf("minimum long value in VC6 is: %d\n",minl);
    printf("maximum long value in VC6 is: %d\n",maxl);
    printf("maximum unsigned long value in VC6 is: %u\n",maxul);
}
```

程序的运行结果为:

```
minimum int value in VC6 is: -2147483648
maximum int value in VC6 is: 2147483647
minimum long value in VC6 is: -2147483648
maximum long value in VC6 is: 2147483647
maximum unsigned long value in VC6 is: 4294967295
```

程序中的格式化输出函数 printf 的功能是按照指定的格式输出数据,printf 函数的使用方法将在 1.5 节中详细讨论。

1.2.2 C 语言的实型数据类型

1)实型常量

在 C 语言源程序中能直接书写的实型数,称为实型常量。实型数在 C 语言中又称为浮点数,实型常数有两种表示形式:

(1)实数形式:实数形式由数字和小数点组成,如:888.88,0.88 等。

(2)指数形式:数据由数字 0 ~ 9、小数点和表示阶码的标志"e"或"E"组成,其组成形式一般为:

整数部分	.	小数部分	E 指数部分

指数形式对应于自然科学中的科学计数法,其中用字母"e"或"E"来表示幂的底,在"e"或"E"之后用整数表示数的指数。如 123e5 表示 123×10^5,123e-5 表示 123×10^{-5}。

在使用实型数的指数表示形式时应该注意下面两点:

①指数部分只能是整数而不能用实数表示，如 123E1.5 是错误的表示方法。

②字母“e”或“E”之前的尾数部分不能省略，如 10^{-8} 不能只写为 E－8，而应该写成为 1E－8（或者 1e－8）。

2）实型变量

C 源程序文件中存放实型数据的数据对象称为实型变量。C 语言中的实型变量按其表示的数据范围不同和精度不同分为单精度型和双精度型，其类型名分别为 float 和 double。单精度变量提供 6～7 位有效十进制位，占 4 个字节，其中指数占 8 个二进制位（1 个字节），尾数占 24 个二进制位（3 个字节）。双精度变量提供 15～16 位有效十进制位，占 8 个字节，在支持 C99 的系统中，还可以定义长的双精度型数据。当单精度变量不能满足运算要求时即可使用双精度变量。表 1.3 中列出的是单精度和双精度实型变量所表示的数据范围。

表 1.3　32 位系统中的单精度和双精度实型数据表示范围

意　义	符号常量	字节数	值
单精度数最小值	FLT_MIN	4	1.175 494e－038
单精度数最大值	FLT_MAX	4	3.402 823e＋038
双精度数最小值	DBL_MIN	8	2.225 074e－308
双精度数最大值	DBL_MAX	8	1.797 693e＋308

实型变量定义的一般形式为：

　　float ＜变量列表＞；

或　double ＜变量列表＞；

例如：

```
float x,y;        //定义变量 x,y 为单精度实型变量
double z;         //定义变量 z 为双精度实型变量
```

例 1.3　实型变量的定义和输出示例。

```
/* Name: ex01-03.cpp */
#include <stdio.h>
#include <float.h>
void main()
{   float minf,maxf;
    double mind,maxd;
    minf = FLT_MIN;
    maxf = FLT_MAX;
    mind = DBL_MIN;
    maxd = DBL_MAX;
    printf("minimum float value is: %e\n",minf);
    printf("maximum float value is: %e\n",maxf);
    printf("minimum double value is: %e\n",mind);
```

```
    printf("maximum double value is: %e\n",maxd);
}
```

程序的运行结果为:

```
min float value is: 1.175494e-038
max float value is: 3.402823e+038
min double value is: 2.225074e-308
max double value is: 1.797693e+308
```

1.2.3 C 语言的字符型数据类型

字符数据是 C 程序中经常处理的基本数据。同样,用于存放字符数据的单位内存空间就是字符变量。

1)字符常量

当 C 程序处理的数据对象是字符数据时,在源程序中用字符常量直接表示特定字符数据。C 语言中的字符常量分为两种:

(1)普通字符:普通字符是由单引号括起来的一个可打印字符,如'a','?','A'等。

在 C 语言中,对应于字长为 16 位的系统用 ASCII 码来作为处理的字符集,使用对应的 ASCII 码值来存储字符(注:对应于字长为 32 位的系统既可以用 ASCII 码来作为处理的字符集,也可以用双字节的 Unicode 作为处理的字符集,Unicode 字符集中包括了 ASCII 字符集。本书以下仅讨论 ASCII 码字符集)。

(2)转义字符:转义字符是由反斜杠'\'开头的字符序列,此时反斜杠字符后面的字符或字符序列不表示自己本身的含义而转变为表示另外的特定意义。转义字符一般表示一种控制功能,或者用于表示不能直接从键盘上输入的字符数据,表 1.4 中列出了常用的转义字符。

表 1.4 常用转义字符表

转义字符	意　义	功能解释
\0	NULL	字符串结束符
\b	退格	把光标向左移动一个字符
\n	换行	把光标移到下一行的开始
\f	换页	(打印机)换到下一页
\t	水平制表	把光标移到下一个制表位置
\\	反斜杠	引用反斜杠字符
\"	双引号	在字符串中引用双引号
\'	单引号	在字符串中引用单引号
\a	响铃	报警响铃
\ddd	—	1~3 位八进制数所表示的字符
\xhh	—	1~2 位十六进制数所表示的字符

表中的最后两行说明，可以用转义字符来表示任何一个字符，例如'\102'或'\x42'均表示字符'B'。

2）字符变量

字符类型变量用以存储和表示一个字符，占用一个字节。字符型变量的定义形式如下：

char <变量列表>；

例如：

```
char ch;          //定义变量 ch 为字符型变量
```

特别要注意的是，在 C 语言中，字符型变量和整型变量是兼容的，系统中存储的是对应字符的 ASCII 码值，因此在 C 语言中字符数据和整数可以通用，即字符型数据可以与整型数据一起参与运算，但在使用时要注意其表示的合理范围（0～255 内的整数）。

例如，若有 C 语句序列：

```
char ch; ch = 'A'; ch = ch + 1;
```

则执行该语句序列后 ch 的内容是字符'B'。

例 1.4 字符变量的定义和输出示例。

```
/* Name: ex01-04.cpp */
#include <stdio.h>
void main()
{   char c1,c2;
    c1 = 'a';
    c2 = c1 + 3;
    printf("ASCII value: %d, Character: %c\n",c1,c1);
    printf("ASCII value: %d, Character: %c\n",c2,c2);
}
```

程序运行结果为：

```
ASCII value: 97, Character: a
ASCII value: 100, Character: d
```

对于字符型变量还需要特别注意的是，由于存放的实际上是与字符对应的 ASCII 码整数值，一些编译系统将其看成是有符号的数据类型，另外一些编译系统又将其看成是无符号的数据类型，这个问题涉及到能否正确地表示出 ASCII 码值大于 127 的字符。在 C 程序设计中采用两类方法处理这种问题，一是通过编制一个简单的测试程序来确定字符类数据是否有符号；二是直接采用整型变量来表示字符数据。

3）字符串常量

C 语言中，字符串常量是用双引号括起来的由 0 个字符或若干个字符构成的字符序列，例如"This is a string constant"。其中，双引号只是作为定界符使用，并不是字符串中的字符。系统在存储字符串常量时分配一段连续的存储单元用于依次存放字符串中的每一个字符，然后在字符串的最后一个字符后添加转义字符'\0'表示字符串的结尾，所以其需要的空间长度是串中字符存储所需要的长度再加一个字节。例如，字符串"CHINA"在内存里的存储形式如图 1.2 所示。

'C'	'H'	'I'	'N'	'A'	'\0'
01000011	01001000	01001001	01001110	01000001	00000000

图 1.2 字符串常量的存储

字符串常量中可以包含转义字符,在统计字符串中的字符个数时需要特别注意。例如,"abCd\t123\n\\\111"是一个合法的字符串常量,其长度为 11 个字符。

字符串常量中字符的大小写是有区别的。例如,"abcDefg"与"abcdefg"是两个不同的字符串常量。

在使用字符串常量和字符常量时还需要注意的是,由于字符串常量可以是 0 个字符,所以一对双引号之间没有任何字符是合法的字符串(空字符串);但在一对单引号中如果没有任何字符则是非法的,其原因是在表示字符常量时,一对单引号中必须要有一个字符。

C 语言中没有设置专门的字符串变量,如果需要将字符串常量存放在变量中,则需要使用字符数组的形式。关于字符数组的问题将在第 7 章中讨论。

4)符号常量

在 C 语言中,可以用符号代替常量,用以代替常量的符号称为符号常量(或称为宏常量)。符号常量在使用之前也必须预先定义。其定义的格式为:

例如:

```
#define   标识符   被替代的常量
#define PI 3.1415926
#define EOF  -1
#define precision 1e-8
```

在定义符号常量时,用于表示符号常量的标识符既可以用大写的形式,也可以使用小写的形式,但为了与普通的标识符(变量)区别,习惯上使用大写字母表示。符号常量一经定义,就可以在程序中代替常量使用。在 C 程序设计中使用符号常量主要有以下两点好处:

(1)方便对源程序的修改。当应用程序需要在多处使用某个常量时,即可用符号来表示该常量。当程序的常量需要修改时,不需要修改若干个地方而只需要修改该符号常量的定义即可,从而使得在程序设计的过程中对源程序文件的修改工作变得十分简单。

(2)方便对源程序的阅读。程序是程序员之间交流的工具,现代程序设计的第一要素是程序的清晰性。在程序中直接使用数据常量有可能使得该数据的物理含义不是十分清晰,通过在定义符号常量时对用于表示符号常量的标识符进行合理的选择和设计可以非常清晰地在源程序中描述出该常量的物理含义,以便于对程序的准确理解。

1.2.4 变量的初始化

在 C 程序中用到的所有变量都需要先定义,然后才能使用。任何一个变量在程序中都用于两个目的之一或者同时用于两个目的:其一是用于接纳一个表达式计算的结果;其二是用于参加表达式的计算。对于那些用于参加表达式运算的变量,必须对其进行初始化。

所谓变量的初始化指的是为变量第一次赋值。在C语言中变量初始化的方法有两种，一是在程序的执行过程中通过赋值运算符实现赋值；二是在定义变量的同时为变量赋初值。C语言中，定义变量的同时对其初始化的一般形式为：

数据类型符 变量 = 初始值；

下面是几个在定义变量的同时对其初始化的示例：

```
int a, x1 = 100;
long b, x2 = 100L;
float c, x3 = 100.30;
double x4 = 100.5;
char ch = 'A';
```

1.3 基本运算符和表达式

C语言的运算符非常丰富，把除了控制语句和输入输出操作以外的几乎所有基本操作都作为运算符处理。C语言的运算符大致分为算术运算符，关系运算符，逻辑运算符，赋值运算符，条件运算符，位运算符，逗号运算符，指针运算符，以及其他运算符如：成员（分量）运算符、下标运算符、sizeof运算符、函数调用运算符、强制数据类型转换运算符等。

在C语言提供的所有运算符中，一些运算符只需要一个运算对象（操作数），这种运算符称为单目运算符；另外一些运算符需要两个运算对象，这些运算符称为双目运算符；还有比较特殊的运算符需要3个运算对象，称这种运算符为三目运算符。C语言中提供的运算符如表1.5所示。

表1.5 算符及运算符的优先级和结合性

优先级	运算符	结合性
1	( ) [ ] -> .	从左至右
2	! ~ ++ -- - * & sizeof	从右至左
3	* / %	从左至右
4	+ -	从左至右
5	<< >>	从左至右
6	< <= > >=	从左至右
7	== !=	从左至右
8	&	从左至右
9	^	从左至右
10	|	从左至右
11	&&	从左至右
12	||	从左至右

续表

优先级	运算符	结合性
13	? :	从右至左
14	= += -= *= /= %= &= ^= |= >>= <<=	从右至左
15	,	从左至右

在程序设计中,运算符必须与运算对象结合在一起才能体现出其功能,与运算符密切相关的程序构成成分是表达式。由运算符和括号将运算对象连接起来的、符合 C 语言语法规则的式子称为 C 语言的表达式。运算对象包括常量、变量、函数等,特别应该注意的是单个的常量、变量或函数本身也是表达式。

1.3.1 算术运算符和算术表达式

C 语言中提供的算术运算符分成单目运算符和双目运算符两类。

(1)单目运算符:单目运算符有正号运算符“ + ”和负号运算符“ - ”,它们的结合性为右结合性,即先取运算对象的值再取符号运算。

(2)双目运算符:双目运算符共有 5 个,它们是:加号“ + ”、减号“ - ”、乘号“ * ”、除号“/”和求模运算符“%”。

算术运算符在 C 程序设计中的使用方法与在自然科学中的使用方法类似。在基本运算符的使用中,有两点需要注意:

①当两个整数相除时,得到的结果仍然是整数。除法结果采用截取法取整,即直接将小数部分去掉,例如:7/5 = 1, -7/5 =-1。

②求模运算就是求余数,参加求模运算的两个对象必须都是整型对象,运算结果的符号与第 1 个(左边)运算对象相同,例如:7%5 = 2, -7%5 =-2,7% -5 = 2。实型数据的取余数需要使用 C 的标准库函数。

由算术运算符和括号将运算对象连接起来的、符合 C 语言语法规则的式子称为 C 语言的算术表达式。运算对象包括常量、变量、函数等,单个的常量、变量或函数本身也是表达式。

例 1.5 算术运算符使用示例。

```
/* Name: ex01-05.cpp */
#include <stdio.h>
void main()
{   int a = 10,b = 20,c,d,e;
    float x = 10.1f,y = 0.00001f,z;
    c = a + b;
    d = a/b;
    e = a%b;
    z = x + y;
    printf("c = %d,d = %d,e = %d\n",c,d,e);
```

```
    printf("%f\n",z);
}
```

程序的运行结果为:

c=30,d=0,e=10

10.100010

在本例中除了注意除法运算符和求模(取余数)运算符的使用方法之外,还应特别注意语句:

float x=10.1f,y=0.00001f,z;

由于在32位系统中默认的实型常数为双精度型,所以在为单精度实型变量赋常数值时用字符f跟在实型常数后表示该常数为单精度实型数。

1.3.2 赋值运算符和赋值表达式

在C语言中,赋值运算符"="的作用是将一个数据或是一个表达式的值赋给一个变量,用赋值号"="把一个变量和一个表达式连接起来的式子称为赋值表达式。如:

a=10的意义是将整型数10赋给变量a作为其值;

y=x+110的意义是先计算x+110的值,然后将它赋给变量y作为其值。

当赋值运算符两边的数据对象类型不一致时,在赋值时要进行数据类型的转换。转换的基本规则是以赋值运算符左边变量的数据类型为准。例如有如下程序段:

```
int a;
float x=10.5f, y=10.6f;
a=x+y;
```

执行这段程序时,首先计算出算术表达式x+y的值为:21.1,然后将该值用截取法取整得到21后再赋值给左边的整型变量a,使得a的值为整数21。

在C语言中,赋值表达式和赋值语句是不同的,赋值语句由赋值表达式加上C语句结尾符号分号";"构成,其一般形式为:

<赋值表达式>;

例如:a=x+y是赋值表达式,而a=x+y;则是赋值语句。

在C程序设计中,赋值语句作为单独的C语句出现,而赋值表达式可以作为一个运算对象出现在另外的表达式中,从而构成比较复杂的表达式或语句。

例1.6 赋值运算符和赋值表达式使用示例。

```
/* Name: ex01-06.cpp */
#include <stdio.h>
void main()
{   int a,b,c,x=10,y=20;
    a=(b=y-x)+(c=y+x);
    printf("a=%d\n",a);
}
```

上面程序在执行语句 a =(b = y - x) +(c = y + x);时,首先分别计算赋值表达式 b = y - x 和 c = y + x 的值,然后将这两个表达式的值分别作为一个运算对象参加运算,最后将运算结果赋值给左边的变量 a,因而上面程序的运行结果为:

a = 40

1.3.3 自反运算符

自反运算符是在赋值运算符"="的前面加上其他运算符构成的一种复合运算符,所以自反运算符又称为"复合的赋值运算符",简称为"复合赋值符"。C 语言规定,凡是双目运算符都可以与赋值运算符一起组成复合赋值符,其结合性为右结合性。这些复合赋值符共有 10 个,它们是:

+= -= *= /= %= <<= >>= &= ^= |=

如果用符号 OP 表示某一双目运算符,则用自反运算符的构成表达式的一般形式为:

<操作数 1> OP = <操作数 2>

这种由自反运算符构成的表达式在 C 语言中被解释为:

<操作数 1> = <操作数 1> OP (<操作数 2>)

需要注意的是:当操作数 2 是单个变量或常数时,括住操作数 2 的括号可以省略;而当操作数 2 是一个表达式时,必须用括号将操作数 2 括起来。

例如:

a += 5	相当于	a = a + 5	/* 省略了括住第 2 个操作数的括号 */
x *= y + 1	相当于	x = x * (y + 1)	/* 不能省略括住第 2 个操作数的括号 */
x% = y - 5	相当于	x = x%(y - 5)	/* 不能省略括住第 2 个操作数的括号 */

例 1.7 自反运算符使用示例。

```
/* Name: ex01-07.cpp */
#include <stdio.h>
void main()
{   double a = 10.5, b = 30.8;
    int x = 100, y = 5;
    a += b;
    x% = y + 1;
    printf("a = %f\n", a);
    printf("x = %d\n", x);
}
```

程序运行结果为:

a = 41.300000

x = 4

在使用自反运算符时还需要特别注意的是,自反运算符的结合性为右结合性,注意研究例 1.8 程序中用自反运算符构成的表达式。

例 1.8　自反运算符的结合性示例。

```
/* Name: ex01-08.cpp */
#include <stdio.h>
void main()
{    int a =-5;
     a += a -= a * a;
     printf("a = %d\n",a);
}
```

程序的运行结果为:

a =-60

在上面程序进行表达式 a += a -= a * a 的运算时,首先计算表达式 a -= a * a(即计算 a = a - a * a)得到 a 的值为 -30,然后计算表达式 a += a(即计算 a = a + a)得到 a 的值为 -60。

1.3.4　自增、自减运算符

自增运算符"++"和自减运算符"--是两个单目运算符,它们都只需要一个运算对象,其功能是将运算对象的值增加或减少一个该对象的单位值。例如,整型数据的单位值是整数 1,所以对整型数据而言是增加或减少数值 1。在使用自增运算符和自减运算符时要注意下面两点:

(1)自增运算符和自减运算符都可以作用于整型变量、实型变量或者字符型变量,而不能作用于构造数据类型的变量。

(2)自增运算符和自减运算符不能作用于常量数据或者表达式。例如下面的语句序列存在着错误:

```
int a = 100;
--(a + 100);      /* 错误原因:试图对表达式 a + 100 施加自减运算 */
300 ++;           /* 错误原因:试图对整型常数 300 施加自增运算 */
```

自增、自减运算符在使用的形式上,都有前缀和后缀两种形式。在前缀或后缀形式时,其取值的方法是不同的:

(1)自增、自减运算符的前缀形式。前缀形式即自增、自减运算符(++、--)出现在变量的左侧,如:++i、--i。自增、自减运算符的前缀形式对变量实施的运算是"先增/减值后引用"。

(2)自增、自减运算符的后缀形式。后缀形式即自增、自减运算符(++、--)出现在变量的右侧,如:i ++、i --。自增、自减运算符的后缀形式对变量实施的运算是"先引用后增/减值"。

例 1.9　自增、自减运算符使用示例。

```
/* Name: ex01-09.cpp */
#include <stdio.h>
void main()
```

```
{    int a = 10,k;
     k =++ a;
     printf("a = %d,k = %d\n",a,k);
     k = a ++ ;
     printf("a = %d,k = %d\n",a,k);
}
```

程序在执行表达式 k =++ a 时,由于此时 ++ a 是前缀形式,所以先将变量 a 的值增值到 11,然后将该值赋值给变量 k;执行表达式 k = a ++ 时,由于此时 a ++ 是后缀形式,所以先将变量 a 的值 11 赋值给变量 k,然后变量 a 自己增值一个单位得到新值 12。程序运行的结果为:

a = 11,k = 11

a = 12,k = 11

在对自增、自减运算符的前后缀形式进行理解时,也可以采用如下方法。例如有整型变量 a = 10,由自增运算符构成的前缀形式表达式为 k =++ a,此时得到的值应该是两个:一个是变量 a 的值,另外一个是表达式 ++ a 的值(同时也是赋值给变量 k 的值),由于前缀形式的运算规则是先增值后引用,所以这种情况下变量 a 的值和表达式 ++ a 的值是相同的(都为整数 11);由自增运算符构成的后缀形式表达式为 k = a ++,此时得到的值也应该是两个:一个是变量 a 的值,另外一个是表达式 a ++ 的值(同时也是赋值给变量 k 的值),由于后缀形式的运算规则是先引用后增值,所以这种情况下变量 a 的值和表达式 a ++ 的值是不同的,表达式 a ++ 的值是增值操作之前的值(即赋值给变量 k 的值是变量 a 增值之前的值 11),而变量 a 的值是增值操作之后的值(整数 12)。对于自减运算符,可以参照上面讨论作相应的理解,在此不再赘述。

在对自增、自减运算符的使用中还应该特别注意的是,在标准的 C 语言中对于表达式中每个运算对象的计算次序没有任何顺序上的规定,一个表达式中运算对象的求值顺序取决于编译器的实现。因而在不同的编译器中,对诸如(i ++) + (i ++) + (i ++)或者 ++ j + (++ j) + (++ j)之类表达式的解释是不相同的,甚至于同一个编译器中,当这种表达式放在不同的地方时解释的方式也不同。既然这类表达式既与所使用的编译环境相关,又与在源程序中所处的位置相关,因此没有必要对该类表达式进行深究。重要的是,在使用自增、自减运算符时,应该尽可能避免在程序中写出这类引起歧义的表达式。

1.3.5 逗号运算符和逗号表达式

逗号运算符是 C 语言中一种特殊运算符。逗号运算符用于将两个以上的表达式连接成一个逗号表达式。逗号表达式的一般形式为:

<表达式$_1$>,<表达式$_2$>,…,<表达式$_n$>

逗号运算符是 C 语言所有运算符中级别最低的运算符,其结合性为左结合性。逗号表达式在求值时,按从左到右的顺序分别计算各表达式的值,用最后一个表达式的值和数据类型来表示整个逗号表达式的值和数据类型。

例如,逗号表达式

a = 1, b = a - 4, c = b + 2;

等价于以下 3 个有序语句：

a = 1;

b = a - 4;

c = b + 2;

例 1.10　逗号运算符和逗号表达式使用示例。

```
/* Name: ex01-10.cpp */
#include <stdio.h>
void main()
{    int x,y,z;
     x = 1,2,3,4;
     y = (1,2,3,4);
     z = (z = 2,z * 5,z + 3);
     printf("x = %d,y = %d,z = %d\n",x,y,z);
}
```

在本例中，表达式 x = 1,2,3,4 是一个逗号表达式，组成该逗号表达式的各表达式依次是：x = 1,2,3 和 4，整个表达式的结果为 4，但赋值给变量 x 的值为 1；表达式 y = (1,2,3,4) 是一个赋值表达式，该赋值表达式中左边的变量是 y，右边的表达式是逗号表达式(1,2,3,4)，该逗号表达式的执行结果是 4，并将该值赋值给变量 y；表达式 z = (z = 2, z * 5, z + 3) 也是一个赋值表达式，该赋值表达式中左边的变量是 z，右边的表达式是逗号表达式(z = 2, z * 5, z + 3)，由于该逗号表达式在执行时表达式 z * 5 的值并没有赋值给变量 z，所以在执行表达式 z + 3 时仍然计算的是 2 + 3，用该值作为整个逗号表达式的值赋值给变量 z。综上所述，例 1.10 运行得到的结果为：

x = 1, y = 4, z = 5

需要注意的是，在 C 程序中并不是任何地方出现的逗号都是逗号运算符，逗号在许多地方也作为分隔符，用以分隔若干个对象，例如在变量列表中用逗号作为两个变量之间的分隔符。在 C 程序设计中，许多情况下使用逗号表达式的目的并不是想得到整个逗号表达式的值，而是想分别得到各个表达式的值。例如在下面语句序列中，并不是想得到逗号表达式 a = 10, b = 20, c = 30 的值 30，而是想达到为变量 a, b 和 c 分别赋予不同值的目的。

```
int a,b,c;
a = 10,b = 20,c = 30;
```

1.3.6　sizeof 运算符

sizeof 运算符是 C 语言特有的一个运算符，运算符使用形式为：

sizeof(<数据对象>)

其中，数据对象既可以是某个具体的变量名，也可以是某种数据类型的常量，还可以是某种数据类型的名字，甚至于还可以是一个合法的 C 表达式。

sizeof 运算符的功能是返回其所测试的数据对象所占存储单元的字节数。例如，若有整型变量 x，则在 16 位系统中 sizeof(x) 和 sizeof(int) 的值均为 2，而在 32 位系统中 sizeof(x) 和

sizeof(int)的值均为4。在C程序设计中,可以用sizeof运算符得到任何运算对象所占内存单元的字节数。

例1.11 sizeof运算符使用示例。

```
/* Name: ex01-11.cpp */
#include <stdio.h>
void main()
{   int x = 100;
    printf("数据类型名: %d\n", sizeof(int));
    printf("常量: %d\n", sizeof(1000));
    printf("变量: %d\n", sizeof(x));
    printf("表达式: %d\n",sizeof(x + 100));
}
```

程序运行结果为:

```
数据类型名: 4
常量: 4
变量: 4
表达式: 4
```

从程序的运行结果可以看出,sizeof运算符的功能仅仅是测试所涉及的操作对象占据存储单元的字节个数,而不会对所测试的操作对象进行任何运算。

例1.12 sizeof运算符使用示例。

```
/* Name: ex01-12.cpp */
#include <stdio.h>
void main()
{   int x = 100, y = 200;
    printf("%d\n",sizeof(x += y));
    printf("x = %d\n",x);
    printf("%d\n",sizeof(y ++));
    printf("y = %d\n",y);
}
```

程序的运行结果为:

```
4
x = 100
4
y = 200
```

从例1.12程序运行的结果可以看出,表达式sizeof(x += y)和sizeof(y ++)并没有对变量x和y进行任何运算,因而变量x和y的值并没有发生任何变化。

1.3.7 运算符优先级别和结合性规则

在C语言中,将表达式中的各种运算符运算的先后顺序规定为15个由低到高的优先级别,同时还为运算符规定了结合性。在表达式求值时,若运算对象两边的运算符优先级不同,按优先级别从高到低运算。若运算对象两边的运算符优先级相同,则按其结合规则处理,即在C程序设计中,对于表达式而言,同级运算并不是都遵从从左到右的原则。C运算符有两种结合性,即左结合性和右结合性。

对运算符特性的讨论离开了表达式就没有任何意义,只有在表达式中结合被运算符操作的数据对象来讨论才具有实际的意义,对于运算符的结合性可以分为以下两个问题讨论:

(1)何时需要考虑运算符的结合性。当一个运算对象的两边具有同级运算符时,才需要考虑结合性问题。例如,对于表达式 a + b * c,运算对象 b 的两边存在不同优先级别的运算符,通过运算符的优先级就可以决定运算次序,而不需要考虑结合性问题。但对于表达式 a + b - c,运算对象 b 的两边存在着相同级别的运算符,此时就需要考虑运算符的结合性问题。

(2)左结合性和右结合性。结合性是运算符的重要特性,但它必须在表达式中通过对运算对象的施加才能体现,只有当一个运算对象的两边存在着相同级别的运算符时才需要考虑运算符的结合性,所以可以通过对相关运算对象与运算符的关系来理解运算符的结合性。

①左结合(从左向右)。对应运算对象先与自己左边的运算符结合运算。例如:在表达式 a + b - c 中,数据对象 b 的两边具有同优先级运算符加号和减号,此时需要考虑结合性问题。由于加法运算符和减法运算符的结合性为左结合性,所以数据对象 b 先与自己左边的运算符结合,即先计算表达式 a + b。

②右结合(从右向左)。对应运算对象先与自己右边的运算符结合运算。例如:在表达式 a/ = b *= c 中,数据对象 b 的两边具有同优先级的除等(/ =)运算符和乘等(*=)运算符,此时需要考虑结合性问题。由于除等运算符和乘等运算符的结合性为右结合性,所以数据对象 b 先与自己右边的运算符结合,即先计算表达式 b *= c。

例 1.13 右结合性运算符使用示例。

```
/* Name: ex01-13.cpp */
#include <stdio.h>
void main()
{   int a = 10, b = 2, c = 3;
    a/ = b *= c;
    printf("%d\n", a);
}
```

程序运行结果为:

```
1
```

1.4 不同类型数据混合运算及数据转换

在C程序设计过程中,各种运算和运算对象是不可缺少的。C语言允许在表达式中存在不同类型数据之间的运算,由于不同的数据类型表示的范围和精度不同,涉及到如何对这些不同数据类型的数据进行运算及保存,需要程序设计语言提供在混合运算中的数据类型转换方法。在C语言中,提供了两种数据类型转换的方法:隐式转换和强制类型转换。

1.4.1 不同数据类型隐式转换

隐式转换是系统的自动转换,数据类型转换的原则是向表达数据能力更强的方向转换。即当在表达式运算过程中出现了不同数据类型的数据进行混合运算时,系统先自动按图1.3所示的规则将参加运算的数据对象转换成同一类型的数据再进行运算。

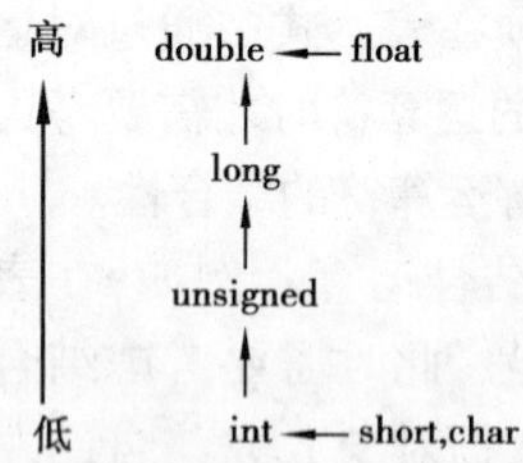

图1.3 系统自动数据类型转换规则

在系统的自动转换规则中,横向的转换规则表示必定的转换,也就是说参加运算的数据是char或short型时,无条件转换成int型;参加运算的数据是float型时,无条件转换成double型。纵向的转换规则表示只有当运算符两边的数据类型不同时,低级别的类型向高级别类型转换。

根据数据在表达式中混合运算的自动数据类型转换规则,可以非常容易地得到一个结论:一个具有多种数据类型数据构成的表达式,如果没有在数据进行混合运算时使用强制数据转换,则表达式最终运算结果的数据类型与构成表达式的各数据对象中数据类型级别最高的数据对象相同。例如,一个具有int型数据、float型数据和double型数据的混合运算表达式,其最终的运算结果为double数据类型。

在考虑表达式混合运算的数据转换问题的同时,还必须考虑赋值转换的原则,即在赋值表达式或赋值语句中,在进行赋值操作时应该按照赋值号左边的变量类型来决定其右边表达式应该转换的类型。例如有下列语句序列:

```
int k;
float x = 10.5, y = 20.3;
k = x + y;
```

表达式x+y的结果是实型数据30.8,但由于赋值号左边的变量k是整型变量,所以在对k进行赋值操作时将30.8按截取法取整转换为整型数据30后赋值给整型变量k。

例1.14 表达式混合运算中的自动数据类型转换示例。

```
/* Name: ex01-14.cpp */
#include <stdio.h>
void main()
```

```
{   int x = 15, m;
    char c = 'A';
    double y = 12.3;
    m = x + c + y;
    printf("Result = %f\n", x + c + y);
    printf("m = %d\n", m);
}
```

在对表达式 x + c + y 的运算过程中，首先计算表达式 x + c，此时需要将字符变量 c 的值转换为整型数（'A'的 ASCII 码值为 65）来进行计算，得到整型的结果 80；然后再将整型数据 80 转换为 double 型数据参加与实型变量 y 的运算，最后得到表达式 x + c + y 的运算结果为 double 型实型数据 92.3，当对整型变量 m 赋值时，需要将 92.3 转换为整数赋值，所以程序运行的结果为：

```
Result = 92.300000
m = 92
```

1.4.2 不同数据类型显式转换

在 C 程序设计中，如果有需要可以对数据进行显式类型转换。显式转换又称为强制类型转换。显式类型转换的一般形式是：

（类型名）（<表达式>）

显式类型转换的功能是：在本次运算中，强迫表达式的值转换成指定的数据类型参加运算。注意，若被转换的对象是表达式，则需用括号将整个被转换对象括住；若被转换的对象是单个变量，则括号可以省略。例如，有如下语句序列：

```
float x = 2.5;
int a = 10, m, n;
m = a + (int)x;           /* 将实型变量 a 的值强制转换为整型数与变量 a 相加，m 的
                             值为 12 */
n = a + (int)(x + 1.8);   /* 将表达式 x + 1.8 的结果值 4.3 强制转换为整型数 4 与变
                             量 a 相加 */
```

在使用强制类型转换时特别应该注意的是类型转换只对标注强制转换这一次起作用，在程序的其余地方，变量还保留其原有的值。在理解强制类型转换时也可以将（类型名）理解成为强制类型转换运算符，那么强制类型转换的结果应该是由强制类型转换运算符所决定的强制类型转换表达式的结果，而构成表达式的各数据对象仍然保留其原值。例如，对于表达式（int）x 而言，表达式运算的结果是对变量 x 转换为整型后得到的数据，但变量 x 仍保留原值，既变量 x 的值没有发生任何变化。

例 1.15 表达式混合运算中的强制数据类型转换示例。

```
/* Name: ex01-15.cpp */
#include <stdio.h>
```

```
void main( )
{    double x = 100.5;
     int i = 3,j;
     printf("x = %f\n",x);
     j = (int)x%i;/* 不能直接使用 x%i,因为 x 为实型数据,不能直接参加求模运
                     算 */
     printf("x = %f\n",x);
     printf("j = %d\n",j);
}
```

程序的运行结果为:

```
x = 100.500000
x = 100.500000
j = 1
```

从程序的运行结果可以看出,实型变量 x 的值在执行表达式(int)x%i 前后均为它自己本身具有的实型数值 100.5。

1.5 C 程序设计初步

计算机是迄今人类发明的最具价值的信息处理工具。计算机已广泛应用于我们的生活、工作的各个领域,从地下开采、海洋开发到太空探索,计算机系统的应用无处不在。无论是用于卫星云图、气象数据处理的大型计算机系统,还是用于手机、电冰箱里的嵌入式芯片级计算机系统。都可以描述成一个计算机信息处理系统,或称为计算机应用系统,也可以简称为计算机系统。用计算机进行信息处理的模型如图 1.4 所示。

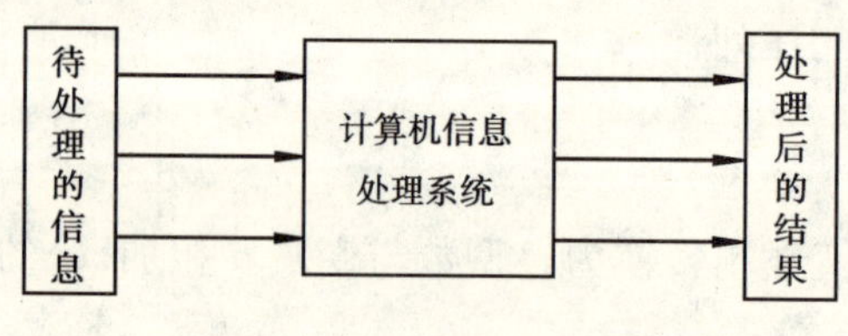

图 1.4 计算机信息系统模型

1.5.1 算法基本概念及算法描述

从程序的基本结构上讲,一个 C 程序总是由数据结构和算法两个部分组成,其中数据结构部分用于描述程序中处理的数据,算法则描述对数据的处理方法。

1)算法的基本概念和算法的特征

在计算机程序设计过程中,所谓算法就是用计算机系统处理实际问题的步骤。当问题比较复杂的时候,需要将问题进行分解细化,按照自顶向下、逐步求精的原则,将一个对实际问题的处理过程转化为符合计算机程序处理的步骤,这就是算法设计的基本思想。对于算法设计的基本要求是:

(1)算法必须准确反映了应用问题的数学模型。

(2)算法的每一步最后都能用计算机高级语言描述。

(3)算法执行的步骤逻辑(即程序执行逻辑)应该与实际问题的处理逻辑一致。

例如,在计算机系统中实现任意两个数由大到小排序输出的算法设计如下:

第 1 步:算法开始;

第 2 步:输入两数,取名 a 和 b;

第 3 步:判断——如果 a > b,则先输出 a 然后再输出 b,否则先输出 b 然后输出 a;

第 4 步:算法结束。

在进行算法设计时,还需要注意下面两点:

(1)数据的组织。根据所建立数学模型的需要,指定用于存放输入数据、中间处理结果和最终结果的内存空间的类型和个数。特别是在处理数据量大,数据关系复杂的时候,这点尤为重要。计算机科学技术范畴中的数据结构学科就专注于这类问题的研究。

(2)问题的数值计算方法。计算机高级程序设计语言提供了一些算术运算方法和常用函数计算功能。但是数学模型中有些数学公式,如定积分 $\int_{x_0}^{x_1} f(x)\,\mathrm{d}x$,不能直接用计算机程序设计语言描述。在处理这类问题时,需要将这些问题转化为适合计算机语言描述的的数值计算方法。数值计算方法也是计算机科学技术的一个重要分支。

算法必须同时具有以下 5 个特征:

(1)有穷性。一个算法必须能够在算法所涉及的每一种情况下,都能在执行有穷步操作之后结束。算法的有穷性特征是算法和计算方法之间最明显的区别,例如求正弦函数值的公式:

$$\sin x = x - \frac{x_3}{3!} + \frac{x_5}{5!} - \frac{x_7}{7!} + \frac{x_9}{9!} - \cdots$$

没有表示出计算到何时为止,所以这样的描述只是计算方法而不是算法。当以某种方式表述了计算到多少项为止的时候(例如,某一项的绝对值小于 10^{-5}时停止计算)才能称之为算法。

(2)确定性。算法的每一步操作,其顺序和内容都必须精确地唯一确定,不能有任何的歧义性。防止歧义性是程序设计中必须遵循的基本准则之一,无论使用何种符号、何种数据、何种操作都必须保证其唯一确定的精确意义。比如,在日常生活中描述某种需求的语句:“给我一些某某东西”就不能用于描述算法,因为“一些”没有准确的数量描述。

(3)可执行性。算法所描述的每一步操作都必须是可行的,即必须是可以付诸实施并能够具体实现的基本操作。

(4)输入数据。所谓输入是指算法在执行的时候需要从外界获取的如算法的初始数据、加工数据等必要的数据信息。一个算法有 0 个或多个输入,有可能算法所需要的数据在设计算法时已经嵌入到算法之中,所以该算法在执行时不需要输入数据;当然算法在执行的时候也可能需要输入若干个数据。

(5)输出数据。算法是求解某种具体问题的方法和步骤,所以算法必须能够在执行后告知一个或一个以上的结果,即算法应有一个或多个输出数据,否则算法将没有任何意义。

2)算法的描述方法

为了能够清晰地描述用计算机处理问题的步骤,需要用一些规范化的方法和工具来描述算法。描述算法的方法有多种,如程序流程图、N-S 图、PAD 图以及伪语言(伪代码)。程序流程图的优点在于对整个程序执行过程一目了然,因而对于程序设计的初学者而言,使用程序流程图来描述算法是一种比较合适的选择。在程序流程图中使用的常见符号如图 1.5 所示。

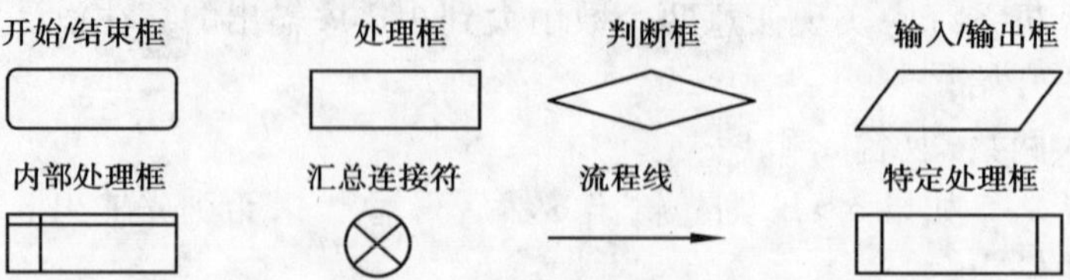

图 1.5　程序流程图常用符号

一般地说,由于需要解决的问题是各种各样的,所以算法的构造是千变万化的,其形式也是千姿百态的。但算法的最基本的组成形式和构造成分只有 3 种基本结构,任何复杂的算法都是这 3 种基本结构按某种方式的堆砌,这 3 种基本结构是:顺序结构、选择(分支)结构和循环结构。

(1)顺序结构。顺序结构是一种简单而基础的算法基本结构,其主要特点是:各个操作按其出现的先后次序依次顺序执行一遍。事实上,任何一个问题分解到了足够小的范围时都可以用一连串顺序连续的操作加以解决,因而任何一个算法在一个适当的范围内都是顺序操作,所以顺序结构是构成算法最根本的基础结构。顺序结构算法执行过程如图 1.6(a)所示。

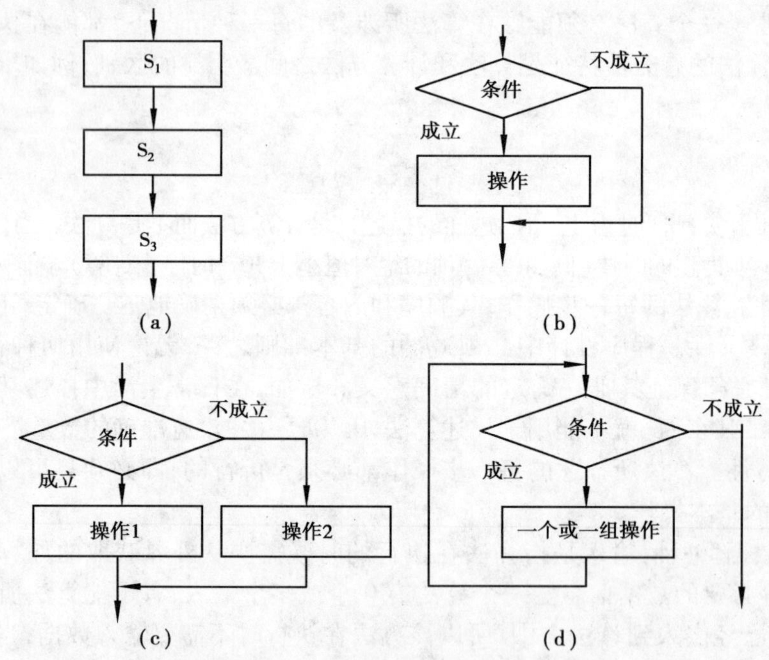

图 1.6　算法基本结构的流程图表示

(a)顺序结构;(b),(c)选择结构;(d)循环结构

(2)选择(分支)结构。在较复杂的算法设计中,必然要涉及到判断的问题,即具体执行何种步骤要根据某个或某些条件的判断结果来选择。选择结构是算法在描述稍复杂问

题时所必不可少的基本结构，其主要特点是：根据给定条件的成立与否来选择执行不同的操作。最基本的选择（分支）结构有两种，如图1.6(b)，(c)所示。

(3)循环结构。在算法中若要描述某些操作反复执行的概念，就要使用循环结构。循环结构的特点是：根据所给定的条件来判断是否需要重复地执行一组操作，当所给条件为真时执行，否则退出。算法的循环结构执行过程如图1.6(d)所示。

例1.16 算法描述示例1：已知鸡兔同笼，总头数为H，总脚数为F，求鸡、兔各有多少只。

解：

①问题分析

根据已知的条件，设鸡为X只，兔为Y只，可以列出如下方程组：

$$\begin{cases}X+Y=H\\2X+4Y=F\end{cases}$$

解该方程组，有：

$$X=\frac{4H-F}{2},Y=\frac{F-2H}{2}$$

②算法分析和设计

对于简单问题可以直接用流程图表示出解决问题的思想和步骤，对于复杂问题就必须采取自顶向下，逐步求精的方法进行分解，然后对分解后的一系列简单问题，分别设计用流程图表达求解问题的思想和步骤。鸡兔同笼的算法流程图如图1.7所示。

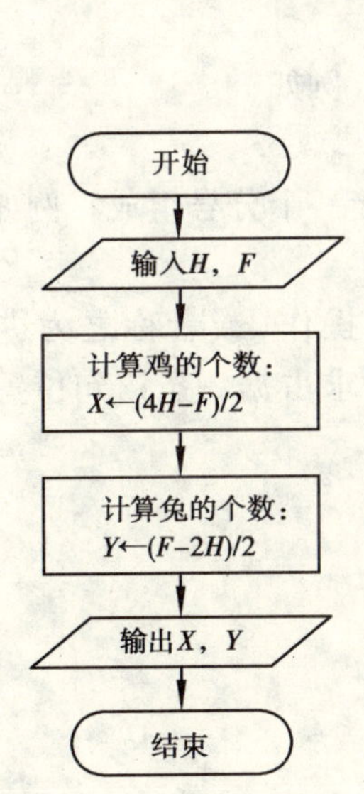

图1.7 鸡兔同笼算法流程图

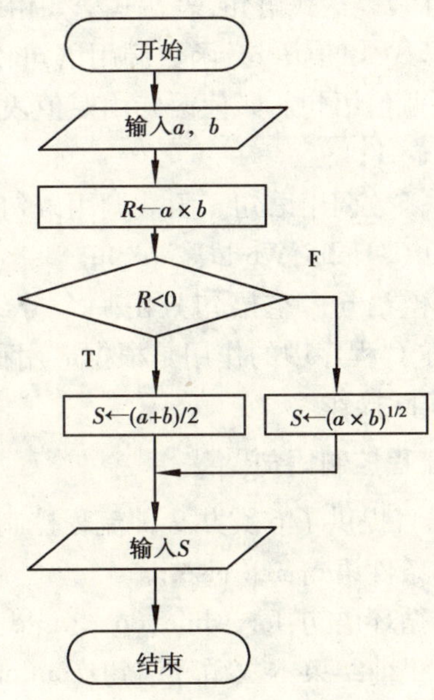

图1.8 分支结构算法流程图

例 1.17 算法描述示例 2:输入任意的两个实数 a 和 b,两数同号时求它们的几何平均数,两数异号时求它们的算术平均数。

解:

①问题分析

处理问题时需要对两个实数的值是否异号进行判断处理即可,两实数 a 和 b 是否异号可用 $a \times b$ 是否小于 0 来表示。

②算法分析和设计

首先输入两个实型数据,计算出两个实型数据的乘积,然后对两个实型数据的乘积进行符号判断:当乘积是正数时,计算两个实型数据的几何平均值;当乘积是负数时,计算两个实型数据的算术平均值;其过程可用如图 1.8 所示的程序流程图表示。

1.5.2 C 语句概述

程序是用程序设计语言对计算机要执行的一组操作序列进行的描述。程序设计语言中用于描述计算机操作的基本组成单位是语句,语句按其功能可以分为两大类:用于描述计算机操作运算的操作运算语句和控制操作执行顺序的程序流程控制语句。

1)表达式语句

C 语言是一种表达式语言,其操作运算通过表达式实现。在 C 程序中,由表达式组成的语句称为表达式语句,表达式语句由表达式后接一个分号组成。表达式语句可以分为 3 种基本形式:赋值语句、函数调用语句和空语句。

(1)赋值语句。赋值语句由赋值表达式接一个分号组成。例如:

```
y = x + 1;
```

(2)函数调用语句。函数调用语句由函数调用表达式后接一个分号组成。例如:

```
printf("Hello,World! \n");
```

(3)空语句。空语句只由一个分号组成,它不进行任何操作(或者称之为进行空操作),其在 C 程序中的作用是根据应用程序在结构上的某种需求占据一条语句位置而不进行任何实际操作。

2)流程控制语句

C 语言提供了 6 类共 9 种流程控制语句。它们是:

(1)条件语句:if…else…

(2)循环语句:for,while,do…while

(3)提前结束本次循环语句:continue

(4)循环或多分支终止语句:break

(5)无条件转移语句:goto

(6)返回语句:return

流程控制语句的形式、功能以及使用时需要注意的问题将在第 2 章和第 3 章中进行讨论。

3）复合表达式语句

C语言允许把一组语句括在花括号之中构成一个语句块，称之为复合语句。复合语句的右花括号后不需要接分号，复合语句在语法上是一个逻辑的整体，即在C语言的语法上相当于一条语句。凡是能够使用简单语句的地方都可以使用复合语句。一个复合语句中可以包含另一个或多个复合语句。例如：

```
{   char ch;
    ch = getchar();
    putchar(ch);
}
```

此外，在复合语句中还可以定义变量，但该变量只能在其定义所在的复合语句中起作用，这个问题将在第4章的4.3节予以详细讨论。

1.5.3 C程序的输出——最基本的输出函数

在C程序中，数据的输入或输出，特别是输出是必不可少的。含有输入或输出功能的语句是程序设计中不可缺少的部分。在C语言中没有提供输入和输出语句，其所有的输入输出均通过调用标准库函数来实现。C语言中的I/O类标准库函数的声明包含在头文件stdio.h中，所以在C程序源文件中开始位置应该加上如下包含编译预处理命令：

#include "stdio.h"或#include <stdio.h>

1）格式化输出函数——printf

C语言中的格式化标准输出函数为printf函数，函数调用的一般格式为：

printf("格式控制字符串"，输出表列)；

函数的功能是：向标准系统输出设备（显示器）输出一个或多个任意类型的数据。其中的输出表列由一到若干个输出表达式组成，两个输出表达式项之间用逗号分隔。格式控制字符串则由普通字符和格式控制项组成。格式控制字符串中各项组成成分的作用描述如下：

(1)格式控制字符串中的普通字符。在格式控制字符串中，普通字符在输出时照原样输出，所谓原样输出指的是在给定的位置输出给定的字符。例如对于输出函数调用语句：printf("Result = %f\n", x + c + y);，格式控制字符串"Result = %f\n"中的字符序列"Result ="和"\n"都是普通字符，则在输出时结果由：<Result => <表达式 x + c + y 的值> <\n>3个部分构成。

(2)格式控制字符串中的格式控制项。在格式化输出函数的格式控制字符串中，格式控制项与输出表列中的输出表项一一对应，用于规定或说明输出表项的输出格式。在格式控制项中，百分号(%)是格式控制项的引导符号，一个格式控制项以%开始到格式控制字符结束，中间含有若干个可选项。格式控制项的一般形式为：

% - 0 * m.n l/h <格式控制字符>

式中各项的意义分别说明如下：

①格式控制字符。格式控制字符用于规定对应数据项的输出格式,常用的格式控制字符如表 1.6 所示。

表 1.6 常用输出格式控制符及其意义

控制字符	意 义
d	以十进制形式输出带符号整数(正数不输出符号)
o	以八进制形式输出无符号整数(不输出前缀 O)
x	以十六进制形式输出无符号整数(不输出前缀 OX)
u	以十进制形式输出无符号整数
f	以小数形式输出单、双精度实数
e	以指数形式输出单、双精度实数
g	以%f 或%e 中较短的输出宽度输出单、双精度实数
c	输出单个字符
s	输出字符串

②长度修正可选项(l/h)。长度修正项(l/h)只能选取字符 l 和字符 h 二者之一,用于指定对应的输出数据按长整型或双精度型输出还是按短型数据输出。当选用字母 l(long)时,按长整型或双精度型输出;当选用字母 h(short)时,按短型数据输出。

对于实型数据(无论是 float 型还是 double 型),几乎所有的 C 编译器都可以在不指定长度修正项的情况下正确输出对应数据;但对于整型数据而言,在 Turbo C 系列编译器中必须要指定长度修正项(l)才能正确地输出对应的长整型数据。例如下面的语句序列在 Turbo C系列开发环境中是必须的:

```
long int x = 100;
printf("x = %ld\n",x);/* 在 Turbo 环境中,不能写为:printf("x = %d\n",x); */
```

③域宽可选项(m 或 m.n)。域宽可选项用于指定对应输出项所占的输出宽度。该可选项取单一整数时,说明输出数据的宽度,例如%5d 说明输出域宽为 5;该可选项取 m.n 的格式时,说明输出总宽度为 m 位,其中小数点占一位,小数部分为 n 位,例如%5.2f 说明输出域宽 5 位,整数和小数部分各占 2 位。无论取哪种形式,只要实际输出数据的整数部分位数超过指定的整数部分位数,均按输出数据的实际整数位数输出。例如 printf("%5d\n",88)的输出结果中,88 之前有 3 个空格字符。

当输出数据是字符串并且域宽可选项取 m.n 格式时,m 指定了输出数据占用的宽度,默认与实际输出字符串长度相符,n 指定的是输出字符串数据中的前 n 个字符。例如:

```
printf("%10.5s\n","abcdefg");      /*输出字符序列:abcde,前面有 5 个空格字符*/
printf("%6.5s\n","abcdefg");       /*输出字符序列:abcde,前面有 1 个空格字符*/
printf("%.5s\n","abcdefg");        /*输出字符序列:abcde,前面没有空格字符*/
```

④空位填零可选项(0)。空位填零可选项规定,当指定的输出宽度大于数据输出所需要的实际宽度时,输出数据左边的空位不是用空格而是用数字 0 来填充。例如语句

printf("%05d\n",88)的输出结果为:00088。

⑤星号可选项(*)。星号(*)可选项在控制项中的作用是指定由对应于该控制项的变量值来决定输出表列中其后面一个输出项的输出宽度。

例1.18 输出函数控制项中"*"可选项的使用示例。

```
/* Name: ex01-18.cpp */
#include <stdio.h>
void main()
{   int a=6,b=100;
    printf("%0*d\n",a,b);
}
```

在例1.18程序中,输出控制项%0*d所对应的输出项是变量a,所以变量a后面的输出数据项(变量b)的输出宽度由变量a指定为6个字符宽度。例1.18程序运行的结果为:

000100。

⑥减号可选项(-)。格式控制项中的减号(-)可选项用于指定输出数据的对齐方向。当选用减号时,输出数据左对齐;当不用减号时,输出数据右对齐。例如有下面语句序列:

```
printf("%5d\n",12);
printf("%5d\n",1234);
printf("%5d\n",123456);
```

输出结果的对齐方式默认是右对齐的,其形式为:

```
   12
 1234
123456
```

而对于下面的语句序列:

```
printf("%-5d\n",12);
printf("%-5d\n",1234);
printf("%-5d\n",123456);
```

由于指定了减号可选项,所以输出结果的对齐方式为左对齐,其形式为:

```
12
1234
123456
```

最后讨论一下格式化输出函数printf的返回值问题。printf函数是一个返回整型值的函数,该函数执行后得到的整数值表明了printf函数在执行时输出了多少个有效字符,下面的例程序说明了这个问题。

例1.19 格式化输出函数的返回值说明示例。

```
/* Name: ex01-19.cpp */
#include <stdio.h>
void main()
```

```
{   int a = 10, b = 20;
    printf("%d\n", printf("%d,%d\n", a, b));
}
```

程序在执行时首先执行函数调用 printf("%d,%d\n",a,b),在依次输出变量 a 的值10、逗号、变量 b 的值 20 后,输出换行符,一共输出了 6 个字符,因而其返回值为整型数 6。所以,该程序的运行结果为:

```
10,20
6
```

2)字符输出函数——putchar

字符输出标准库函数 putchar 的调用形式:

putchar(输出对象)

其中:输出对象可以是字符常量(包括转义字符)、字符变量以及整型常量、整型变量等可以转换为字符数据的对象。

函数的功能是将用输出对象表示的单个字符输出到标准输出设备(屏幕)上。例如:

```
putchar('A');          /* 输出大写字母 A */
putchar('\n');         /* 换行,即执行控制字符所具有的控制功能 */
```

例 1.20 字符数据输出示例。

```
/* Name: ex01-20.cpp */
#include <stdio.h>
void main()
{   char c = 'A';
    putchar('A');
    putchar(c);
    putchar('\t');      /* 输出制表符,光标向右移动制表符指定的字符位置 */
    putchar(c + 1);
    putchar('A' + 1);
    putchar('\n');      /* 输出换行符,光标移动到下一行的开始位置 */
}
```

程序的运行结果为:

```
AA      BB
```

1.5.4 C 程序的输入——最基本的输入函数

在程序设计语言中,数据输入函数的功能是在程序的运行过程中通过系统指定的输入设备为运行中的程序提供数据。

1)格式化输入函数——scanf

C 语言中的格式化标准输入函数为 scanf,函数调用的一般格式为:

scanf("格式控制字符串",地址表列);

函数的功能是:从标准系统输入设备(键盘)上输入一个或多个指定类型的数据到由地址列表指定始地址的内存单元中。

地址列表中的每一项为一个地址量,其形式是在一般变量之前加取地址运算符 &。例如:设有变量 x,则 &x 表示变量 x 的地址。格式控制字符串则由普通字符和格式控制项组成,格式控制字符串中各项组成成分的作用描述如下:

(1)格式控制字符串中的普通字符。在格式控制字符串中,如果有普通字符存在,则在执行输入时需要照原样输入,即在指定的位置输入指定的字符。例如:

```
scanf("a=%d",&a);/* 输入数据时先输入字符序列 a=,然后才能输入变量 a 的
                     值 */
scanf("%d,%d",&a,&b); /* 输入数据时,在输入 a 与 b 的两个值之间必须输入逗
                         号字符 */
scanf("%d\n",&a); /* 在输入数据后要多输入一次换行符,在许多环境中会陷入死
                     循环 */
```

从上面的示例我们可以得出这样的推论:在使用格式化输入函数时,除非是为了分隔若干个输入数据项,如 scanf("%d,%d",&a,&b),否则不应该在格式化输入函数的控制字符串中指定任何普通字符。

(2)格式控制字符串中的格式控制项。在格式化输入函数中,格式控制项与地址列表中的地址表项一一对应,用以指定对应项输入数据的输入格式。一个格式控制项以% 开始到格式控制字符结束,中间含有若干个可选项。输入数据的格式控制项一般形式为:

% * m l/h <格式控制字符>

式中各项的意义分别说明如下:

①格式控制字符。格式控制字符用于规定对应数据项的输入格式,常用的格式控制字符如表 1.7 所示。

表 1.7 常用输入格式控制符及其意义

控制字符	意　义
c	输入单个字符
d	输入十进制整数
o	输入八进制整数
x	输入十六进制整数
e	以指数形式输入实数
f	以小数形式输入实数
s	输入字符串

②长度修正可选项(l/h)。长度修正项只能选取字符 1 和字符 h 两者之一,用于指定输入数据是按长整型或双精度型输入还是按短型数据输入。当选用字母 l(long)时,按长整型或双精度型输入;当选用字母 h(short)时,按短型数据输入。例如:

```
int a;
float b;
long int x;
double y;
scanf("%d",&a);/*用控制项%d表示要输入一般整型数据*/
scanf("%f",&b);/*用控制项%f表示要输入单精度实型数据*/
scanf("%ld",&x);/*用控制项%ld表示要输入长整型数据*/
scanf("%lf",&y);/*用控制项%lf表示要输入双精度实型数据*/
```

③域宽可选项(m)。域宽可选项(m)用于指定输入函数在输入流上应该截取多少个字符的宽度来对应输入数据项,注意在格式化输入函数中该可选项只能取单一整数。例如:

```
int a,b;
scanf("%3d%2d",&a,&b);
```

若输入流(即从键盘上敲入的字符流)为:12345678,则系统会截取123作为变量a的值、截取45为变量b的值,如此后还有输入函数调用语句,则继续截取剩余的字符流(678),若此后没有输入函数调用语句,则剩余的字符流将被系统放弃。

④星号可选项(*)。星号(*)可选项的作用是表示"虚读",即系统从输入流上按指定格式读入一个数据但并不赋给任何变量。例如:

```
int a,b;
scanf("%3d%*2d%3d",&a,&b);
```

若输入流(即从键盘上敲入的字符流)为:12345678,则系统会截取123作为变量a的值、截取45并将该数据放弃,然后截取678为变量b的值。

在C语言中,格式化输入函数是在程序设计中常用的一个函数,同时又是一个在使用时不太好掌握的函数。为了让读者尽可能了解格式化输入函数使用时的细节,从而在使用的过程中尽量少犯错误,我们从以下几个方面对格式化输入函数进行较细致的讨论。

(1)格式化输入函数中数据流的分隔问题。在格式化输入函数的使用中,在标准设备上输入数据时需要掌握使用分隔符分隔输入数据流的方法。如果在格式控制字符串中的两个格式控制项之间没有任何的普通字符,则系统使用其默认的数据流分隔符空格字符或换行字符。例如:

```
int a,b;
scanf("%d%d",&a,&b);
```

若要求执行完格式化输入函数调用语句后变量a的值为10、变量b的值为20,则可以有两种方式输入数据:

①使用空格字符分隔两个输入数据,输入流为:

10 20 <Enter>/*中间用于分隔的空格字符可以1至若干个*/

输入流中的<Enter>表示按键盘上的Enter键(下同)

②使用换行字符分隔两个输入数据,输入流为:

10 <Enter>

20 <Enter>

如果在格式控制字符串中的两个格式控制项之间插入了一个或若干个普通字符，在前面已经提到这些字符是格式控制字符串中的普通字符，必须按原样照输入。所以在输入数据时必须按照控制项之间插入的字符或字符序列输入字符（或字符序列）来分隔输入流上的数据。例如：

```
int a,b;
scanf("%d,%d",&a,&b);
scanf("%d###%d",&a,&b);
```

若仍然要求执行完格式化输入函数调用语句后变量 a 的值为 10、变量 b 的值为 20，则对于输入函数调用语句 scanf("%d,%d",&a,&b);，输入流只能是：

10,20 <Enter>

对应于输入函数调用语句 scanf("%d###%d",&a,&b);，输入流只能是：

10###20 <Enter>

(2)关于输入流结束时的换行符问题

例 1.21 关于输入流结束换行符的引例。

```
/* Name: ex01-21.cpp */
#include <stdio.h>
void main()
{   int a;
    char c;
    scanf("%d",&a);       /*要求输入数据 100 */
    scanf("%c",&c);       /*要求输入字符'A' */
    printf("a=%d\tc=%c\n",a,c);
}
```

该程序在执行到输入数据语句时，本来应该为变量 a 和变量 c 分别输入整型数据和字符数据，但当输入完整型数据 100 并按回车键(Enter)后程序立即结束了，并且得到程序的运行结果为：

```
100
a=100    c=
```

从输出的程序运行结果可以看出，该程序执行时的输入流存在着问题。输入流上的问题在于当我们为第一个输入函数调用语句 scanf("%d",&a);输入数据 100 后需要按回车键表示输入结束，但下一个输入函数调用语句 scanf("%c",&c);却将该回车键作为自己的输入数据接收，因而出现上面的程序运行结果。下面几个方法可以避免出现这种结果：

①避免在输入两个数据之间插入(输入)换行符，输入流改为：

100A <Enter>

②修改程序中的输入函数调用语句出现的次序，将程序改为下面的形式：

```
#include <stdio.h>
void main()
```

```
{   int a;
    char c;
    scanf("%c",&c);   /*要求输入字符'A'*/
    scanf("%d",&a);   /*要求输入数据100*/
    printf("a=%d\tc=%c\n",a,c);
}
```

输入流为:

A <Enter>

100 <Enter>

③用字符输入库函数 getchar 主动读掉换行符,将程序修改为下面的形式:

```
#include <stdio.h>
void main()
{   int a;
    char c;
    scanf("%d",&a);   /*要求输入数据100*/
    getchar();   /*读掉上一输入函数调用语句在输入流中剩下的换行符*/
    scanf("%c",&c);   /*要求输入字符'A'*/
    printf("a=%d\tc=%c\n",a,c);
}
```

(3)格式化输入函数 scanf 的返回值问题。格式化输入标准库函数 scanf 一个返回整型数的函数,即函数调用结束后得到的返回值为一个整型数据,该整型数据表明了 scanf 函数在输入流中正确取得数据的个数,可以通过这个返回值判断是否正确接收了全部的输入数据。

例 1.22 格式化输入函数的返回值说明示例。

```
/* Name: ex01-22.cpp */
#include <stdio.h>
void main()
{   int a,b,c,d;
    d=scanf("%3d,%2d,%4d",&a,&b,&c);
    printf("正确接收的数据个数:%d\n",d);
    printf("a=%d,b=%d,c=%d\n",a,b,c);
}
```

程序运行时的输入流若为:

123,45,6789

则输出结果为:

正确接收的数据个数:3

a=123,b=45,c=6789

程序运行时的输入流若为:

12,345,6789

则输出结果为:

正确接收的数据个数:2

a = 12,b = 34,c =- 858993460(随机值)

从上述运行过程可以看出,第 2 次程序运行时输入的数据 345 对应于%2d 的格式控制符,在正确地截取了 34 后应该遇到逗号(,)字符,但在输入流中遇到的是数字字符 5,因而出现了错误。一旦出现输入的错误则函数 scanf 调用就结束,因而变量 c 并没有从输入流中正确接收到数据,从而其值是一个随机数。从函数 scanf 的返回值也可以得知,此次函数调用仅正确接收了输入流中的 2 个数据。

(4)不同数据类型数据的混合输入问题。在数据的输入中,主要分为数值型数据和字符型数据,这些数据在混合输入的时候,由于换行符的原因,也会在某些输入流形式下达不到预想的效果。

例 1.23 格式化输入函数使用中的混合类型数据输入示例。

要求输出的结果为:a = 100,b = A,c = 200

```
/* Name: ex01-23.cpp */
#include <stdio.h>
void main()
{    int a,c;
     char b;
     scanf("%d%c%d",&a,&b,&c);
     printf("a = %d,b = %c,c = %d\n",a,b,c);
}
```

从程序使用的输入函数调用语句 scanf("%d%c%d",&a,&b,&c);看,其控制字符串的各个控制项之间没有任何普通字符,理论上讲应该使用系统默认的分隔方式分隔输入流中的数据,即应该使用:

①100 A 200 <Enter>

②100 <Enter>

A <Enter>

200 <Enter>

下面是使用上述两种方式时的程序运行过程和结果:

①100 A 200　程序运行结果为:

a = 100,b = ,c =- 858993460

②100

A　/* 输入第 2 个数据后输入函数调用结束 */

程序的运行结果为:

a = 100,b =

,c =- 858993460

从实际运行结果上可以看到,两种方式都不能达到预期目标。出现这种问题的原因还是由于在输入了第一个数据100后使用了空格字符或换行字符作为分隔符,然而这个分隔符被作为输入数据读到了第2个变量b中,当应该为第3个变量截取数据时却遇到了不应该遇到的字母A,因而没有正确地接收第3个数据。按照下面两条原则组织输入流才能够避免出现上面的问题:

①输入流中数值在前、字符在后时中间不能使用空格字符或换行字符等分隔符。

②输入流中字符在前、数值在后时中间有无空格字符或换行字符作为分隔符均可。

按照上述两条原则,使用下面两种输入流组织方式都可以达到预期目标,请看如下实际程序运行效果:

①输入流为:100A 200

程序运行结果为:a=100,b=A,c=200

②输入流为:100A 200

程序运行结果为:a=100,b=A,c=200

2)字符输入函数——getchar

字符输入标准库函数 getchar 的调用形式:

```
getchar()
```

函数的功能是:从标准输入设备上读入一个字符,将这个字符作为函数的返回值并回显在屏幕上。可以用字符型或整型变量接收通过 getchar 函数读入的字符,其一般形式为:

```
char c;
c=getchar();      /*从键盘上读入一个字符并将其存放到字符型变量c中*/
```

1.5.5 常用数学类标准库函数的使用

数学运算是计算机应用中最基本的需要,为了适应这方面的需要,C语言系统的标准函数库中提供了近百个关于数学运算的标准函数。下面通过几个最常用的数学类标准库函数的介绍了解C程序中使用数学类标准库函数的方法,其他数学类标准库函数的使用方法请读者参考本书的附录或其他资料。

在C系统中,数学类标准库函数的原型在名为 math.h 或 stdlib.h 头文件中声明。所以在需要调用数学类标准库函数的C程序中,必须使用文件包含编译预处理语句将相应的头文件包含到源程序文件中。文件包含编译预处理语句的一般形式为:

```
#include <头文件名>或#include "头文件名"
```

1)求绝对值类常用数学函数

常用的求绝对值函数有:abs、labs 和 fabs。求绝对值函数中,abs 和 labs 的函数原型在头文件 stdlib.h 中声明,fabs 的函数原型在头文件 math.h 中声明,函数的原型如下所示:

```
int abs(int n);              /*求整型数据的绝对值*/
long labs(long int n);       /*求长整型数据的绝对值*/
double fabs(double x);       /*求双精度实型数据的绝对值*/
```

例1.24 求绝对值函数使用示例。

```
/* Name: ex01-24.cpp */
#include <stdio.h>
#include <math.h>
void main()
{   double a;
    printf("Input a number:");
    scanf("%lf",&a);
    printf("|a| = %lf\n",fabs(a)); /* 请注意函数调用与函数原型声明在形式上的
                                      区别 */
}
```

程序的运行过程和结果为：

```
Input a number: -120.5
|a| = 120.500000   /* 输出结果 */
```

2）求余数类常用数学函数

算术运算符中的求模运算符%只能对整型数据进行操作，对实型数据的求余数运算只能通过标准库函数进行。常用实型数据求余数标准库函数是 fmod，函数的原型在头文件 math.h 中声明，函数的原型声明如下所示：

```
double fmod(double x, double y);     /* 双精度实型数据求 x MOD y 的值 */
```

例 1.25 求余数值函数使用示例。

```
/* Name: ex01-25.cpp */
#include <stdio.h>
#include <math.h>
void main()
{   double x,y;
    printf("Input x and y:\n");
    scanf("%lf,%lf",&x,&y);
    printf("13 MOD 5 = %d\n",13%5);
    printf("x MOD y = %f\n",fmod(x,y));
}
```

程序的运行过程和结果为：

```
Input x and y:
12.5,3.4
13 MOD 5 = 3          /* 输出结果 */
x MOD y = 2.300000    /* 输出结果 */
```

3）三角函数类常用数学函数

常用的三角函数有：sin，cos，tan，sinh，cosh 和 tanh，三角函数类标准库函数的参数均要求为弧度，所以当提供的数据为度时应将其转化为弧度。

设用 c 表示角度,用 x 表示弧度,度转换为弧度的方法如下所示:

$$\frac{\pi}{180}=\frac{x}{c} \qquad 则$$

$$x=\frac{c\times\pi}{180}$$

三角函数的原型均在头文件 maht.h 中声明,函数的原型声明如下所示:

```
double sin(double x);      /*求正弦函数值*/
double cos(double x);      /*求余弦函数值*/
double tan(double x);      /*求正切函数值*/
double sinh(double x);     /*求双曲正弦函数值*/
double cosh(double x);     /*求双曲余弦函数值*/
double tanh(double x);     /*求双曲正切函数值*/
```

例 1.26 求 30°的正弦、余弦和正切函数值。

```
/* Name: ex01-26.cpp */
#include <stdio.h>
#include <math.h>
#define PI 3.14159
void main()
{    double x,y;
     printf("Input the x:");
     scanf("%lf",&x);
     y=x*PI/180;
     printf("sin(%.0f)=%f\n",x,sin(y));
     printf("cos(%.0f)=%f\n",x,cos(y));
     printf("tan(%.0f)=%f\n",x,tan(y));
}
```

程序的运行过程和结果为:

```
Input the x:30
sin(30)=0.500000      /*输出结果*/
cos(30)=0.866026      /*输出结果*/
tan(30)=0.577350      /*输出结果*/
```

4)指数类、对数类和平方根类常用数学函数

常用的指数类函数有:exp 和 pow,常用的对数类函数有:log、log10,常用的平方根类函数有:sqrt。这几类函数的原型均在头文件 math.h 中声明,函数的原型声明如下所示:

```
double exp(double x);               /*求 e^x 的值*/
double pow(double x, double y);     /*求 x^y 的值*/
double log(double x);               /*求 lg(x)的值*/
double log10(double x);             /*求 lg10(x)的值*/
```

```
double sqrt(double x);                    /*求x的平方根值*/
```

例 1.27 求平面上(x1,y1)和(x2,y2)两点之间的距离,两点的坐标值从键盘上输入。

```
/* Name: ex01-27.cpp */
#include <stdio.h>
#include <math.h>
void main()
{   double x1,x2,y1,y2,z;
    printf("Input coordinates value of two points:\n");
    scanf("%lf,%lf,%lf,%lf",&x1,&y1,&x2,&y2);
    z=sqrt(pow(x2-x1,2)+pow(y2-y1,2));
    printf("space of two points is: %lf\n",z);
}
```

程序的运行过程和结果为:

```
Input coordinates value of two points:
1,1,2,2
space of two points is: 1.414214
```

习题 1

一、单项选择题

1. 下面选项中,高级计算机语言没有提供的功能有(　　)。

(A)数据输入　(B)数据输出　(C)简单算术运算　(D)图像、声音处理

2. C 语言源程序由预处理命令和(　　)组成。

(A)函数　(B)语句　(C)保留字　(D)标始符

3. 下面选项中,正确的用户标始符是(　　)。

(A)2LIN　(B)float　(C)time　(D)a1_time

4. C 语言中,基本数据类型的划分是按照(　　)。

(A)数的种类　(B)数的大小

(C)数的位数　(D)在内存中所占字节数

5. 在 C 语言中,类型名 double 表示的数据类型是(　　)。

(A)整型　(B)字符型　(C)长整型　(D)双精度实型

6. 下列数据中,属于“字符串常量”的是(　　)。

(A)abc　(B)"abc"　(C)'abc'　(D)'a'

7. 设有 C 语句序列:int a=3; a+=a-=a*a;,执行该语句序列后,变量 a 的值是(　　)。

(A) 7　(B) 8　(C) 6　(D) -12

8. C 语言中,表达式 18/4 * sqrt(4.0)/8 的数据类型是(　　)。

(A)int　　(B)float　　(C)double　　(D)不确定

9. 在 C 程序中,能被执行的只有(　　)。

(A)运算符　　(B)表达式　　(C)语句　　(D)标识符

10. C 语言源程序中,表达式和语句的差别在于是否(　　)。

(A)有运算符　　(B)有函数　　(C)有标识符　　(D)有分号

二、填空题

1. C 语言源程序由预处理命令和函数组成,无论有多少个函数,只能有一个____①____函数,其函数名是____②____。

2. 表达式 x * = x + b 等价于表达式____③____。

3. scanf 和 printf 函数中的“格式说明”由____④____种字符组成,其中格式字符的意义是____⑤____。

4. 下面程序的功能是在屏幕上显示:how are you!,请填空完成程序。

```
#include  <stdio. h. >
____⑥____
{
      printf( ____⑦____ );
}
```

三、阅读程序题

1. 写出下面程序运行的结果。

```
#include < stdlib. h >
void main ( )
{     int i,j,m,n;
      i = 8;
      j = 10;
      m =  ++ i;
      n = j ++ ;
      printf( "%d,%d,%d,%d" ,i,j,m,n);
}
```

2. 写出下面程序运行的结果。

```
#include  < stdio. h >
void main( )
{     int x = 0,y = -1,z = -1;
      x +=- z - - -y;
      printf( "%d,%d,%d\n" ,x,y,z);
}
```

3. 写出下面程序运行的结果。

```
#include  < stdio. h >
```

```c
void main()
{   char c1 = 'a',c2 = 'b',c3 = 'c',c4 = '\101',c5 = '116';
    printf("a%c b%c\tc%c\tabc\n",c1,c2,c3);
    printf("\t\b%c %c",c4,c5);
}
```

4. 写出下面程序运行的结果。

```c
#include <stdio.h>
void main()
{   char a = '1',b = '2';
    printf("%c,",b++);
    printf("%d\n",b - a);
}
```

5. 写出下面程序运行的结果。

```c
#include <stdio.h>
void main()
{   int a =5,b =7;
    float x =67.8564,y =-789.124;
    char c = 'A';
    long n =1234567;
    unsigned u =65535;
    printf("%d%d\n",a,b);
    printf("%3d%3d\n",a,b);
    printf("%f,%f\n",x,y);
    printf("%-10f,%-10f\n",x,y);
    printf("%8.2f,%8.2f,%4f,%4f,%3f,%3f\n",x,y,x,y,x,y);
    printf("%e,%10.2e\n",x,y);
    printf("%c,%d,%o,%x\n",c,c,c,c);
    printf("%ld,%lo,%x\n",n,n,n);
    printf("%u,%o,%x,%d\n",u,u,u,u);
    printf("%s,%5.3s\n","COMPUTER","COMPUTER");
}
```

6. 写出下面程序运行的结果。

```c
#include <stdio.h>
void main()
{   int  a =5;
    char  c = 'a';
    float  f =5.3;
    double m =12.65;
```

```
    double result;
    printf("a + c = %d\n",a + c);
    printf("a + c = %c\n",a + c);
    printf("f + m = %f\n",f + m);
    printf("a + m = %f\n",a + m);
    printf("c + f = %f\n",c + f);
    result = a + c * (f + m);
    printf("double = %f\n",result);
}
```

四、程序设计题

1. 设圆半径 r = 1.5,圆柱高 h = 3,求圆周长、圆面积、圆球表面积、圆球体积、圆柱体积。要求用 scanf 函数输入数据,用 printf 函数输出计算结果,输出数据中要有适当的文字说明,取两位小数。

2. 编程序实现功能:求出任一输入字符的 ASCII 码。

3. 编程求解鸡兔同笼问题:鸡兔同笼共有 30 只,脚共有 90 只,计算笼中鸡兔各有多少只。

4. 编程序实现功能:输入三角形的三条边边长,求三角形面积。

5. 编程序实现华氏温度到摄氏温度的转换,其转换公式为:c = 5/9 * (f - 32),其中 f 表示华氏温度,c 表示摄氏温度。

6. 编程序实现简单密码功能,采用的密码规律是:用原来的字母后面第 5 个字母代替原来的字母。例如:"China"应译为"Hmnsf"。编程序实现对于任意输入 5 个字母,加密后输出。

2 结构化程序设计基础和C语言的控制结构

本章概要和学习目标

本章主要讨论结构化程序设计的基础知识,包括3种基本结构的概念、关系运算表达式与C程序中的简单控制条件、逻辑运算表达式与C程序中的复杂控制条件、分支结构程序设计基础、循环结构程序设计基础以及使用基本控制结构解决常见计算机应用问题的方法。本章的主要学习目标如下:

- 理解并掌握C程序设计中控制条件的组成方式和运算规则
- 掌握使用单分支if语句、双分支if语句实现简单分支结构程序的方法
- 掌握使用switch语句、if语句的嵌套实现多分支结构程序的方法
- 掌握使用while、do…while和for三种语句构成循环结构程序的方法
- 理解多重循环的概念、掌握构成多重循环控制结构程序的方法
- 掌握利用C语言基本控制结构处理穷举和迭代常见应用问题的方法

2.1 C程序控制结构中的条件表示

C语言是一种结构化程序设计语言。按照结构化程序设计的基本观点,任何程序都可以通过3种基本程序结构的组合实现。这3种基本结构是:

(1)顺序结构。顺序结构的程序在执行时按语句出现的顺序依次执行程序中的所有可执行语句直至程序完成。例如,在第1章中给出的所有示例都是顺序结构的程序。

(2)分支结构。分支结构的程序在执行时根据给定的条件是否成立,决定程序执行流程的方向。

(3)循环结构。循环结构的程序在执行时根据给定条件的判断,决定是否反复执行某一公共程序段。

按照结构化程序设计的原则和方法设计出来的程序具有结构清晰、可读性好、易于修

改的优点。

在程序设计过程中,实现分支结构和循环结构的一个关键问题是如何实现逻辑判断,即给出一个合理的条件表示将是非常重要的。一个好的条件表示将使问题简单化,反之,将使问题难于解决。在C程序设计语言中,一般用关系运算和逻辑运算来实现对程序控制结构中条件的描述和处理。

2.1.1 关系运算符和关系表达式

C语言中用关系运算符比较两个运算对象之间的某种关系是否成立,用关系运算符将两个表达式连接起来的式子称为关系表达式。C语言提供了6个关系运算符,它们是:

< <= > >= == !=

在6个关系运算符中,<、<=、>和>=的优先级别相同,==和!=的优先级别相同且低于前面4种关系运算符,关系运算符都具有左结合性。整个关系运算符的优先级别高于赋值运算符而低于算术运算符。

C99标准之前,C语言中没有逻辑数据类型。所以在进行关系运算时,用整型数值"1"表示逻辑概念上的"真",用数值"0"表示逻辑概念上"假"。即当两个参与比较的数据对象之间某种关系成立时比较结果为整型数值1,而当两个参与比较的数据对象之间某种关系不成立时比较结果为整型数值0。例如:

```
5>=5          /*结果为1*/
10==10        /*结果为1*/
5!=5          /*结果为0*/
5>3           /*结果为1*/
3>5           /*结果为0*/
```

例2.1 关系表达式运算示例。

```
/*Name:ex02-01.cpp*/
#include <stdio.h>
void main()
{   int a=10,b=20,c;
    c=5-1>=a+2<=b-21;
    printf("c=%d\n",c);
}
```

该程序运行执行语句c=5-1>=a+2<=b-21;时,首先计算其右边的关系表达式5-1>=a+2<=b-21。关系表达式中数据对象a+2的前后各有一个同优先级的关系运算符>=和<=,它们的结合性为左结合性,所以数据对象a+2先与左边的运算符>=结合,即先计算表达式5-1>=a+2得到结果0,然后计算表达式0<=b-21的结果也为0,最后将该0值赋值给变量c。所以,该程序运行的输出结果为:

c=0

2.1.2 逻辑运算符和逻辑表达式

C 程序设计中，逻辑运算符的主要作用体现在对条件的组合和处理上，用逻辑运算符将算术表达式、关系表达式或逻辑量连接起来的式子称为逻辑表达式。C 语言中提供 3 个逻辑运算符，它们是：

&&(逻辑与)　||(逻辑或)　!(逻辑非)

逻辑运算符的优先级顺序从高到低依次为：逻辑非(!)运算符、逻辑与(&&)运算符、逻辑或(||)。逻辑与(&&)和逻辑或(||)的优先级高于赋值运算符而低于关系运算符，结合性为左结合性；逻辑非(!)是单目运算符，它的优先级高于关系运算符，结合性为右结合性。

同样由于在 C99 标准之前 C 语言中没有提供逻辑数据类型，所以在给出逻辑表达式的计算结果值时，用数值"1"表示逻辑"真"，用数值"0"表示逻辑假。但在判断一个数据对象的真假时，若数据对象在数值上为"0"则被判定为假；若数据对象在数值上是非"0"则判定为真。

逻辑运算的规则可以用"真值表"加以描述，若用"1"表示逻辑真，"0"表示逻辑假，则两个逻辑对象 a 和 b 之间的逻辑运算真值表如表 2.1 所示。

表 2.1　逻辑运算真值表

逻辑表达式	a	b	!a	a&&b	a||b
逻辑值	0	0	1	0	0
	0	1	1	0	1
	1	0	0	0	1
	1	1	0	1	1

从真值表可以看出："非"运算总是取与原值相反的结果；"与"运算时，只有两个运算对象均为"真"时，其结果为"真"，否则结果均为"假"；"或"运算时，只有两个运算对象均为"假"时，其结果为"假"，否则结果为"真"。

例如，设有定义 int a = 8, b = 0;，则：

```
a||b      /* 结果为 1 */
a&&b      /* 结果为 0 */
!a        /* 结果为 0 */
!b        /* 结果为 1 */
```

在 C 程序设计中经常使用逻辑表达式来表示某个数据对象的值是否在给定的范围之内或者是否在给定的范围之外。一般而言，用逻辑与运算表示某个数据对象的值是否在给定的范围之内，而用逻辑或运算表示某个数据对象的值是否在给定的范围之外。例如，若要表示变量 x 的值在区间[1,100]之内时条件为真，则可使用逻辑表达式 x >= 1&&x <= 100 来表示；若要表示变量 x 的值在区间[1,100]之外是条件为真，则可使用逻辑表达式

x <1||x >100 表示。

在 C 语言中,进行逻辑表达式求值运算时不但要注意逻辑运算符本身的运算规则,而且还必须要遵循下面的两条原则:

(1)对逻辑表达式从左到右扫描求解。

(2)在逻辑表达式的求解过程中,任何时候只要逻辑表达式的值已经可以确定,则求解过程不再进行。

在具体理解逻辑表达式运算规则时可以采用这样的步骤:

①找到表达式中优先级最低的逻辑运算符,以这些运算符为准将这整个逻辑表达式分为几个计算部分。

②从最左边一个计算部分开始,按照算术运算、关系运算和逻辑运算的规则计算该部分的值。每计算完一个部分都与该部分右边紧靠着的逻辑运算符根据真值表进行逻辑值判断。

③如果已经能够判断出整个逻辑表达式的值则停止其后的所有计算;只有当整个逻辑表达式的值还不能确定的情况下才进行下一个计算部分的计算。

例如有定义:int a = 1, b = 2, c = 0;,则对逻辑表达式 a ++ || b ++ &&c ++ 计算过程为:

①最低优先级的逻辑运算符||将逻辑表达式分成了两个部分 a ++ 和 b ++ &&c ++;

②计算第一个计算部分 a ++ 得到该部分的值为 1(变量 a 自增为 2);

③用 a ++ 计算部分得到的结果 1 与其右边的逻辑或运算符根据逻辑运算真值表进行逻辑值判断,得出整个逻辑表达式的结果为 1。由于已知整个逻辑表达式的结果,停止该逻辑表达式的运算(即 b ++ &&c ++ 没有进行任何运算)。

根据上面的计算过程得到结论为:逻辑表达式的值为 1、变量 a 的值为 2、变量 b 的值为 2(原值)、变量 c 的值为 0(原值)。

如果条件不变,将计算的逻辑表达式改为:a ++ &&b ++ || c ++,则相应的计算过程为:

①最低优先级的逻辑运算符||将逻辑表达式分成了两个部分 a ++ &&b ++ 和 c ++;

②表达式 a ++ &&b ++ 又被逻辑运算符 && 分成两个部分:a ++ 和 b ++;

③计算第一个计算部分 a ++ 得到该部分的值为 1(变量 a 自增为 2);

④用 a ++ 计算部分得到的结果 1 与其右边的逻辑与运算符根据逻辑运算真值表进行逻辑值判断,不能确定表达式 a ++ &&b ++ 的值,因而必须继续计算下一部分 b ++ 得到其值为 1(变量 b 自增为 3);进而得出整个逻辑表达式 a ++ &&b ++ 的结果为 1。

⑤用 a ++ &&b ++ 的结果 1 与其右边的逻辑或运算符根据逻辑运算真值表进行逻辑值判断,得出整个逻辑表达式的结果为 1。由于已知整个逻辑表达式的结果,停止该逻辑表达式的运算(即 c ++ 没有进行任何运算)。

根据上面的计算过程得到结论为:逻辑表达式的值为 1、变量 a 的值为 2、变量 b 的值为 3、变量 c 的值为 0(原值)。

例 2.2 逻辑表达式运算示例。

```
/* Name:ex02-02.cpp */
#include <stdio.h>
```

```
void main()
{    int a,b,c,d,j,k;
     a=1,b=2,c=3,d=4,j=k=1;
     (j=a>b)!=0&&(k=c>d)!=0;
     printf("j=%d,k=%d\n",j,k);
}
```

在执行逻辑表达式语句(j=a>b)!=0&&(k=c>d)!=0;时,逻辑与运算符(&&)将表示分成了两个部分:(j=a>b)!=0和(k=c>d)!=0。在计算(j=a>b)!=0时将a>b的结果0赋值给变量j,然后与0进行不等(!=)的关系比较得到结果为0;用该0值结合逻辑与运算符得知整个逻辑表达式的结果为0;表达式(k=c>d)!=0部分不予计算;所以该程序运行的结果为:

```
j=0,k=1
```

例2.3　关系表达式运算和逻辑表达式运算示例。

```
/* Name:ex02-03.cpp */
#include <stdio.h>
void main()
{    int a=1,b=2,c=0,d;
     d=a+b>c;                        /*将关系表达式的值赋给整型变量*/
     printf("%d\n",d);
     d=a+b<c;
     printf("%d\n",d);
     d=a+c==b;
     printf("%d\n",d);
     d=a++&&b++&&c++;                /*注意逻辑表达式的两条求值原则*/
     printf("a=%d,b=%d,c=%d,d=%d\n",a,b,c,d);
     d=a++||b++&&c++;                /*注意逻辑表达式的两条求值原则*/
     printf("a=%d,b=%d,c=%d,d=%d\n",a,b,c,d);
}
```

上面程序运行结果如下所示,请读者根据关系运算、逻辑运算和自增运算符的特点自行分析。

```
1
0
0
a=2,b=3,c=1,d=0
a=3,b=3,c=1,d=1
```

2.2 分支程序结构

在程序设计中经常遇到要求计算机系统根据不同的情况进行不同处理的实际问题。这种在程序运行中根据所给条件对程序的走向进行选择,以便决定执行哪一种操作的程序结构就是分支结构(也称为选择结构)。简言之,程序设计中分支的基本概念是:通过对条件的判断,从两种或两种以上的可能中确定问题的解。

在C语言中,提供了两种类型的条件转移语句:if语句和switch语句;单独、组合或者嵌套使用这些语句,可在程序中实现任意复杂的分支结构。

2.2.1 if语句与程序的单分支结构

单分支if语句的结构形式为:

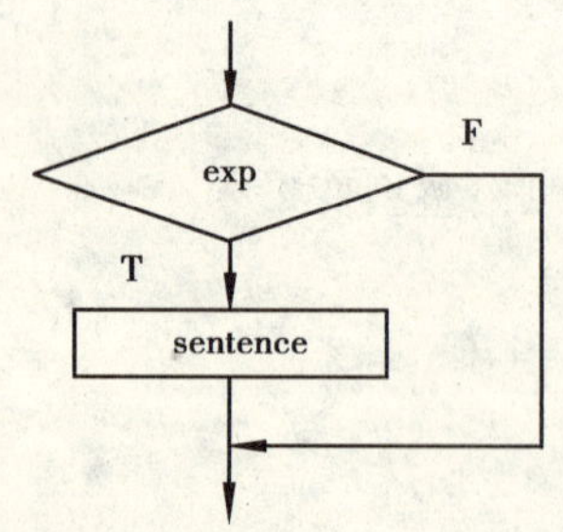

图2.1 if语句的执行流程

```
if(exp)
    sentence;
```

语句的执行过程为:首先计算作为条件的表达式(exp)的值;然后对计算出的表达式值进行逻辑判断,若表达式的值为逻辑真(T,表达式的值不为0),则执行结构中的语句(sentence)后执行if结构的后续语句;若表达式的值为逻辑假(F,表达式的值为0),则跳过语句(sentence)部分直接执行if结构的后续语句。单分支if语句的执行过程如图2.1所示。

在使用if语句实现单分支结构程序时还需要注意下面两点:

(1)作为条件的表达式一般来说应该是关系表达式或逻辑表达式,但由于C99标准之前C语言中并没有逻辑类型的数据,所以表达式也可以是任何可以求出0值或非0值的表达式。

(2)从C语言的语法来说,if结构中的语句部分(sentence)只能是一条C语句,但可以是C语言的任何合法语句(如复合语句、if语句等)。

例2.4 编程序实现功能:从键盘上输入一个整数,若该输入数据是奇数则将其输出。

```
/* Name: ex02-04.cpp */
#include <stdio.h>
void main()
{   int x;
    printf("Input the x: ");
    scanf("%d",&x);
    if(x%2)
        printf("%d is odd number.\n",x);
```

}

上面程序在运行时,若输入数据是奇数,则 if 语句中的条件表达式值为 1(条件为真),输出该输入数据是奇数的信息。

在例 2.4 中还需要注意的是 if 语句中条件不是关系表达式或者逻辑表达式,而是一个算数表达式。在 C 语言中,表达式只要能够求出“0”或“非 0”结果都可以作为条件表达式使用。如果需要描述这类条件表达式的值不为 0 时条件成立的情况,既可以直接使用该表达式表示,也可以使用相应的关系表达式表示。假定用符号 e 来表示任意的表达式,表示表达式值不为 0 时条件成立的情况既可以直接用 e 来表示,也可以用 e! =0 来表示。在例 2.4 中用的是前一种形式(此时的 e 表示 x%2),同样也可以将例 2.4 中的单分支 if 语句改为下面的形式而程序的功能不变:

```
if(x%2! =0)
    printf("%d is odd number. \n",x);
```

同样,如果需要描述这类条件表达式的值为 0 时条件成立的情况,既可以直接使用该表达式的逻辑非运算表示,也可以使用相应的关系表达式表示。假定用符号 e 来表示任意的表达式,表示表达示值为 0 时条件成立的情况既可以直接用!e 来表示,也可以用 e==0 来表示。

同时还需要提醒读者,此处分析的关于条件的表达方法在 C 程序设计的所有控制结构中都是相同的,今后涉及此问题时不再赘述。

2.2.2 复合语句及其在程序中的使用

C 语言中规定,控制结构中的语句部分在语法上都只能是一条 C 语句,例如前面使用过的 if 结构。但在 C 应用程序设计中,可能涉及到在某种条件下不能仅用一条简单语句描述的功能。为了满足这种在语法结构上只能有一条语句,而功能的实现又需要多条语句的要求,在 C 语言中提供了称为复合语句的语句块对这种要求进行支持。

在 C 语言中,复合语句是用一对花括号{}将若干条 C 语句括起来形成的语句序列,复合语句在语法上作为一条语句考虑,复合语句的基本形式如下所示:

$$
\begin{array}{l}
\{ \quad sentence_1; \\
\qquad \vdots \\
\qquad sentence_i; \\
\qquad \vdots \\
\qquad sentence_n; \\
\}
\end{array}
$$

注意 C 语言的复合语句右括号(})后不需要用分号(;)结尾,如果在程序中有如下形式的语句格式出现,则应认为是复合语句后面跟了一个空语句:

```
{ 语句序列;};   /*最后的分号是空语句*/
```

在 C 语言的分支结构程序设计中,当需要执行一个一条语句不能完成的较为复杂的功能时,可以在 if 结构的语句部分使用复合语句,该方法同样适应于 C 语言的所有控制结构。

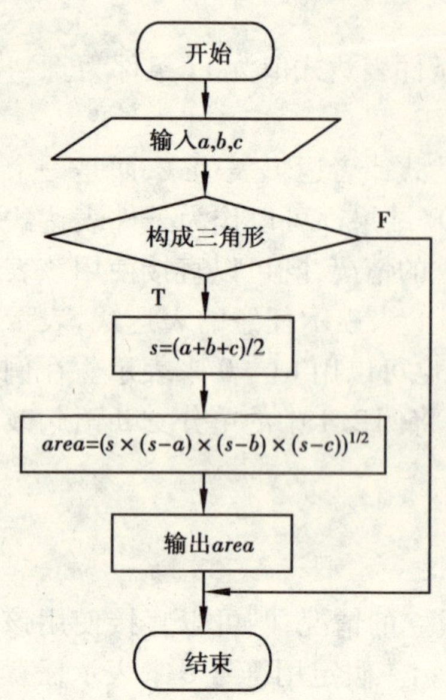

图 2.2 例 2.5 程序流程图

例 2.5 从键盘上输入三角形的三边的边长,若它们能构成一个三角形,则输出其面积。

根据数学知识,若三直边 a,b,c 构成三角形,则必须满足条件:任意两边的之和大于第 3 边(即 a + b > c 且 a + c > b 且 b + c > a)。计算三角形的面积 $area$ 的公式为:

$$s = (a + b + c)/2$$

$$area = \sqrt{s(s-a)(s-b)(s-c)}$$

```
/* Name: ex02-05.cpp */
#include <stdio.h>
#include <math.h>
void main()
{    double a,b,c,s,area;
     printf("Input data for triangle:");
     scanf("%lf,%lf,%lf",&a,&b,&c);
     if(a+b>c && a+c>b && b+c>a)
     {    s=(a+b+c)/2;
          area=sqrt(s*(s-a)*(s-b)*(s-c));
          printf("%f\n",area);
     }
}
```

上面程序中,if 结构的语句部分是复合语句:

```
{    s=(a+b+c)/2;
     area=sqrt(s*(s-a)*(s-b)*(s-c));
     printf("%f\n",area);
}
```

在运行过程中,若输入的数据能够构成一个三角形(例如输入:3,4,5),则 if 语句中的条件表达式 a + b > c && a + c > b && b + c > a 值为真(非0),则执行该复合语句;若输入的数据不能构成一个三角形(例如输入:1,2,3),程序则不会执行 if 语句中的复合语句。在 C 程序的设计过程中,需要使用复合语句的地方必须使用复合语句的形式,否则程序在语法上可能检查不出任何错误,但程序运行的结果与程序设计者的期望会相去甚远。例如,如果将例 2.5 相关程序段描述为如下形式:

```
if(a+b>c && a+c>b && b+c>a)      /*满足三角形条件时求其面积*/
     s=(a+b+c)/2;
     area=sqrt(s*(s-a)*(s-b)*(s-c));
     printf("%f\n",area);
```

该程序段放入例 2.5 的程序中也没有任何的语法错误,但此时 if 下面的 3 个语句在语法上不再是一个整体,语句 area = sqrt(s * (s - a) * (s - b) * (s - c));和 printf("%f\n", area);与 if 语句控制结构部分没有任何关系,即 if 结构中的条件成立与否都会执行这两条

C语句,因而在逻辑功能上并不能实现对程序的要求。

C语言中规定,复合语句中也可以定义变量,这方面的知识涉及到变量的作用范围问题,我们将在4.3节中予以讨论。

2.2.3 if…else 语句与程序的双分支结构

双分支 if 语句的结构形式为:

```
if(exp)
    sentence1;
else
    sentence2;
```

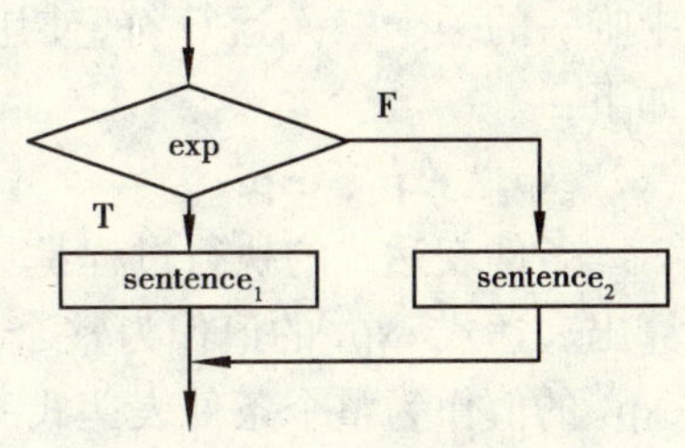

图2.3 if 语句的执行流程

语句的执行过程为:首先计算作为条件的表达式(exp)的值;然后对计算出的表达式值进行逻辑判断,若表达式的值为逻辑真(表达式的值不为0),则执行结构中的语句($sentence_1$)后执行 if 结构的后续语句;若表达式的值为逻辑假(表达式的值为0),则执行结构中的语句($sentence_2$)后执行 if 结构的后续语句。双分支 if 语句的执行过程如图2.3所示。

与使用 if 语句类似,在使用 if…else 语句实现双分支结构程序时也需要注意下面两点:

(1)作为条件的表达式可以是任何可以求出0值或非0值的表达式。

(2)if 结构或 else 结构后语句部分都可以是C语言的任何合法语句。

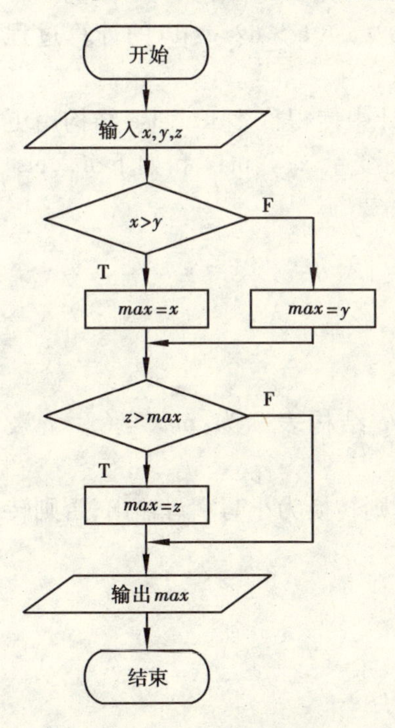

图2.4 例2.6程序流程图

例2.6 求任意输入的3个整数中的最大数。

```
/ * Name: ex02-06. cpp * /
#include <stdio. h>
void main( )
{   int x,y,z,max;
    printf( "Please input three numbers:" );
    scanf( "%d,%d,%d" ,&x,&y,&z);
    if (x>y)/ * x,y 较大者送入 max * /
        max = x;
    else
        max = y;
    if(z>max) / * z,max 中较大者送入 max * /
        max = z;
    printf( "max = %d\n" ,max);
}
```

2.2.4 条件运算符与条件表达式

C 语言中,若 if…else 语句结构中的语句部分满足下列两个条件:

(1)无论表示条件的表达式取何值(真或假),语句部分都是一句简单的赋值语句。

(2)两条赋值语句都是为同一个变量赋值。

可以使用 C 语言中提供的条件运算符代替这种 if…else 结构。条件运算符是 C 语言中唯一的一个三元运算符,使用条件运算符构成的表达式称为条件表达式,其一般形式如下:

$exp_1 ?\ exp_2 :\ exp_3$

条件表达式的执行过程是:首先计算表达式 exp_1 的值,若 exp_1 的值为非 0(真),则计算出表达式 exp_2 的值作为整个条件表达式的值;若 exp_1 的值为 0(假),则计算出表达式 exp_3 的值作为整个条件表达式的值。

条件运算符的优先级别高于赋值运算符但低于关系运算符和算术运算符。条件运算符的结合方向为右结合性,例如有如下形式的条件表达式:

a > b? a:c > d? c:d

可以看出,在数据对象 c > d(关系表达式)的两边具有同级的条件运算符(?:),由于条件运算符的结合性为右结合,数据对象 c > d 先与其右边的条件运算符结合,即先计算 c > d? c:d,所以整个条件表达式的计算过程与表达式 a > b? a:(c > d? c:d)的计算过程相同。

使用条件运算符构成的条件表达式,可以在 C 程序设计中使得许多 if…else 结构用更加简洁的形式表示,运算更加快捷。例如有同数据类型的变量 x、y、max 和如下 if…else 结构:

```
if(x < y)
    max = y;
else
    max = x;
```

则使用条件运算符构成条件表达式可以将该 if…else 结构表示为:max = (x < y)? y:x。

例 2.7 从键盘上输入一个英文字母,若其是大写字母则转换为小写字母输出;否则转换为大写字母输出。

```
/* Name: ex02-07.cpp */
#include <stdio.h>
void main()
{   char ch;
    printf("Input a letter:");
    ch = getchar();
    ch = ch >= 'A'&&ch <= 'Z'? ch + 'a' - 'A':ch - ('a' - 'A');
```

```
    printf("%c\n",ch);
}
```

在上面程序中,表达式 ch >= 'A'&&ch <= 'Z'? ch + 'a' - 'A':ch - ('a' - 'A')是一个条件表达式,其中 ch >= 'A'&&ch <= 'Z'用于判断字符变量的值是否在大写字母范围之内,若是大写字母则用 ch + 'a' - 'A'的结果修改变量 ch 的内容,否则用 ch - ('a' - 'A')修改变量 ch 的内容。在 ASCII 码表中,大写字母和小写字母分别是连续排放的,表达式'a' - 'A'表示了大小写字母序列中对应字母的间隔距离。小写字母 ASCII 表中排在大写字母的后面,所以当需要将大写字母转换为对应的小写字母时要在其值上加上该间隔距离值;当需要将小写字母转换为对应的大写字母时需要在其值上减去该间隔距离值。由于表达式'a' - 'A'的值等于整型数据 32,所以程序中用于转换字母的语句也可以写为:

```
ch = ch >= 'A'&&ch <= 'Z'? ch + 32:ch - 32;
```

2.2.5 if 语句的嵌套与程序的多分支结构

如前所述,在 if 语句或 if...else 语句结构中,其中的语句部分可以是任意合法的 C 语句。如果 if 结构或者 else 结构的语句部分又是一个另外一个 if 结构,称为 if 语句的嵌套。例如,在一个二分支 if 语句的两个语句部分分别嵌入了一个二分支 if 语句的形式为:

$$
\begin{array}{l}
\text{if}(exp_1)\\
\quad \text{if}(exp_2)\\
\quad\quad sentence_1;\\
\quad \text{else}\\
\quad\quad sentence_2;\\
\text{else}\\
\quad \text{if}(exp_3)\\
\quad\quad sentence_3;\\
\quad \text{else}\\
\quad\quad sentence_4;
\end{array}
$$

类似地可以写出 if 的多重嵌套结构。在 C 程序设计中,if 语句的嵌套结构用于解决在若干种相关情况中选择一种进行处理的问题。

例 2.8 某公司按照销售人员收到的订单金额数量评定等级,订单总金额超过 10 000 的为 A 等,5 000 ~9 999 为 B 等,2 500 ~4 999 为 C 等,2 500 以下为 D 等。编制程序对输入的订单总金额数判定等级。

```
/* Name: ex02-08.cpp */
#include <stdio.h>
void main()
{   double orders;
    printf("Input the orders:");
    scanf("%lf",&orders);
```

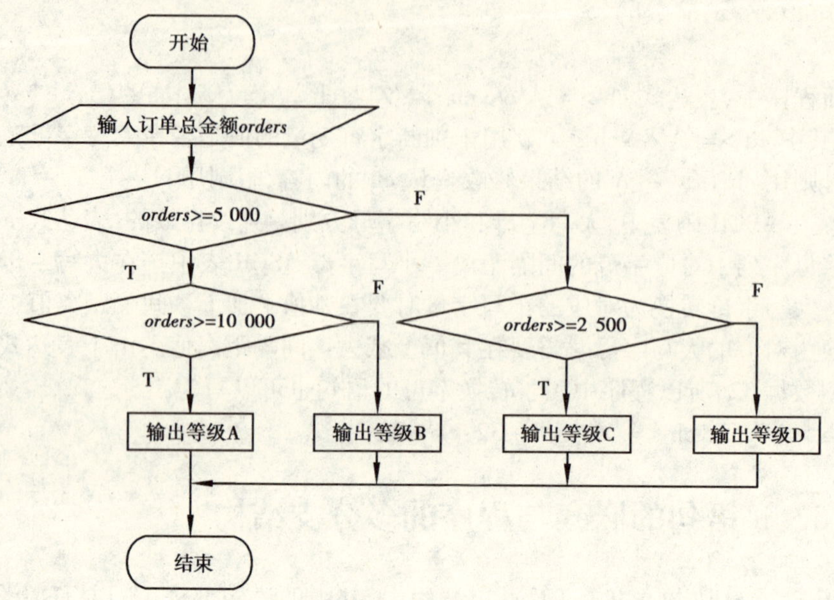

图 2.5　例 2.8 程序流程图

```
    if(orders >= 5000)
        if(orders >= 10000)
            printf("The grade is %c\n",'A');
        else
            printf("The grade is %c\n",'B');
    else
        if(orders >= 2500)
            printf("The grade is %c\n",'C');
        else
            printf("The grade is %c\n",'D');
}
```

在实际的应用程序设计中,也可能出现上述形式的各种变种,例如:if 和 else 的语句部分中只有一个是 if 结构、嵌套和被嵌套的 if 结构中一个或者两个都是不平衡的 if 结构(即没有 else 部分的结构)等。特别地,当被嵌套的 if 结构均被嵌套在 else 的语句部分时,形成了一种称为 else…if 的多分支选择结构,这是 if…else 多重嵌套的变形。其一般形式为:

```
if(exp₁)
    sentence₁;
else if(exp₂)
    sentence₂;
else if(exp₃)
    sentence₃;
    …
```

```
else if( exp_N )
        sentence_N;
else
        sentence_N+1;
```

需要注意的是:在这种特殊的 else…if 结构中,表示条件的表达式是相互排斥的,执行该结构时控制流程从 exp_1 开始判断,一旦有一个表达式的值为非 0(真)时,就执行与之匹配的语句,然后退出整个选择结构;如果所有表示条件的表达式值均为 0(假),则在执行语句 $sentence_{N+1}$ 后退出整个选择结构;如果当所有的条件均为假时不需要进行任何操作,则最后的一个 else 和语句 $sentence_{N+1}$ 可以缺省。嵌套的 else…if 结构执行流程如图 2.6 所示。

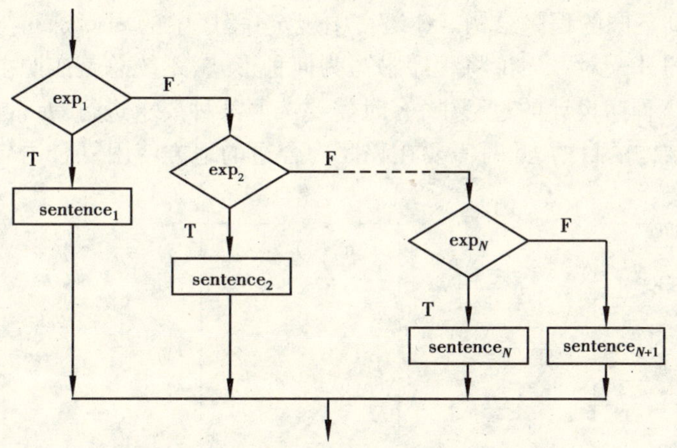

图 2.6　嵌套的 else…if 结构执行流程

例 2.9　编写程序求如下所示多分支方程的解。

$$y = \begin{cases} x & (x < 1) \\ 2x - 1 & (1 \leqslant x < 10) \\ 3x - 11 & (x \geqslant 10) \end{cases}$$

```
/* Name: ex02-09.cpp */
#include <stdio.h>
void main()
{   double x,y;
    printf("Input the x: ");
    scanf("%lf",&x);
    if (x<1)
        y=x;
    else if (x>=10)
        y=3*x-11;
    else
        y=2*x-1;
```

```
    printf ("y = %f\n",y);
}
```

在程序中，变量 x 的取值区间为：(DBL_MIN,1)、[1,10)、[10,DBL_MAX)，其中 DBL_MIN 和 DBL_MAX 分别表示双精度实型数据所能取得的最小值和最大值。程序运行时，首先判断变量 x 的值是否在(DBL_MIN,1)区间，若在该区间则在执行表达式语句 y = x；后结束整个 if 嵌套序列；若变量 x 的值不在(DBL_MIN,1)区间，则转去判断变量 x 的值是否在[10,DBL_MAX)区间，若在该区间则在执行表达式语句 y = 3 * x - 11；后结束整个 if 嵌套序列；当变量 x 的值既不在(DBL_MIN,1)又不在[10,DBL_MAX)时，其值必然在[1,10)区间中，则执行表达式语句 y = 2 * x - 1；后结束整个 if 嵌套序列。

在包含了 if 语句嵌套结构的程序中，else 子句与 if 的配对原则是非常重要的，按不同的方法配对则得到不同的程序结构。C 语言中规定：程序中的 else 子句与在它前面距它最近的且尚未匹配的 if 配对。无论将程序书写为何种形式，系统总是按照上面的规定来解释程序的结构。在 C 程序设计的过程中，有时需要按照某种要求进行 else 与 if 的配对从而达到改变分支程序结构的目的，此时需要在程序中合适的地方使用复合语句。请看如下两个用于比较的程序段：

```
if(n > 0)
    if(a > b)
      z = a;
    else
      z = b;
```

```
if(n > 0)
{    if(a > b)
        z = a;
}
else
        z = b;
```

在左边的程序段中，第 4 行的 else 与第 2 行的 if 配对，所以整个程序段的结构是在一个单分支的 if 语句中嵌套了一个双分支 if 语句；而在右边的程序段中，将第 2,3 两行组成了复合语句，使得复合语句中的 C 语句序列与复合语句外隔离开来，即复合语句对于其外界相当于一个黑匣子，此时第 5 行的 else 回溯时只能看到复合语句而不能看见复合语句里面的内容，因而其只能与第 1 行的 if 进行配对，所以，整个程序段是一个典型的双分支 if 语句结构。例 2.10 和例 2.11 描述了上述两种情况下程序的执行情况，其中例 2.10 程序执行的结果为：a =-1，b = 10，例 2.11 程序执行的结果为：a =-1，b = 11，请读者自行分析程序运行结果。

例 2.10　else 与 if 配对原则示例。

```
/* Name: ex02-10.cpp */
#include <stdio.h>
void main()
{   int a = -1,b = 10;
    if(a > 0)
        if(a > b)
            a++;
```

```
    else
        b++;
    printf("a=%d,b=%d\n",a,b);
}
```

例 2.11 else 与 if 配对原则示例(使用复合语句改变程序结构)。

```
/* Name: ex02-11.cpp */
#include <stdio.h>
void main()
{   int a=-1,b=10;
    if(a>0)
    {   if(a>b)   /* 使用复合语句将该 if 语句对外界隐藏起来 */
            a++;
    }
    else
        b++;
    printf("a=%d,b=%d\n",a,b);
}
```

2.2.6 switch 语句与程序的多分支结构

在 C 程序设计过程中,可以使用嵌套的 if 结构来处理多分支选择的问题,但如果所面临的问题分支较多,则 if 结构的嵌套层次增多,使得源程序冗长而且清晰性差、可读性降低。C 语言中可以使用 switch 语句结构实现对多分支选择结构情况的直接处理,switch 语句结构的一般形式如下:

```
switch(expession)
{   case constand1:sentences1;
                   break;
    case constand2:sentences2;
                   break;
          ⋮
    case constandN:sentencesN;
                   break;
    default:       sentencesN+1
}
```

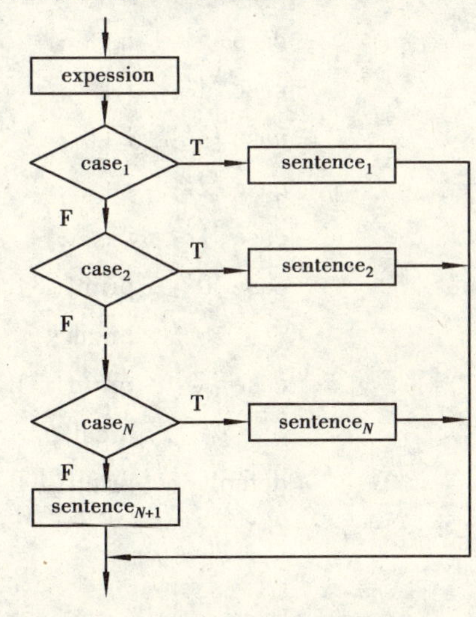

图 2.7 switch 结构执行过程

在 C 语言中使用 switch 语句结构时要注意以下几点:

(1)作为条件的表达式 expression 的值必须是有序型的,即只能是整型、字符型、枚举型三者之一。

(2)语句段 sentences 可以是单条语句,也可以是多条语句,但这多条语句并不是复合语句,不需要使用花括号{}。

(3)语句段 sentences 中的语句可以使任意合法的 C 语句。

(4)结构中的常数值应与表示条件的表达式值对应一致,且各常数的值不能相同。

(5)结构中的 break 语句和 default 可选项可根据需要确定是否选用。

switch 语句结构的执行流程是:首先对作为条件的表达式(expression)求值;然后在语句结构的花括号内从上至下地查找所有的 case 分支,当找到与条件表达式值相匹配的 case 时,将其作为控制流程执行的入口并从此处开始执行相应的语句段直到遇到 break 语句或者是 switch 语句结构的右花括号(})为止。

例 2.12 从键盘上输入一个字符,判断它是数字、空格还是其他键;若是数字,还要求显示出是哪一个数字。

```
/* Name: ex02-12.cpp */
#include <stdio.h>
void main()
{   char c;
    int i=0;
    printf("Input a character: ");
    c=getchar();
    switch(c)
    {   case '9':  i++;
        case '8':  i++;
        case '7':  i++;
        case '6':  i++;
        case '5':  i++;
        case '4':  i++;
        case '3':  i++;
        case '2':  i++;
        case '1':  i++;
        case '0':  printf("It is a digiter %d.\n",i);
                   break;
        case ' ':  printf("It is a space.\n");
                   break;
        default:   printf("It is other character.\n");
    }
}
```

程序的某一次执行情况为:

```
Input a character:5   /*输入数据*/
It is a digiter 5.
```

在程序的这一次执行中，由于输入给字符变量 c 的内容是数字字符'5'，从 case '9'：开始依次判断到 case '5'：时常量表达式'5'的值与变量 c 的内容匹配，因而程序流程从 case'5'：后的可执行语句开始执行（不再判断任何情况），直到执行到第一次遇到的 break；后退出。在程序的此次运行期间连续执行了 5 次 i++操作，整型变量 i 的值从 0 开始连续自增了 5 次，因而输出结果为：It is a digiter 5.。

switch 语句结构中的执行语句部分可以使用任意合法的 C 语句，如果在语句段中包含了 switch 语句，则称为 switch 语句的嵌套。对于内嵌的 switch 结构处理方法与单层 switch 结构处理方法相同，需要注意的是：当从内嵌的 switch 结构中退出（执行中遇到了内嵌 switch 结构中的 break 语句或执行到了内嵌 switch 语句体的右边花括号）时只是退出内嵌的 switch 结构，而不是退出整个 switch 结构，例 2.13 程序展示了这种情况。

例 2.13　switch 结构的嵌套示例。

```
/* Name: ex02-13.cpp */
#include <stdio.h>
void main()
{   int a,b,sum=0;
    printf("Input a and b: ");
    scanf("%d,%d",&a,&b);
    switch(a)
    {   case 1:  sum+=1;
                 break;
        case 2:  switch(b)            /* 内嵌的 switch 结构 */
                 {   case 1:sum+=2;
                            break;
                     case 2:sum+=3;
                            break;
                 }
                 sum+=5;
                 break;
        case 3:sum+=10;
               break;
    }
    printf("sum=%d\n",sum);
}
```

程序的某一次执行情况为：

```
Input a and b: 2,2      /* 输入数据 */
sum=8
```

在程序的这一次执行中，变量 a 的值为 2，当程序控制流程执行其后的语句段时遇到了内嵌的 switch 结构，由于变量 b 的值也为 2，所以执行语句序列 sum+=3；break；后退出内嵌

switch 结构;在执行了外层 switch 结构中的语句序列 sum += 5;break;后退出整个 switch 结构,从而得到程序的执行结果为:sum = 8,读者可以输入其他数据分析程序的运行情况。

2.3 循环程序结构

在实际问题中经常会遇到许多具有规律性的重复计算处理问题,在处理此类问题的程序中需要将某些语句或语句组重复执行多次。程序设计中,一组被重复执行的语句称为循环体,每一次执行完循环体后都必须根据某种条件的判断决定是继续循环,还是停止循环;决定所依据的条件称为循环条件。这种由重复执行的语句或语句组,以及循环条件的判断所构成的程序结构就称为循环结构。循环结构是结构化程序设计的 3 种基本结构之一,是构成各种复杂程序的基本构造单元。在程序设计过程中,正确、合理、巧妙灵活地构造循环结构可以避免重复而不必要的操作处理,从而简化程序并提高程序的效率。在 C 语言中提供了 3 种用以实现程序循环结构的语句,它们是:while 语句、do…while 语句和 for 语句。

2.3.1 while 型循环结构

while 型循环结构又称为当型循环结构,while 型循环控制结构的一般形式为:

```
while(exp)
    Loop-Body
```

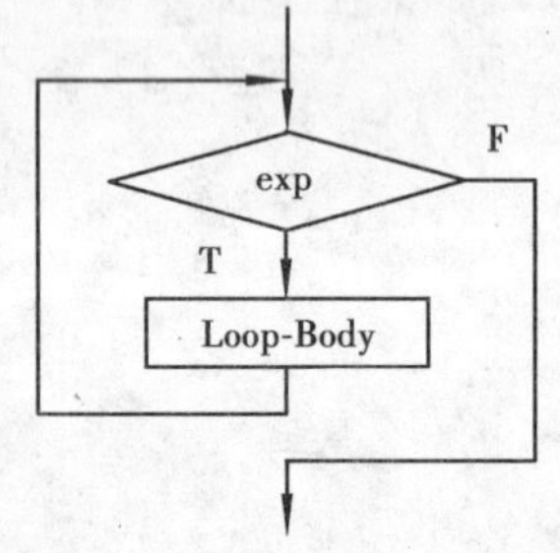

图 2.8 while 控制结构执行过程

while 型循环结构的执行过程是:首先计算作为判断条件的表达式 exp 的值;对表达式 exp 的值进行判断,若条件表达式的值为非 0(真),则执行一次循环体 Loop-Body;然后再一次计算条件表达式 exp 的值,若计算结果仍为非 0(真),再一次执行循环体。重复上述过程,直到某次计算出的条件表达式值为 0(假)时,则退出循环结构;控制流程转到该循环结构之后的语句。while 循环控制结构的执行过程如图 2.8 所示。

在使用 while 循环结构时需要注意以下几点:

(1)由于整个结构的执行过程是先判断、后执行,因而循环体有可能一次都不执行。

(2)在循环结构的控制部分中,如果表示条件的表达式是一个非 0 值常量表达式,则构成了死循环。例如:

```
while(1)
    Loop-Body
```

C 程序设计中,如果不是有意造成死循环,则在 while 循环结构的循环体内必须有能够改变循环控制条件的语句存在。

(3)循环结构的循环体可以是一条语句、一个复合语句、空语句等任意合法的 C 语句。

例 2.14 使用 while 循环控制结构求 $\sum_{n=1}^{100} n$ 的值。

```
/* Name: ex02-14.cpp */
#include <stdio.h>
void main()
{   int n = 1, sum = 0;
    while(n <= 100)
    {   sum += n;        /* 等价于 sum = sum + n; */
        n++;
    }
    printf("sum = %d\n", sum);
}
```

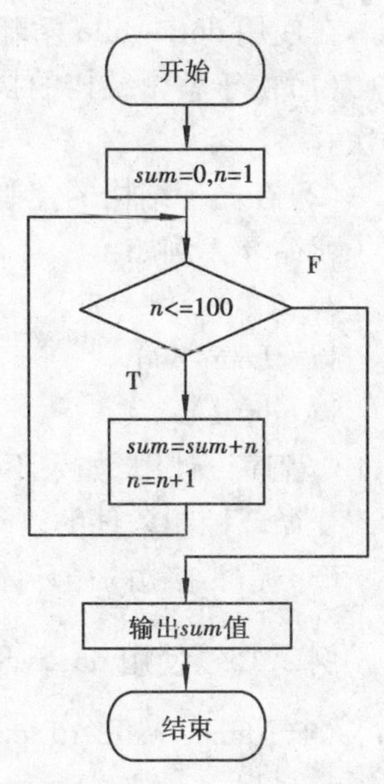

图 2.9 例 2.14 程序流程图

在例 2.14 程序中，循环控制变量 n 从初值 1 开始，在循环结构的执行过程中通过循环体中的表达式语句 n++；修改循环控制变量，使其逐渐趋近于 100。循环结构中的循环体是由两条 C 语句组成的，所以需要使用复合语句的形式。当然也可以通过语句的组合使得循环体由一条 C 语句构成，这样就不需要使用复合语句形式，上面程序中的循环结构可以改写为如下形式：

```
while(n <= 100)
    sum += n++;
```

在程序中还需要注意变量 sum 的初值问题，由于变量 sum 用于存放和数，所以其初值必须从某一固定值开始。一般意义下，用于存放和数、计数等目的的变量初始值均应为 0 值。

2.3.2 do…while 型循环结构

do…while 型循环结构是 C 语言中提供的直到型循环结构，do…while 型循环控制结构的一般形式为：

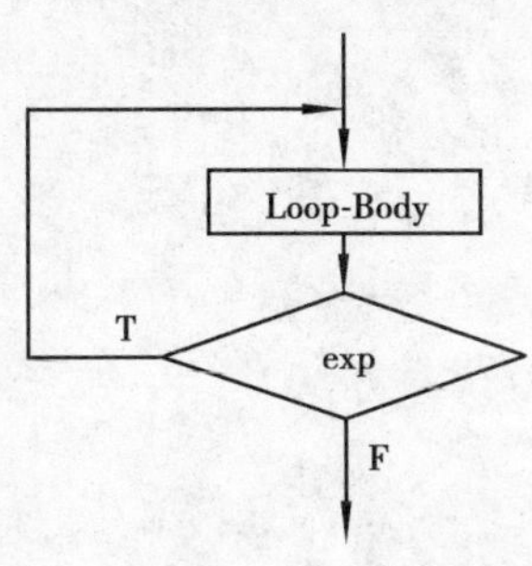

图 2.10 do…while 控制结构执行过程

```
do
{   Loop-Body
}while(exp);
```

do…while 型循环结构的执行过程是：首先执行一次循环体 Loop-Body；然后计算作为判断条件的表达式 exp 的值；对表达式 exp 的值进行判断，若表达式的值为非 0(真)，则执行一次循环体；执行完循环体后再一次计算条件表达式的值，若计算结果仍为非 0(真)，再一次执行循环体。重复上述过程，直到某次计算出的条件表达式值为 0(假)时，则退出循环结构；控制流程转到该循环结构之后的语句。while 循环控制结构的执行过程如图 2.10 所示。

在使用 do…while 循环结构时需要注意以下几点:

(1)由于整个结构的执行过程是先执行、后判断,所以循环结构中的循环体至少被执行一次。

(2)在循环结构的控制部分中,如果表示条件的表达式是一个非 0 值常量表达式,则构成了死循环。例如:

```
do
{    Loop-Body
} while(1);
```

C 程序设计中,如果不是有意造成死循环,则在 do…while 循环结构的循环体内必须有能改变循环控制条件的语句存在。

(3)循环结构的循环体可以是一条语句、一个复合语句、空语句等任意合法的 C 语句。

例 2.15 使用 do…while 循环控制结构求 $\sum_{n=1}^{100} n$ 的值。

```
/* Name: ex02-15.cpp */
#include <stdio.h>
void main()
{    int n, sum;
     n = 1, sum = 0;
     do
     {    sum += n;
          n ++;
     } while (n <= 100);
     printf("sum = %d\n", sum);
}
```

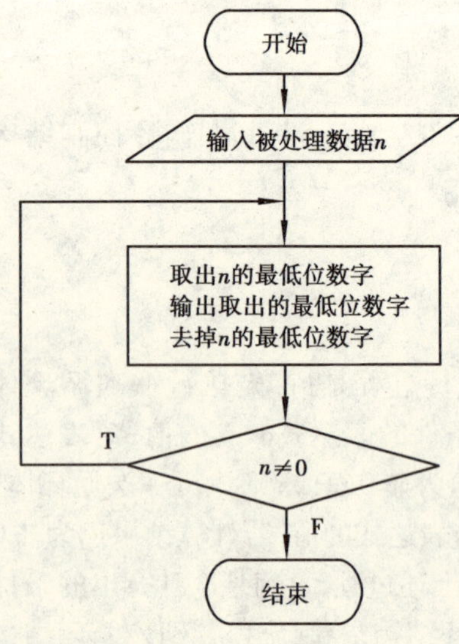

图 2.11 例 2.16 程序流程图

例 2.15 程序的执行过程类似于例 2.14,请参照例 2.14 程序运行过程自行理解。

例 2.16 编程序实现功能:将一个整数的各位数字颠倒后输出。

```
/* Name: ex02-16.cpp */
#include <stdio.h>
void main()
{    int n,r;
     printf("Input the n:");
     scanf("%d",&n);
     do
     {    r = n %10;
          printf("%d",r);
     } while ( ( n/=10 ) != 0 );
```

```
    printf("\n");
}
```

2.3.3 for 型循环结构

for 语句构成的循环是 C 语言中提供的使用最为灵活、适应范围最广的循环结构，它不仅可以用于循环次数已确定的情况，而且也可以用于循环次数不确定但能给出循环结束条件的循环，for 循环结构的一般形式为：

```
for( exp1; exp2; exp3)
    Loop-Body
```

其中，括号内的 3 个表达式称为循环控制表达式，exp_1 的作用是为循环控制变量赋初值或者为循环体中的其他数据对象赋初值，exp_2 的作用是作为条件用于控制循环的执行，exp_3 的主要作用是对循环控制变量进行修改，3 个表达式之间用分号分隔。

for 循环结构的执行过程是：首先计算表达式 exp_1 的值对循环控制变量进行初始化，如果有需要也同时对循环体中的其他数据对象进行初始化操作；然后计算作为循环控制条件使用的表达式 exp_2 的值；根据 exp_2 计算的结果决定循环是否进行，当 exp_2 的值为真(非 0)时则执行循环体 Loop-Body 一次；执行完循环体后，计算表达式 exp_3 的值以修改循环控制变量；然后再次计算表达式 exp_2 的值以确定是否再次执行循环体；反复执行上述过程直到某一次表达式 exp_2 的值为 0(假)为止；for 循环控制结构的执行过程如图 2.12 所示。在使用 for 循环结构时需要注意以下几点：

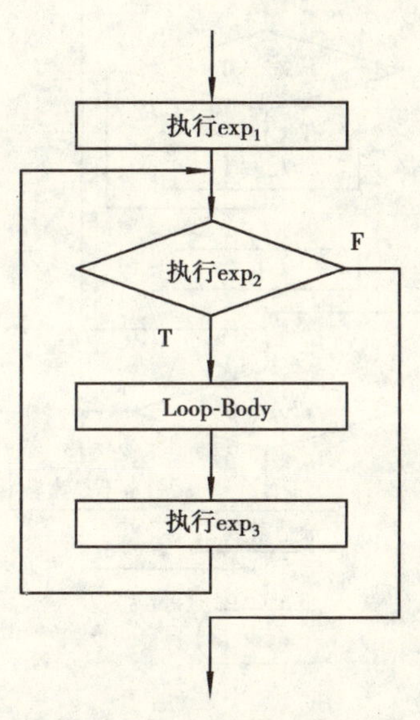

图 2.12　for 控制结构的执行过程

(1)由于整个结构的执行过程是先判断、后执行，因而循环体有可能一次都不执行。

(2)C 语言的 for 循环控制结构不仅提供在其控制部分的表达式 3 中修改循环控制变量的值，而且还允许在 for 循环的循环体中存在能改变循环控制条件的语句，使用时需特别注意。

(3)循环结构的循环体可以是一条语句、一个复合语句、空语句等任意合法的 C 语句。

(4)根据程序功能的需要，循环控制部分的 3 个表达式分别都可以用逗号表达式，这也是逗号表达式最主要的用法之一。

(5)根据程序功能的需要，循环控制部分的 3 个表达式中可以缺省一个、两个、三个，但作为分隔符使用的分号不能缺省。

例 2.17　用 for 循环控制结构求 $\sum_{n=1}^{100} n$ 的值。

```
/* Name: ex02-17.cpp */
#include <stdio.h>
```

```
void main()
{   int i,sum;
    for(i=1,sum=0;i<=100;i++)
        sum+=i;
    printf("sum=%d\n",sum);
}
```

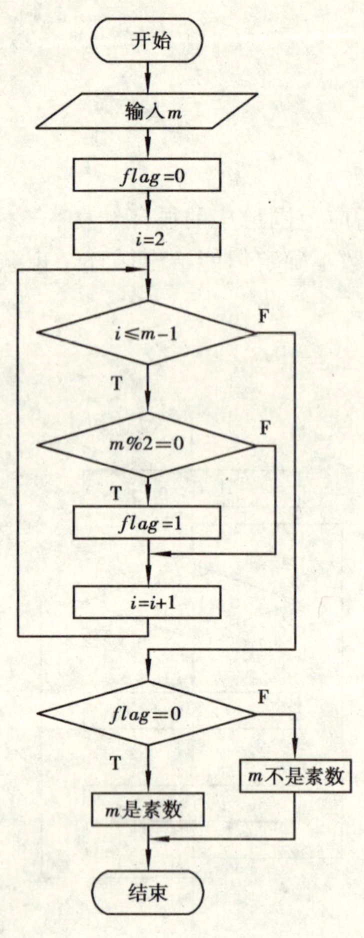

图 2.13　例 2.18 程序流程图

例 2.18　编程序实现功能:判断从键盘输入一个大于 2 的正整数是否为素数。

所谓素数,就是只能被 1 和自身整除的自然数。根据素数的定义,判断一个正整数 m 是否为素数最简单的方法就是:将 2 ~ $(m-1)$ 的每一个整数去除 m,若其间有一个能整除 m,则 m 不是素数;若 2 ~ $(m-1)$ 的所有整数都不能整除 m,则 m 为素数。

```
/* Name: ex02-18.cpp */
#include <stdio.h>
#include <math.h>
void main()
{   int m,i,flag;
    flag=0;
    scanf("%d",&m);
    for(i=2;i<=m-1;i++)
      if(m % i ==0)
          flag=1;
    if(flag==0)
        printf("%d is a prime.",m);
    else
        printf("%d is not a prime.",m);
}
```

2.3.4　空语句及其在程序中的使用

在 C 语言中,只由分号(;)构成的 C 语句称为空语句,它不进行任何操作(或者称之为进行空操作),在 C 程序的设计中,程序的某个位置从 C 语言的语法要求上应该有一个 C 语句存在,但语义上(即程序的逻辑功能上)又不需要进行任何操作时,就可以使用空语句来占据这个语句位置以同时满足语法和语义上的需求。

例如有如下形式的 C 程序段:

```
while(getchar()!='\n')
    ;
```

该段程序中，当循环条件为真时（即接收到的字符不是换行符时），程序不进行任何操作（执行空语句后）进入下一次循环过程。该段程序通过这样的方式实现了“反复从键盘上接收输入字符直至换行为止”的语义。

例 2.19 编写程序实现求阶乘的功能，要求循环体用空语句实现。

```
/* Name: ex02-19.cpp */
#include <stdio.h>
void main()
{    long n,t,factorial;
     printf("Input the n:");
     scanf("%ld",&n);
     t=n;
     for(factorial=1;n>=1;factorial*=n--)
          ;                    /*空语句，用于构成循环体*/
     printf("%d! =%d\n",t,factorial);
}
```

2.3.5 循环的嵌套

一个循环结构的循环体内又包含另外一个完整的循环结构，称为循环的嵌套。循环的嵌套层数可以是多层，称为多重循环。在解决某些具有规律的重复运算的问题时，某些重复运算的问题之中，包含着另外的重复计算问题，可以通过使用循环的嵌套结构（多重循环）来满足这种应用的需要。

在 C 语言中，3 种循环结构语句 do…while 循环、while 循环、for 循环可以根据需要，任意地互相嵌套，图 2.14 所示是一些常见的循环嵌套结构：

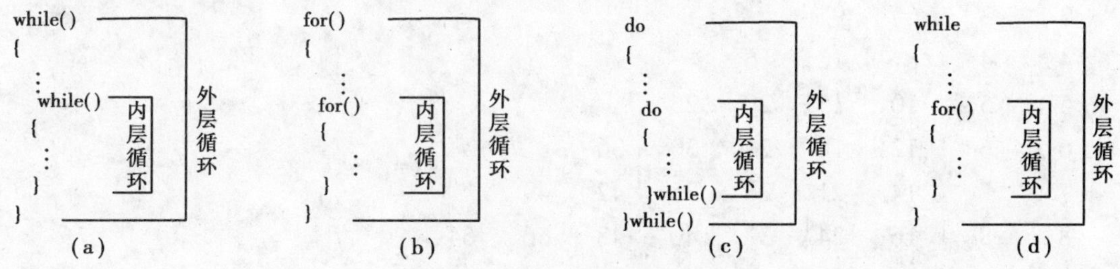

图 2.14 常见循环嵌套结构

(a) while 与 while 嵌套；(b) for 与 for 嵌套

(c) do…while 与 do…while 嵌套；(d) while 与 for 嵌套

在 C 程序设计过程中使用多重循环结构时应注意以下几点：

(1) 3 种循环结构（while 循环结构、do…while 循环结构、for 循环结构）可以相互嵌套。

(2) 一般情况下，嵌套结构中的外层循环和内层循环的循环控制变量不得同名。

例 2.20 编程序输出如下所示由字符构成的图形。

```
/* Name:ex02-20.cpp */                                          A
#include <stdio.h>                                            B A
void main()                                                 C B A
{   char ch = 'A';                                        D C B A
    int i,j;                                            E D C B A
    for(i = 0;i < 5;i ++)                  /* 控制行数 */
    {   for(j = 0;j < 5 - i;j ++)          /* 输出每行的前导空格 */
            printf(" ");
        for(j = 0;j <= i;j ++)             /* 输出指定个数的指定字符 */
            printf("%c",ch + i - j);
        printf("\n");                      /* 换行 */
    }
}
```

例 2.20 程序是一个双重循环结构,其中外层循环结构控制输出图形的行数,循环体中完成了 3 件事情:其一是按照要求输出前导空格,使用了一个内嵌的循环结构完成该功能,注意该内嵌循环结构的控制条件 j <5 - i 使得其输出的前导空格数会随着外层循环的控制变量值的变化而变化,从而实现每行少输出一个前导空格的要求;其二是按照要求输出若干规定的字符(本例中通过 ch + i - j 计算得到),同样使用了一个的循环结构完成该功能,请读者分析内嵌循环结构的控制条件 j <= i 的意义;最后一件事情是使用 printf("\n");语句实现输出一行字符后的换行功能。

例 2.21　编程序在屏幕上打印出如下所示的乘法九九表。

```
*   1   2   3   4   5   6   7   8   9
1   1
2   2   4
3   3   6   9
4   4   8   12  16
5   5   10  15  20  25
6   6   12  18  24  30  36
7   7   14  21  28  35  42  49
8   8   16  24  32  40  48  56  64
9   9   18  27  36  45  54  63  72  81
```

```
/* Name: ex02-21.cpp */
#include <stdio.h>
void main()
{   int i,j;
    printf("%4c",'*');
    for(i = 1;i <= 9;i ++)             /* 输出首行表头 */
        printf("%4d",i);
```

```
    printf("\n");
    for(i=1;i<=9;i++)              /*九九表的行循环*/
    {   printf("%4d",i);           /*输出各行的行首字符(行号)*/
        for(j=1;j<=i;j++)          /*九九表的列循环求值*/
            printf("%4d",i*j);
        printf("\n");
    }
}
```

上面程序中,使用一个单层循环结构单独处理九九表的表头部分。对于九九表体部分,使用双重循环结构实现,外层用于控制九九表的行数;而内层的循环则用于输出九九表中的每一个值。

2.4 C语言中的其他简单控制结构

2.4.1 break 语句

break 语句是一条限定转移语句,其一般形式为:

break;

break 语句的使用范围只能在下面两种程序结构之一:

(1)switch 语句结构中。

(2)循环控制结构中。

break 语句的功能是把程序的控制流程转出直接包含该 break 语句的循环控制结构或 switch 语句结构。由于 break 语句的功能是中断包含它的循环结构或 switch 结构的执行,所以 C 程序中的 break 语句总是出现在 if 结构的语句部分,构成如下形式的语句结构形式:

```
if(exp)
    break;
```

例如,在下面 C 程序段中,break 语句结束了 for 循环,使得 for 循环不是 i 从 1 ~ 100 循环,而是 i 从 1 ~ 10 循环。

```
for(i=1;i<=100;i++)      /*循环控制结构指定循环 100 次*/
{   printf("%d ",i);
    if(i>9)/*循环体中的 break 语句执行使得循环体执行 9 次后退出*/
        break;
}
```

表 2.2 中分别给出的是 while,for 和 do…while 三种循环结构循环体中包含的 break 语

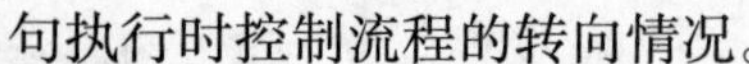

句执行时控制流程的转向情况。

表 2.2 break 语句后的流程转向示意

while 循环	for 循环	do...while 循环

while( )
{
⋮
break;
⋮
}
	for( )
	{
	⋮
	break;
	⋮
	}
		do
		{
		⋮
		break;
		⋮
		}while( );

例 2.22 编程序实现功能:从键盘输入两个正整数 $a(a>2)$ 和 b,求 a 与 b 之间的全部素数。

需要判定数 n 是否为素数时,可以用 2 到 $\sqrt{n}$ 之间的所有整数去除 n,若其中任意一次能够除尽,则说明 n 不是素数;否则 n 是素数。

```
/* Name: ex02-22.cpp */
#include <stdio.h>
#include <math.h>
void main( )
{    int a,b,num,i,k;
     printf("Input a & b:");
     scanf("%d,%d",&a,&b);
     for(num = a;num <= b;num ++)
     {    k = sqrt(num);
          for(i = 2;i <= k;i ++)
               if(num%i == 0)     /*遇到第一次能够整除的情况时则退出循环*/
                    break;
          if(i > k)
               printf("%d is a prime number.\n",num);
     }
}
```

例 2.23 编程序实现功能:求调和级数中至多少项后的和值大于 10。

调和级数的第 n 项形式为:$sum=\frac{1}{1}+\frac{1}{3}+\frac{1}{5}+\frac{1}{7}+\frac{1}{9}+\frac{1}{11}+\cdots+\frac{1}{n}$

```
/* Name: ex02-23.cpp */
#include <stdio.h>
#define LIMIT 10
void main( )
{    int n = 1;
```

```
    double sum = 0.0;
    for( ; ; )
    {   sum = sum + 1.0/n;          /* 计算前 n 项的和 */
        if( sum > LIMIT)            /* 当前 n 项的和值超过 LIMIT 时退出循环 */
            break;
        n += 2;
    }
    printf( "n = %d\n", n/2 + 1);
}
```

2.4.2 continue 语句

continue 语句是一条限定转移语句,其一般形式为:

continue;

continue 语句只能使用在循环结构的循环体中,其功能是提前结束本次循环体的执行过程而直接进入下一次循环。由于 continue 语句的功能是中断循环体的本次执行,所以与 break 语句类似,C 程序中的 continue 语句总是出现在 if 结构的语句部分,构成如下形式的语句结构形式:

```
if( expression)
    continue;
```

表 2.3 中分别给出的是 while、for 和 do…while 三种循环结构循环体中包含的 continue 语句执行时控制流程的转向情况。

表 2.3 continue 语句后的流程转向示意

while 循环	for 循环	do…while 循环

while(表达式)
{
⋮
continue;
⋮
}
	for(表达式$_1$;表达式$_2$;表达式$_3$)
	{
	⋮
	continue;
	⋮
	}
		do
		{
		⋮
		continue;
		⋮
		}while(表达式);

例 2.24 编程序实现功能:检测从键盘上输入的以换行符结束的字符流,统计非字母字符的个数。

```
/* Name: ex02-24.cpp */
#include <stdio.h>
void main( )
{   char c;
    int counter = 0;
```

```
    printf("Input a string: ");
    while((c=getchar())!='\n')
    {   if(c>='A'&&c<='Z'||c>='a'&&c<='z')      /*c的内容是字母时*/
            continue;
        counter++;
    }
    printf("Counter=%d\n",counter);
}
```

上面程序通过循环依次检查每一个输入的字符,当字符不是换行符并且是字母时通过执行 continue 语句提前结束本轮循环(即不执行循环体中的 counter++;语句);当字符不是换行符并且不是字母时,条件 c>='A'&&c<='Z'||c>='a'&&c<='z'不成立,不会执行 continue 语句,从而程序执行计数器增一的操作 counter++;;当遇到换行字符是循环结束并输出变量 counter 的值。程序的某次执行情况和输出结果如下所示:

```
Input a string: skjdf4623784908%%^*&*(%SDFsdfk
Counter=18
```

2.4.3 goto 语句和标号语句

goto 语句是无条件转移语句,其一般形式为:

goto 语句标号;

goto 语句的功能是将程序的控制流程无条件地转移到语句标号所指的标号语句处。标号语句用标识符加上冒号表示,其定义规则同变量,即由字母、数字和下划线组成且第一个字符必须是字母或下划线。goto 语句的使用范围局限于函数内部,不允许在一个函数中使用 goto 语句将程序控制转移到本函数之外。

在 C 程序设计中,使用 goto 语句和 if 语句配合也可以构成循环结构,但语言已经提供了丰富的循环结构,故不提倡使用 goto 语句来构成循环结构。例如下面循环结构程序的形式是不提倡的程序书写方式:

```
#include <stdio.h>
void main()
{       int j=1,sum=0;
   loop: if(j<=100)
        sum+=j;
        j++;
        goto loop;
        printf("%d\n",sum);
}
```

在结构化程序设计中,goto 语句是一条不常用的语句,这是由于使用 goto 语句常常会破坏程序的结构性,从而影响源程序的清晰性和可读性。

在不影响程序的清晰性的原则下,goto 语句常用来直接退出多重循环结构,从而简化程序设计。例如如下的形式:

```
for(…)
    for(…)
        for(…)
        {
            ⋮
            if(disaster)
                goto error;
            ⋮
        }
    ⋮
error:
    …
```

2.5 C 语言控制结构应用举例

本章的前 4 节较为详细地讨论了结构化程序设计的基本技术和 C 语言提供的 3 种基本程序组成结构,使用这 3 种基本结构可以构成许多较为复杂的程序,解决常见的程序设计问题。本小节就程序设计中常见的求最大公约数和最小公倍数问题、穷举方法的程序实现问题和迭代方法的程序实现问题等几个程序设计中典型问题解决过程讨论程序设计的基本方法。

2.5.1 最大公约数和最小公倍数

求两个非负整数 m 和 $n(m>n)$ 的最大公约数可以使用辗转相除法。其算法可以描述为:

①m 除以 n 得到余数 $r(0\leq r<n)$。

②若 $r=0$ 则算法结束,n 为最大公约数。否则执行步骤③。

③$m\leftarrow n$,$n\leftarrow r$,转回到步骤①。

当已知两个非负整数 m 和 n 的最大公约数后,求其最小公倍数的算法可以简单描述为:两个正整数之积除以它们的最大公约数。

例 2.25 求两个正整数的最大公约数和最小公倍数。

```
/* Name: ex02-25.cpp */
#include <stdio.h>
void main()
```

```
{   long m,n,num1,num2,r;
    printf("Input two positive integer:\n");
    scanf("%ld,%ld",&num1,&num2);
    if(num1<num2)
        r=num1,num1=num2,num2=r;
    m=num1;
    n=num2;
    while(n!=0)
    {   r=m%n;
        m=n;
        n=r;
    }
    printf("GCD is:%ld\n",m);
    printf("LCM is:%ld\n",num1*num2/m);
}
```

上面程序的某次执行情况和结果为:

```
Input two positive integer:
10,95
GCD is:5
LCM is:190
```

2.5.2 穷举思想及程序实现

在计算机的应用中,许多问题的解“隐藏”在多个的可能之中。穷举就是对多种可能的情形一一测试,从众多的可能中找出符合条件的(一个或一组)解,或者无解的结论。在一个集合内对集合中的每一个元素进行一一测试的方法称为穷举法。穷举本质上就是在某个特定范围中的查找,是一种典型的重复型算法,其重复操作(循环体)的核心是对问题的一种可能状态的测试。穷举方法的实现主要依赖于以下两个基本要点:

(1)搜寻可能值的范围如何确定。

(2)被搜寻可能值的判定方法。

对于被搜索的可能值,一般都是问题中所要查找的对象或者是要查找对象应该满足的条件,因而在问题中都会有清晰的描述。但对于搜寻范围,在有些问题是比较确定的,而在另外一些问题则是不确定的。

例 2.26 编程序找出所有的“水仙花数”。“水仙花数”是指一个 3 位数,其各位上数字的立方之和等于这个数本身。例如 $153=1^3+5^3+3^3$,所以 153 是“水仙花数”。

依题意可以得出:搜寻可能值的范围为 100~999;判定方法为各位上数字的立方之和等于被判定数。程序可以依次取出区间[100,999]之间的每一个数,然后将该数分解为 3 个数字,按照判定条件判定即可,程序如下所示。

```
/* Name: ex02-26.cpp */
#include <stdio.h>
void main()
{   int num,a,b,c;
    for(num=100;num<=999;num++)
    {   a=num/100;
        b=num/10%10;
        c=num%10;
        if(num==a*a*a+b*b*b+c*c*c)
            printf("水仙花数:%d\n",num);
    }
}
```

上面求取"水仙花数"的方法可以称之为分离数据的方法，除此之外还可以使用组合数据的方法求取"水仙花数"。如果用a、b和c分别表示3位数的百位、十位和个位，则该3位数可以表示为：$a \times 100 + b \times 10 + c$，其中a的变化范围为[1,9]，b和c的变化范围均为[0,9]。程序只需要依次用a、b和c组合出所有的3位数参加判断即可，使用3重循环控制结构可以得到如下程序。

```
/* Name: ex02-26b.cpp */
#include <stdio.h>
void main()
{   int a,b,c,num;
    for(a=1;a<=9;a++)
        for(b=0;b<=9;b++)
            for(c=0;c<=9;c++)
            {   num=a*100+b*10+c;
                if(num==a*a*a+b*b*b+c*c*c)
                    printf("水仙花数:%d\n",num);
            }
}
```

例2.27 搬砖问题：36块砖，36人搬，男搬4，女搬3，两个小孩抬1砖。要求将所有的砖一次搬完，问需要男、女、小孩各多少？

设男、女、小孩的数量分别为*man*，*woman*，*child*，依题意可以得出被搜寻值的判定方法可以用下式表示：$4 \times man + 3 \times woman + 0.5 \times child = 36$。

对于搜寻的范围，按照常识简单划分，*man*，*woman*，*child*都应该为整数，而且男人的数量应该少于9人(36/4)，女人的数量应该少于12人(36/3)，当男人数量和女人数量一定的情况下小孩的数量可以用算式 *child* = 36 - *man* - *woman* && *child*%2 == 0 来确定。由此可以简单地确定搜寻范围表示如下：

man：1～8；

woman:1 ~11;

child =36 - *man* - *woman* && *child*%2 ==0

```
/* Name: ex02-27.cpp */
#include <stdio.h>
void main()
{   int man,woman,child;
    for(man =1;man <9;man ++)
        for(woman =1;woman <12;woman ++)
        {   child =36 - man - woman;
            if((4 * man +3 * woman + child/2.0) ==36)
                printf("man = %d woman = %d child = %d\n",man,woman,child);
        }
}
```

在程序中,用表达式(4 * man +3 * woman + child/2.0) ==36 来保证小孩的数据一定是偶数,因为在该表达式中,(4 * man +3 * woman + child/2.0)的一定是实数,比较运算时将右边的36 自动转换为实数(36.0)进行比较,如果相等关系成立则表示左边表达式值的小数部分为0,从而保证了小孩数一定是偶数。程序执行的输出结果为:

man =3 woman =3 child =30

例2.28 爱因斯坦阶梯问题。设有一阶梯,每步跨2 阶,最后余1 阶;每步跨3 阶,最后余2 阶;每步跨5 阶,最后余4 阶;每步跨6 阶,最后余5 阶;只有每步跨7 阶时,正好到阶梯顶。问共有多少步阶梯?

设用变量 *ladder* 表示阶梯数,依题意可以得出:该问题中搜寻的是满足条件的最小阶梯数,虽然搜寻的范围不能用某种形式表示出来,但可以确定其应在找到第一个满足条件的阶梯数时停止搜寻;判断条件为 ladder%2 ==1,ladder%3 ==2,ladder%5 ==4,ladder%6 ==5 和 ladder%7 ==0 同时成立。

```
/* Name: ex02-28.cpp */
#include <stdio.h>
void main()
{   int ladder =0;
    while(ladder%2! =1||ladder%3! =2||ladder%5! =4||ladder%6! =5||ladder
%7! =0)
        ladder ++;
    printf("flight of stairs is: %d\n",ladder);
}
```

上例所示程序(程序 ex02-28)中,阶梯数从0 开始,只要 ladder%2 ==1、ladder%3 ==2、ladder%5 ==4、ladder%6 ==5 和 ladder%7 ==0 有一个不成立则将阶梯数增值进行下一次判断(请读者自行分析程序中条件的书写方法),直到找到合适答案为止,程序的运行结果为:

flight of stairs is: 119

仔细分析上面的程序,虽然能够实现题设的功能,但程序的效率并不高,程序中并没有充分利用问题所给出的条件,现讨论如下:

(1)在问题中有条件:每步跨7阶时,正好到阶梯顶。这说明阶梯数应该是7的倍数,所以ladder的初值可以从7开始,每次递增7使得阶梯数始终保持是7的倍数,同时在循环控制条件中去掉相应条件ladder%7!=0。

(2)在问题中有条件:每步跨2阶,最后余1阶。这说明阶梯数应该是奇数,所以ladder的初值可以从7开始,每次递增14使得阶梯数始终保持是7的倍数并且同时是一个奇数,同时在循环控制条件中再去掉相应条件ladder%2!=1,最后程序可以修改为如下所示:

```
/* Name: ex02-28b.cpp */
#include <stdio.h>
void main()
{   int ladder=7;
    while(ladder%3!=2||ladder%5!=4||ladder%6!=5)
        ladder+=14;
    printf("flight of stairs is: %d\n",ladder);
}
```

2.5.3 迭代思想及程序实现

迭代就是一个不断地由变量的旧值按照一定的规律推出变量的新值的过程,迭代亦称为递推。迭代一般与3个因素有关,它们是:初始值、迭代公式和迭代结束条件(迭代次数)。

例2.29 裴波那契(Fibonacci)数列问题。裴波那契数列的前两个数据项都是1,从第3个数据项开始,其后的每一个数据项都是其前面的两个数据项之和。

设用f1,f2和f3表示相邻的3个裴波那契数据项,据题意有f1,f2的初始值为1,即迭代的初始条件为:f1=f2=1,迭代的公式为:f3=f1+f2。有初始条件和迭代公式只能描述前3项之间的关系,为了反复使用迭代公式,可以在每一个数据项求出后将f1,f2和f3顺次向后移动一个数据项,即将f2的值赋给f1,f3的值赋给f2,从而构成如下的迭代语句序列:f3=f1+f2,f1=f2,f2=f3,反复使用该语句序列就能够求出所要求的裴波那契数列。

```
/* Name: ex02-29.cpp */
#include <stdio.h>
void main()
{   long i,f1,f2,f3,n;
    printf("Input the n:");
    scanf("%ld",&n);
    f1=f2=1;
    printf("%ld,%ld",f1,f2);
```

```
    for(i=3;i<=n;i++)
    {   f3=f1+f2;
        printf(",%ld",f3);
        f1=f2;
        f2=f3;
    }
    printf("\n");
}
```

程序的某次执行情况和输出结果如下所示：

Input the n：10

1,1,2,3,5,8,13,21,34,55

*2.5.4 一元高阶方程的迭代解法

用迭代法求一元高阶方程 $f(x)=0$ 的解，就是要把方程 $f(x)=0$ 改写为一种迭代形式：$x=\phi(x)$；选择适当的初值 x_0，通过重复迭代构造出一个序列：$x_0,x_1,x_2,x_3,\cdots,x_n,\cdots$；若函数在求解区间内连续，且这个数列收敛，即存在极限，那么该极限值就是方程 $f(x)=0$ 的一个解。在构成求解序列时，不可能重复无限次，重复的次数应由指定的精确度（或误差）决定。当误差小于给定值时，便认为所得到的解足够精确了，迭代过程结束。

1）牛顿迭代法求解一元高阶方程

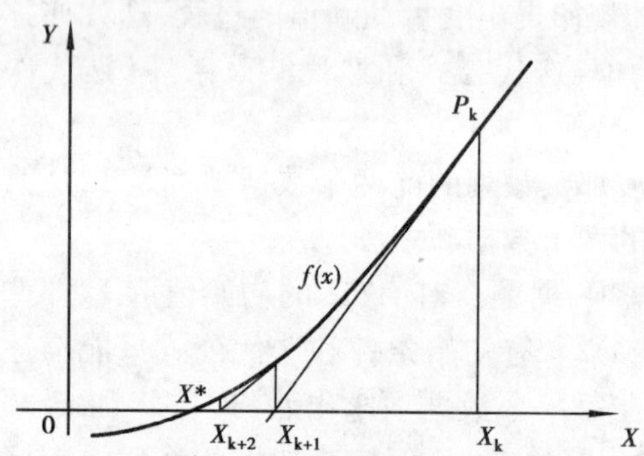

图2.15 牛顿迭代法求高阶方程根

牛顿迭代法又称为牛顿切线法，其基本思想如图2.15所示。设 x_k 是方程 $f(x)=0$ 的精确解 x^* 附近的一个猜测解，过点 $P_k(x_k,f(x_k))$ 作 $f(x)$ 的切线。该切线方程为：

$$y=f(x_k)+f'(x_k)\times(x-x_k)$$

切线与 X 轴的交点是方程：$f(x_k)+f'(x_k)\times(x-x_k)=0$ 的解，为：$x_{k+1}=x_k-f(x_k)/f'(x_k)$，该式既是牛顿迭代法求解一元高阶方程迭代公式。

从数学上可以证明，若猜测解 x_k 取在单根 x^* 的附近，则它恒收敛。经过有限次迭代后，便可以求得符合误差要求的近似根。

例2.30 用牛顿迭代法求方程 $x^4-4x^3+6x^2-8x-8=0$ 在0附近的根。

```
/* Name：ex02-30.cpp */
#include <stdio.h>
#include <math.h>
#define ESP 1e-7
void main()
{   double x,x0,f,f1;
```

```
    x = 0;
    do
    {   x0 = x;
        f = pow(x,4) - 4 * pow(x,3) + 6 * pow(x,2) - 8 * x - 8;
        f1 = 4 * pow(x,3) - 12 * pow(x,2) + 12 * x - 8;
        x = x0 - f/f1;
    } while(fabs(x - x0) >= ESP);
    printf("root = %f\n",x);
}
```

程序的运行结果为：

root =-0.602272。

2)二分迭代法求解一元高阶方程

设有一元高阶方程表示为：$f(x)=0$，则用二分迭代法求高阶方程在某个单根区间的实根的步骤描述如下，如图2.16所示：

(1)输入所求区间的两个端点值即初值 x_1 和 x_2，所取求根区间必须保证 $f(x_1)\times f(x_2)<0$。

(2)计算出用 x_1 和 x_2 表示端点的求根区间中点值 $x=(x_1+x_2)/2$。

(3)计算 x_1，x 和 x_2 三点处的函数值 $f(x_1)$，$f(x_2)$ 和 $f(x)$。此时若 $f(x)=0$，则算法结束，x 就是所求的一个实根。否则，转步骤(4)。

(4)若 $f(x)$ 和 $f(x_1)$ 同号，令 $x_1=x$，否则，令 $x_2=x$，转步骤(2)。

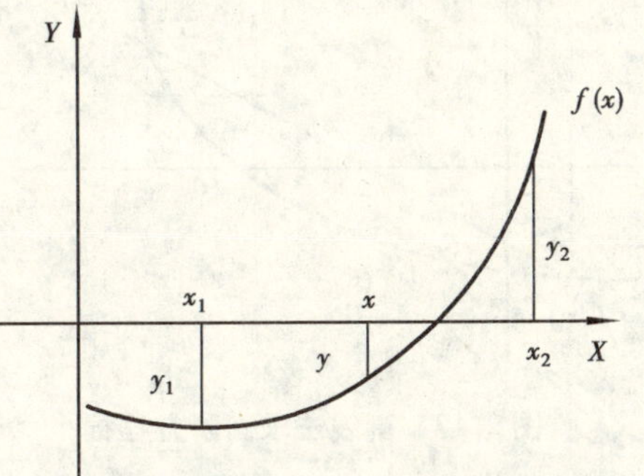

图2.16　二分迭代法求高阶方程根

应该注意的是：当 $y=f(x)$ 为0时，x 就是方程的根。但是，$f(x)$ 是一个实数，在计算机中表示一个实数的精度有限，因此判断一个实数是否等于0时一般不用"$f(x)=0$"，而用"$|f(x)|\leqslant 10^{-k}$"来代替 $f(x)$ 是否为0的判断，如果 $f(x)$ 满足这个条件，则 x 即为所求方程的根(近似根)。这个 10^{-k} 称为精度，所以求高次方程的根应该给出精度要求。

例2.31　用二分迭代法求方程 $2x^3-4x^2+3x-6=0$ 在 $(-10,10)$ 之间的根。

```
/* Name: ex02-31.cpp */
#include <stdio.h>
#include <math.h>
#define ESP 1e-7
void main()
{   double x0,x1,x2,fx0,fx1,fx2;
    x1 =-10;
    x2 = 10;
    do
```

```
    {   x0 = (x1 + x2)/2;
        fx0 = x0 * ((2 * x0 - 4) * x0 + 3) - 6;
        fx1 = x1 * ((2 * x1 - 4) * x1 + 3) - 6;
        if((fx0 * fx1) < 0)
        {   x2 = x0;
            fx2 = fx0;
        }
        else
        {   x1 = x0;
            fx1 = fx0;
        }
    }while(fabs(fx0) >= ESP);
    printf("root = %f\n",x0);
}
```

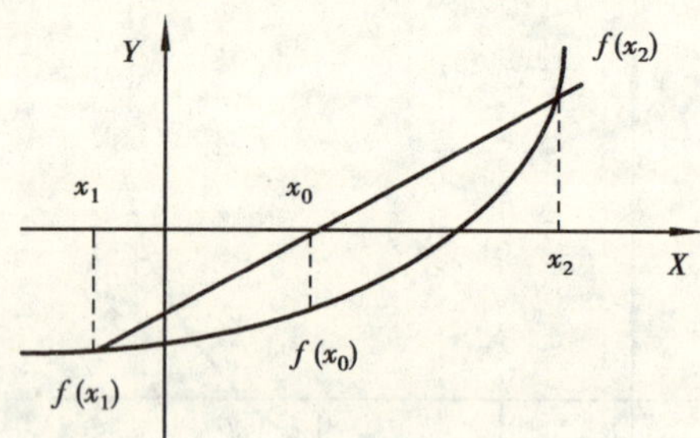

图 2.17　割线法求高阶方程根

程序的运行结果为:

root = 2.000000。

3)割线法求解一元高阶方程

割线法亦称为弦截法,设有一元高阶方程表示为:$f(x)=0$,则用割线法求高阶方程在某个单根区间的实根的步骤描述如下,如图 2.17 所示。

(1)输入所求区间的两个端点值即初值 x_1 和 x_2,所取求根区间必须保证 $f(x_1)\times f(x_2)<0$。

(2)连接 $f(x_1)$ 和 $f(x_2)$ 两点,连线交 X 轴于 x_0,x_0 的坐标方程为:

$$x_0 = \frac{x_1 \times f(x_2) - x_2 \times f(x_1)}{f(x_2) - f(x_1)}$$

(3)若 $f(x_0)$ 与 $f(x_1)$ 同号,则根必在(x_0,x_2)区间内,此时将 x_0 作为新的 x_1;反之则表示根在(x_1,x_0)之间,此时将 x_0 作为新的 x_2。

(4)反复执行步骤(2)和(3),直到所求根满足要求为止。

例 2.32　用割线法求方程 $2x^3-4x^2+3x-6=0$ 在$(-10,10)$之间的根。

```
/* Name: ex02-32.cpp */
#include <stdio.h>
#include <math.h>
#define ESP 1e-7
void main()
{   double x0,x1,x2,fx0,fx1,fx2;
    x1 =-10;
    x2 = 10;
    fx1 = x1 * ((2 * x1 - 4) * x1 + 3) - 6;
```

```
    fx2 = x2 * ((2 * x2 - 4) * x2 + 3) - 6;
    do
    {    x0 = (x1 * fx2 - x2 * fx1)/(fx2 - fx1);
         fx0 = x0 * ((2 * x0 - 4) * x0 + 3) - 6;
         if((fx0 * fx1) < 0)
         {    x2 = x0;
              fx2 = fx0;
         }
         else
         {    x1 = x0;
              fx1 = fx0;
         }
    }while(fabs(fx0) >= ESP);
    printf("root = %f\n",x0);
}
```

程序的运行结果为:

root = 2.000000。

习题 2

一、单项选择题

1. 能正确表示 x 的取值在[1,10]或[200,210]范围内的表达式是(　　)。

(A)(x >= 1)&&(x <= 10)&&(x >= 200)&&(x <= 210)

(B)(x >= 1)||(x <= 10)||(x >= 200)||(x <= 210)

(C)(x >= 1)&&(x <= 10)||(x >= 200)&&(x <= 210)

(D)(x >= 1)||(x <= 10)&&(x >= 200)||(x <= 210)

2. 为了表示关系 $x \geqslant y \geqslant z$,应使用下列 C 语言表达式中的(　　)。

(A)(x >= y)AND(y >= z)　　(B)(x >= y)&&(y >= z)

(C)(x >= y >= z)　　(D)(x >= y)&(y >= z)

3. 当 c 的值不为 0 时,在下列选项中能正确将 c 的值赋给变量 a,b 的是(　　)。

(A)(a = c)&&(b = c)　　(B)(a = c)||(b = c);

(C)c = b = a;　　(D)a = c = b;

4. 设有 C 语句:int a = 5, b = 4;,则下列条件中值为"假"的是(　　)。

(A)(a > b)&&(b - a)　　(B)(b >= 0)&&(a <= b? a + b:a - b)

(C)(a <= 0)||(a%b)　　(D)a &&!b

5. 执行下面的 C 语句序列后,变量 a 的值是(　　)。

```
int a,b,c;a = b = c = 1; ++a|| ++b&& ++c;
```

(A)错误　　(B)0　　(C)2　　(D)1

6. 执行 C 语句:for(i = 1;i ++ <4;);后,循环控制变量 i 的值是(　　)。

(A)3　　(B)4　　(C)5　　(D)1

7. 循环语句 for(x = 0,y = 0;(y! = 100)&&(x <4);x ++);的循环体执行次数是(　　)。

(A)无限多次　　(B)不定　　(C)为 4 次　　(D)为 3 次

8. 下面程序段中,与 while(!a)中的!a 所表示条件等价的是(　　)。

```
scanf("%d",&a);
while(!a)
{    printf("ok.\n");
     a = !a;
}
```

(A)a ==0　　(B)a! =1　　(C)a! =0　　(D)a ==1

9. 设有 C 语句:int i,j;,则如下程序段中内循环体的总执行次数是(　　)。

```
for(i = 5;i;i --)
     for(j = 0;j <4;j ++)
     {  …  }
```

(A)20 次　　(B)24 次　　(C)25 次　　(D)30 次

10. 下面程序段中,与 if(x%2)中的 x%2 所表示条件等价的是(　　)。

```
scanf("%d",&x);
if(x%2)
     x ++;
```

(A)x%2 ==0　　(B)x%2! =1　　(C)x%2! =0　　(D)x%2 ==1

二、填空题

1. 如果条件是:"a 或者 b 之一不为 0,且 a 和 b 不同时为零",在 C 语言中可将其描述为逻辑关系:＿＿＿①＿＿＿。

2. 在 C 语言的逻辑表达式运算过程中,对于＿＿＿②＿＿＿运算,如果左操作数被判定为"假",系统不再判定或求解右操作数;对于＿＿＿③＿＿＿运算,如果左操作数被判定为"真",系统不再判定或求解右操作数。

3. 在 C 语言中＿＿＿④＿＿＿语句是一条限定转移语句,其语句功能为提前结束本次循环体的执行过程而直接进入下一次循环。

4. 下面程序的功能是从键盘上输入一行字符,将其中的小写字母转换为大写字母。请填空完成程序。

```
#include <stdio.h>
void main()
{    char c;
     while((c = ____⑤____)! = '\n')
```

```
        if(c>='a'&&c<='z')
        {   c=c-32;
            printf("______⑥______",c);
        }
}
```

三、阅读程序题

1. 写出下面程序运行的结果。

```
#include <stdio.h>
void main()
{   int x=10,y=20,z1,z2;
    z1=5+15>=x+2<=y+3,z2= ++x|| ++y&& ++z1;
    printf("x=%d,y=%d\n",x,y);
    printf("z1=%d,z2=%d\n",z1,z2);
}
```

2. 阅读下面程序,写给出该程序所完成功能的函数关系表述。

```
#include <stdio.h>
void main()
{   int x,sign;
        scanf("%d",&x);
        if(x>0)sign=1;
        else if(x==0)sign=0;
            else sign=-1;
        printf("The sign is %d\n",sign);
}
```

3. 写出下面程序运行的结果。

```
#include "stdio.h"
void main()
{   int x=3,y=0,a=0,b=0;
    switch(x)
    {   case 3:switch(y)
                {   case 0:a++;
                           break;
                    case 1:b++;
                           break;
                }
        case 2:a++;
               b++;
               break;
```

```
        case 1:a++;
               b++;
    }
    printf("a = %d,b = %d\n",a,b);
}
```

4. 写出下面程序当输入数据是 13579 时的执行结果。

```
#include <stdio.h>
void main()
{   int n,r;
    scanf("%d",&n);
    do
    {   r = n%10;
        printf("%d",r);
        n/ =10;
    }while(n! =0);
    printf("\n");
}
```

5. 写出下面程序运行的结果。

```
#include <stdio.h>
void main()
{   int i,j,k;char ch ='A';
    for(i =0;i <=3;i ++)
    {   for(j =0;j <=10 -i;j ++)
        printf(" ");
        for(k =0;k <=2 * i;k ++)
            printf("%c",ch);
        printf("\n");
        ch = ch +1;
    }
    for(i =0;i <=2;i ++)
    {   for(j =0;j <=i +(10 -2);j ++)
            printf(" ");
        for(k =0;k <=4 -2 * i;k ++)
            printf("%c",ch);
        printf("\n");
        ch = ch -1;
    }
}
```

6. 写出下面程序运行的结果。

```
#include < stdio. h >
void main( )
{    int i,j,m =3;
     for(i =0;i < m;i +=2)
          for(j = m -1;j >=0;j -- )
               printf("%1d%c",i +j,j?'*':'$');
     printf("\n");
}
```

四、程序设计题

1. 编程序实现功能:判断一个整数是否能同时被 3、5、7 整除,能则输出"YES",否则,输出"No"。

2. 编程序实现功能:在一个标高为 0 m 的平面上,有四个高度为 15 m 的圆塔,其塔心坐标分别为(2,2)、(-2,2)、(2,-2)、(-2,-2),塔的圆半径为 1 m。输入一个坐标点的值,则输出该点的高度(塔外高度为 0 m)。

3. 编程序实现功能:找出所有的"水仙花数"。"水仙花数"是指一个三位数,其各位数字的立方和等于它本身。例如:$153 = 1^3 + 5^3 + 3^3$,则 153 是"水仙花数"。

4. 编程序实现功能:按公式:$e\sum_{n=0}^{k}\frac{1}{n!}$,求 e 的近似值(精度为 10^{-6})。

5. 编程序实现功能:一个正整数与 3 的和是 5 的倍数,与 3 的差是 6 的倍数,求出符合此条件的最小正整数。

6. 编程序实现功能:找出 1 到 99 之间的全部同构数。若某数出现在其平方数的右边则称该数为同构数。例如,5 是 25 右边的数,25 是 625 右边的数,则 5 和 25 都是同构数。

7. 编程利用下式计算并输出 π 的值。(式中:$n = 10\,000$)

$$\frac{\pi}{4} = 1 - \frac{1}{3} + \frac{1}{5} - \frac{1}{7} + \cdots + \frac{1}{4n-3} - \frac{1}{4n-1}$$

8. 将一张 100 元大钞换成等值的 10 元、5 元、2 元、1 元一张的小钞票,要求每次换成 40 张小钞票,每种小钞票至少一张,编程输出所有可能的换票方案。

9. 一球从 100 m 高度自由落下,每次落地后反弹回原高度的一半后再落下。编程求该球在第 10 次落地时共经过了多少米?第 10 次反弹多高?

10. 编程求解猴子吃桃问题。第一天猴子摘下若干桃子,当即吃掉一半后又多吃了一个;第二天又将剩下的桃子吃掉一半后再多吃一个;以后每天都吃掉前一天所剩桃子的一半零一个。到第 10 天猴子只剩下一个桃子可吃,问第一天共摘下多少个桃子?

3 数组及其应用

本章概要和学习目标

数组是程序设计中使用的一种重要的数据结构。为了能够描述出若干相同类型的相关变量之间内在的联系,以便合理地使用程序的控制结构对它们进行处理,就需要把相同类型的多个变量按有序的形式组织起来,这些按序排列的相同数据类型的存储单元称为数组。

在C语言中,组成数组的每个成员的数据类型可以是基本数据类型,指针类型或其他构造类型,因此数组可分为数值数组、字符数组、指针数组、结构数组等,本章仅讨论数值类型的数组及其简单应用。本章的主要学习目标如下:

- 理解使用数组组织数据在程序设计中的重要意义
- 掌握数组定义和初始化的方法
- 理解数组元素与同数据类型简单变量之间的关系异同
- 掌握在程序中引用数组元素的方法
- 掌握随机生成数组元素值的方法
- 理解并学会使用常用的排序方法和查找方法

3.1 一维数组

一维数组是一组按线性排列有序且个数有限的同类型变量构成的数据集合,集合中的数据元素使用同一个名字来描述他们之间的共性,同时又通过各自不同的序号描述数据集合中各个数据元素之间的关系。一维数组在存储时需要占用连续的内存空间,它们在存储器中的映像如图3.1所示,其每一个数据元素所占用的字节长度与它们的数据类型相关。

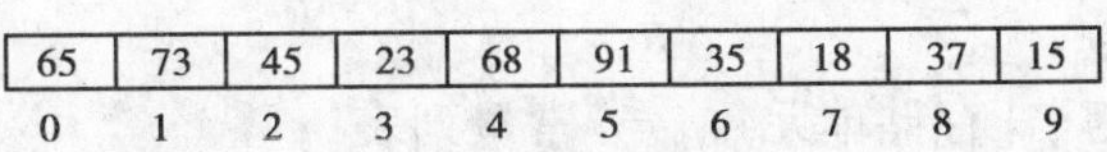

图 3.1　一维数组的存储映像

3.1.1　一维数组的定义和初始化

在 C 程序设计中,数组是一个由若干同类型变量集合在一起构成的数据对象,因而在 C 语言中数组属于一种构造数据类型。在 C 程序设计中必须首先对数组数据对象进行定义,然后才能进行基于数组数据结构的各种操作。一维数组定义的一般形式:

数据类型名　数组名[常量表达式];

其中,数据类型名是任一种基本数据类型或构造数据类型,说明所有数组元素的数据类型;数组名是用户为数组命名的标识符,必须满足有关 C 语言标识符定义规范;方括号在此处是数组运算符,方括号中的常量表达式值用以指定该数组可以拥有数组元素个数,也称为数组的长度。数组的长度一但定义就不能在程序的运行过程中进行修改,在定义数组时应该根据应用的实际情况为数组长度留有余地。下面是一些数组定义的示例:

```
int array_int[10];        //定义了拥有 10 个元素的整型数组 array_int
float  b[10],c[20];  //定义了分别拥有 10 个和 20 个元素的单精度实型数组 b 和 c
double arr[100];         //定义了拥有 100 个元素的双精度实型数组 arr
```

在定义数组还要注意以下几点:

(1)数组名的命名必须符合 C 语言关于标识符的书写规定。

(2)数组名也是变量,因此在定义数组时数组的名字不能与同一范围内已经定义的其他变量名字相同。

(3)定义数组时,不能用变量来表示数组的长度(注:在 C99 标准中可以用变量表示数组长度),但是可以用符号常数或常量表达式。下面是一组用于比较的定义形式:

```
合法的数组定义方法:
#define   FD 50
void main()
{   int a[FD+5],b[FD];
    …
}
```

```
(C99 前)非法的数组定义方法:
void main()
{   int n=5;
    int a[n];
    …
}
```

(4)允许在同一个定义语句中,定义多个数组或者混合定义同类型的数组和简单变量。例如 int a,b,c,d,k1[10],k2[20];。

(5)可以在定义数组时用"存储类型"对数组进行说明,指定数组的存储单元分配到内存的静态存储区或是动态存储区。存储类型可以是自动的(auto)、静态的(static)或者外部的(extern),关于存储类别将在 4.3 节中详细介绍。例如,一个静态的单精度实型数组可以定义为:

```
static float score[50];       //定义了一个具有 50 个单精度实型元素的静态数组
```

C 语言允许在数组定义时给数组元素赋予初值,这个过程称为数组初始化。数组初始化的一般形式：

数据类型名　数组名[存储单元数]={常量列表}；

其中，常量列表中两项之间用逗号分隔。初始值用常量形式表示，也可以使用常量表达式，但不允许使用含变量的表达式。例如：

```
int a[10] = {1,2,3,4,5,6,7,8,9,10};   //相当于 a[0]=1;a[1]=2…a[9]=10
int b[3] = {1,3*5,4*3-2};   //相当于 b[0]=1;b[1]=15;b[2]=10;
```

对数组进行初始化应当注意以下几点：

(1)可以对数组部分初始化，即{　}中常量值的个数少于指定的数组元素个数。此时，系统依次为数组的前面数组元素赋值，后面未赋值部分的元素值为0。例如：

```
int a[10] = {0,1,2,3,4};   //为 a[0]~a[4]元素赋值，而后 5 个元素为 0 值。
```

(2)根据(1)的部分赋值规则，若需要将数组全部元素初始化为0值，可以用如下形式实现：

```
int a[10] = {0};
```

(3)对数组元素的初始化只能针对对应的数组元素逐个进行赋值，不能给数组整体赋值。例如，int a[5]={1,1,1,1,1};表示将数组的所有元素值初始化为1，但不能将其写成 int a[5]=1;的形式。

(4)如果在初始化值列表中给出全部数组元素的初始化值，则可以不指定数组的长度。例如：int a[5]={1,2,3,4,5};和 int a[ ]={1,2,3,4,5};表达同样的初始化结果。

(5)数组初始化时，初始化列表中值的个数不能超过指定的数组长度。例如下面的数组定义是错误的：

```
int a[5] = {1,2,3,4,5,6};   //初始值的个数超过了数组长度
```

3.1.2　一维数组元素的引用方法

C 语言中规定，在一般情况下数组不能作为一个整体参加数据处理，而只能通过处理每一个数组元素(下标变量)达到处理数组的目的。一维数组元素(下标变量)的表示形式为：

数组名[下标]

其中，下标值应该是整型常数或表达式，该值表示了数组元素(下标变量)在一维数组中的顺序号，如果下标值是实型数据系统会自动将其取整，数组下标值从 0 开始。

从某种意义上说，定义数组就是同时一起定义了若干个同类型的变量，其目的是在描述每一个变量值的同时描述出这些变量之间的关系。作为变量个体而言，下标变量和与它同类型的普通变量(简单变量)是等价的，即数组的下标变量和普通变量的用法是相同，凡是普通变量可以出现的地方，下标变量也可以出现。例如有定义：double a[10]，*y*;，则该语句同时定义了 11 个实型变量，只不过前面 10 个 a[0]~a[9]属于某一个集体，而 *y* 则是一单个普通变量，对 a[0]~a[9]中任何一个赋值的方法和对变量 *y* 赋值的方法是相同的，如下面语句序列所示：

```
double a[10],y;
a[5]=300;     /*将 a 数组中第 6 个元素(5 号元素)赋值为 300*/
```

```
y = 500;        /* 将变量 y 赋值为 500 */
```

由于在一般情况下对一维数组不能整体进行操作，所以对于一维数组的输入和输出操作常用一重循环的形式进行处理。设有定义数组和变量的 C 语句序列为：

```
double a[10];
int i;
```

则数组 a 的输入输出基本形式如图 3.2 所示。

```
/* a 数组的循环输入方式 */
for(i = 0; i < 10; i++)
  scanf("%lf", &a[i]);
```

```
/* a 数组的循环输出方式 */
for(i = 0; i < 10; i++)
  printf("%lf ", a[i]);
```

图 3.2　一维数组的输入输出方式

例 3.1　将一个整型数组中所有元素值在同一个数组中按逆序重新存放并输出。

```
/* Name: ex03-01.cpp */
#include <stdio.h>
void main()
{   int arr[10], i, j, temp;
    printf("Input  ten value of Array:\n");
    for(i = 0; i < 10; i++)              //用循环为所有数组元素输入值
        scanf("%d", &arr[i]);
    for(i = 0, j = 9; i <= j; i++, j--)
        temp = arr[i], arr[i] = arr[j], arr[j] = temp;
    for(i = 0; i < 10; i++)              //用循环依次输出所有数组元素值
        printf("%4d", arr[i]);
    printf("\n");
}
```

程序中，用整型变量 i 和 j 分别表示要交换元素的位置，实现一次交换后用 i++ 将 i 指向下一个欲交换的元素，用 j-- 将 j 指向前一个欲交换的元素，只要满足条件 i <= j 就进行对应元素值的交换；反复进行上述操作直至条件 i <= j 不成立为止。程序一次运行情况如下所示：

```
Input ten value of Array:
21 23 25 27 29 30 32 34 36 38
  38  36  34  32  30  29  27  25  23  21
```

例 3.2　在一次选举中，有五位候选人，分别由 1 ~ 5 编号，请编程序统计出各位候选人的得票数并找出得票数第一名的编号。

```
/* Name: ex03-02.cpp */
#include <stdio.h>
void main()
{   int  a[6] = {0}, x, max, k, k1;
    printf("\n 请输入候选人的编号( -1  表示结束)");
```

```
    scanf("%d",&x);
    while(x>0&&x<6)
    {   a[x]=a[x]+1;
        scanf("%d",&x);
    }
    max=a[1],k1=1;
    for(k=2;k<6;k++)
        if(a[k]>max)
            max=a[k],k1=k;
    for (k=1;k<6;k++)
        printf("%5d",a[k]);
    printf("\n票数最高的候选人编号是:%d号。\n",k1);
}
```

例3.2程序中为了保证候选人编号与数组下标一致,定义了6个单元的数组a[6],并对其初始化。在录入候选人票的过程中,限制了表示候选人编号变量x的值域,当x输入值超过范围($0<x<6$)循环结束,从而避免出现访问非法下标的输入错误。数据输入结束后,程序采用求最大值算法,找到得票数最多的候选人编号并进行输出。程序的一次运行情况如下:

```
请输入候选人的编号(-1  表示结束)1 2 3 4 5 1 1 2 3 4 5 4 3 4 3 1 1 1 5 -1
6    2    4    4    3
票数最高的候选人编号是:1号。
```

例3.3 用数组存放一组统计数据,然后用"*"表示的条形图输出这组数据。程序输出效果如下所示:

```
Element        Value        Striation
1              11           ***********
2              3            ***
3              7            *******
4              10           **********
5              20           ********************
```

```
/* Name: ex03-03.cpp */
#include <stdio.h>
#define ArrSize 5
void main()
{   int k,m,arr[ArrSize]={11,3,7,10,20};
    printf("\nElement\tValue\t Striation\n");
    for(k=0;k<ArrSize;k++)          //外层循环按照数组元素的个数控制输出行数
    {   printf("%d\t%d\t ",k+1,arr[k]);
        for(m=0;m<arr[k];m++)   //内层循环按照每一数组元素值输出指定的星
```

号个数

```
            printf(" * ");
        printf(" \n");
    }
}
```

例 3.3 程序是一个典型的两层循环嵌套结构,外层循环按照数组元素的个数控制输出行数,在每次的循环体执行过程中按照对应数组元素值输出指定个数的星号并换行。

例 3.4　打印如下所示的杨辉三角形的前 10 行(要求使用一维数组处理)。

```
1
1   1
1   2   1
1   3   3   1
1   4   6   4   1
```

```
/* Name: ex03-04.cpp */
#include <stdio.h>
void main()
{   int yh[11],row,col;
    yh[1]=1;
    printf("%4d\n",yh[1]);
    for(row=2;row<=10;row++)
    {   yh[row]=1;                              /*每行的最后一个元素值为1*/
        for (col=row-1;col>=2;col--)            /*生成一行*/
            yh[col]=yh[col]+yh[col-1];
        for(col=1;col<=row;col++)               /*输出一行*/
            printf("%4d",yh[col]);
        printf(" \n");
    }
}
```

例 3.4 程序中,为了简化对应关系(避免使用 0 号元素对应第一个数据)使用了一个 11 个元素的数组进行处理,由于要求使用一维数组处理杨辉三角形,所以每生成一行杨辉三角形的元素值后立即将该行值输出。对每一行杨辉三角形值的具体处理方法为:首先用表达式 yh[row]=1 将该行杨辉三角形的最后一个元素值置 1,然后从后向前依次在循环条件满足的情况下执行表达式:yh[col]=yh[col]+yh[col-1],该表达式的意思是将一维数组 yh 上一次当前位置元素值与其前面一个位置上一次的元素值相加作为本次当前位置上的元素值,图 3.3 展示了通过第 5 行数据生成第 6 行数据的情况。

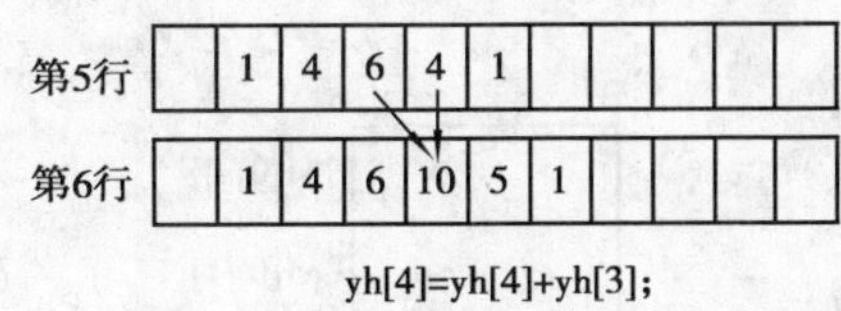

图 3.3　使用一维数组杨辉三角形一行的生成方法

3.2　二维数组和多维数组

在程序设计中如果需要处理诸如矩阵、平面的或立体的图形等数据信息,使用一维数组显然不方便,在这种情况下,可以使用二维、三维以至更多维的数组。一维数组存储线性关系的数据,二维数组则可以存储平面关系的数据,三维数组可以存储立体信息,依次类推可以合理地使用更高维数的数组。

3.2.1　二维数组和多维数组的定义

C 语言中对多维数组概念的解释是:n 维数组是每个元素均为 $n-1$ 维数组的一维数组。由此可以推论出 C 程序中的二维数组是由若干个一维数组作为数组元素的一维数组,三维数组则是由若干个二维数组作为元素的一维数组等,多维数组的这种概念对理解多维数组的存储、处理都有很大的帮助。

二维数组定义的一般形式为:

数据类型符　数组名[常量表达式][常量表达式];

多维数组定义的一般形式为:

数据类型符　数组名[常量表达式][常量表达式]…;

例如,int a[3][4], matrix[10][10];就定义了两个整型的二维数组 a 和 matrix,其中 a 由 3 行 4 列共 12 个元素构成;matrix 由 10×10 共 100 个元素组成。而 float b[3][3][3];则定义了一个 3×3×3 共 27 个元素构成的数组 b。

C 语言中规定数组按"行"存储,由于计算机系统内存是一个线性排列的存储单元集合,所以当需要将二维或者更多维的数组存放到系统存储器中时,必须进行二维空间或多维空间向一维空间的投影。例如有定义语句:int a1[2][2],a2[2][2][2];,则数组 a1 和 a2 在内存中存放的形式如图 3.4 和图 3.5 所示。

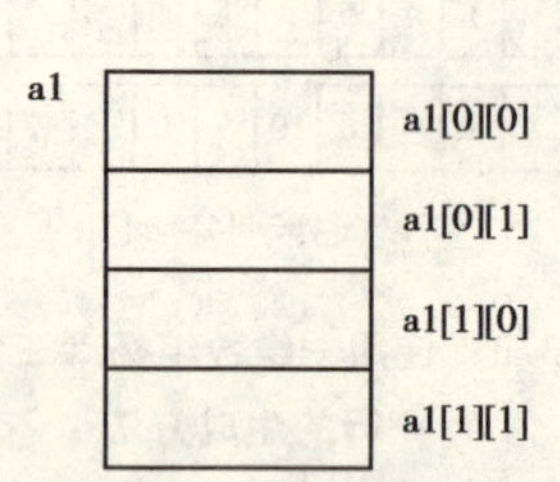

图 3.4　二维数组存储示意图

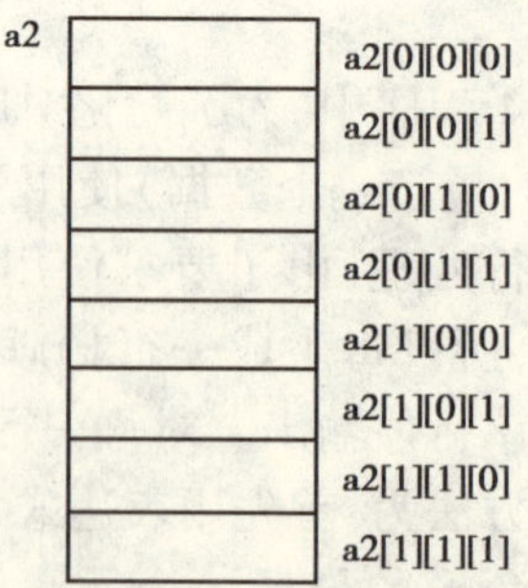

图 3.5　三维数组存储示意图

根据多维数组在存储器中按行存储的规则和多维数组的行列顺序可以计算出多维数组元素存储时在线性连续存储单元中的排列序号。

设有 $m\times n$(m 行 n 列)二维数组 a,则二维数组元素 a[i][j]在数组的连续存储区域中的单元序号计算公式为:

$i\times n+j$;(行号×列数+列号)

例如,有二维数组定义 int a[5][5];,则数组中的元素 a[2][3]在线性存储区域中的序号为:$2\times5+3=13$,即将二维数组投影为一维数组存储后,二维空间中的 2 行 3 列元素是一维空间中的 13 号元素。

设有 $m\times n\times l$(m 页 n 行 l 列)三维数组 a,则三维数组元素 a[i][j][k]在数组的连续存储区域中的单元序号计算公式为:

$i\times n\times l+j\times l+k$;

(页号×行数×列数+行号×列数+列号)

例如有三维数组定义 int a2[2][2][2];,则数组中元素 a2[0][1][1]在线性存储区域中的序号为:$0\times2\times2+1\times2+1=3$,即将三维数组投影为一维数组存储后,三维空间中的 0 页 1 行 1 列元素是一维空间中的 3 号元素,如图 3.5 所示。

二维和多维数组也可以进行初始化,以二维数组和三维数组为例,初始化的方式有两种:

(1)分行赋值初始化方式

二维(多维)数组分行初始化方式是将二维(多维)数组分解为若干个一维数组,然后依次向这些一维数组赋初值,赋值时使用大括号(花括号)嵌套的方法区分每一个一维数组,例如:

```
int a[2][3] = {{1,1,1},{2,2,2}};
int a1[2][3][3] = {{{1,1,1},{2,2,2},{3,3,3}},{{4,4,4},{5,5,5},{6,6,6}}};
```

(2)单行赋值初始化方式

二维(多维)数组单行初始化方式是使用一个数据序列为多维数组赋初值。使用这种方式时将所有的初始化数据依次写在一个大括号中,书写时要注意数据应该的排列顺序。例如:

```
int a[2][3] = {1,1,1,2,2,2};
int a1[2][3][4] = {1,1,1,1,2,2,2,2,3,3,3,3,4,4,4,4,5,5,5,5,6,6,6,6};
```

对于二维数组或多维数组的初始化,还需要注意以下几点:

(1)初始化只给出部分数组元素的初始值。这种方法称为部分初始化,此时未初始化元素值为 0(字符类为'\0')。

例如,int a[2][3] = {{1,1},{2,2}};,则初始化后二维数组 a 的取值形式如图 3.6 所示。

a

1	1	0
2	2	0

图 3.6　二维数组部分初始化

a

1	1	2
2	0	0

图 3.7　二维数组部分初始化

例如,int arr[2][3] = {1,1,2,2};,则初始化后二维数组 a 的取值形式如图 3.7 所示,读者应该特别注意上面两个初始化示例以及图3.6与图3.7的区别。同样,如果需要将二维数组或多维数组的所有元素值置初始为0,可按如下所示的部分初始化形式即可:

int b[10][20] = {0};　　　　/* 将 b 数组的 200 个元素初始化为 0 值 */

int c[100][100][50] = {0};　/* 将数组 c 的 50 万个元素初始化为 0 值 */

(2)由初始化元素值的个数确定数组的长度。初始化时,如果多维数组最高维的长度没有指定,则系统通过对初始化序列中数值的个数的统计计算来确定多维数组最高维的长度,或者说如果在初始化时给出了全部的数组元素初始值,可以不指定多维数组最高维的长度。但需要特别提醒的是,如果仅定义数组没有初始化则数组长度的指定是必须的。

例如,int a[ ][3] = {{1,1,1},{2,2,2}};　　　　/* 初始化时给出了所有元素值 */

例如,int a1[ ][3] = {1,1,1,2,2,2};　　　　/* 初始化时给出了所有元素值 */

(3)多维数组初始化数值的个数不能大于指定的数组各个长度。例如下面多维数组初始化形式是错误的:

int a1[2][3] = {1,1,1,2,2,2,3,3,3};　　　　/* 初始化表中的数值个数太多 */

3.2.2 二维数组和多维数组元素引用方法

二维和多维数组在程序设计中也不能作为一个整体进行处理,而只能通过处理每一个下标变量(数组元素)达到处理数组的目的。二维数组和多维数组元素的下标表示分别为:

数组名[下标][下标];　和　数组名[下标][下标]…;

其中,下标值应该是整型常数或表达式,该值表示了数组元素(下标变量)在多维数组中的位置,如果下标值是实型数据系统会自动将其取整。

作为变量个体而言,下标变量和与它同类型的普通变量(简单变量)是等价的,即数组的下标变量和普通变量的用法是相同,凡是普通变量可以出现的地方,下标变量也可以出现。例如有定义:double a[5][5],y;,则该语句同时定义了26个实型变量,只不过前面25个a[0][0]~a[4][4]属于某一个集体,而y则是一单个普通变量,对a[0][0]~a[4][4]中任何一个赋值的方法和对变量y赋值的方法是相同的,如下面语句序列所示:

```
double a[5][5],y;
a[2][3] =300;                /* 将 a 数组中 2 行 3 列元素赋值为 300 */
y =500;                      /* 将变量 y 赋值为 500 */
```

对于二维数组的输入输出一般使用二重循环,同理可以使用多重循环处理多维数组的输入输出问题,设有定义语句:int a[5][10],i,j;,则数组a的输入输出基本形式如图3.8所示。

```
for(i =0;i <5;i ++)
  for(j =0;j <10;j ++)
    scanf("%d",&a[i][j]);
```

```
for(i =0;i <5;i ++)
  for(j =0;j <10;j ++)
    printf("%d",a[i][j]);
```

图3.8　二维数组的输入输出方式

例3.5　在二维数组a[3][4]中依次选出各行最大元素值存入一维数组b[3]对应元素中。

```
/*Name: ex03-05.cpp*/
#include <stdio.h>
void main()
{   int a[][4] = {3,16,87,65,4,32,11,108,10,25,12,27},b[3],i,j,max;
    for(i=0;i<=2;i++)
    {   max =a[i][0];                    //以下程序段求出i中的最大元素值
        for (j=1;j<=3;j++)
            if(a[i][j]>max)
              max =a[i][j];
        b[i]= max;                       //i中的最大元素值存入b的i号元素
    }
    printf("\narray a:\n");
    for(i=0;i<=2;i++)                    //按照矩阵的形式输出数组a的元素值
    {   for(j=0;j<=3;j++)
              printf("%5d",a[i][j]);
        printf("\n");
    }
    printf("\narray b:\n");
    for(i=0;i<=2;i++)                    //依次输出矩阵a中每行的最大元素值
         printf("%5d",b[i]);
}
```

程序运行结果：

```
array a:
    3   16   87   65
    4   32   11  108
   10   25   12   27
array b:
   87  108   27
```

例3.6　编程序输出魔方阵。所谓魔方阵是指一个由整数构成的奇数矩阵中，任意一行、任意一列以及对角线的所有数之和均相等。例如，一个三阶的魔方阵如图3.9所示。

```
8   1   6
3   5   7
4   9   2
```

图3.9　3阶魔方矩阵

魔方阵是一个奇数阶矩阵，n阶的自然数构成的魔方阵中各数的排列规律如下：

(1)将“1”放在魔方阵的第一行中间一列。

(2)从“2”开始直到$n \times n$的各数依次按下列规则存放：每一个数存放的行比前一个数的行数减1，列数加1。

(3)如果上一个数的行数为1，下一个数的行数为n；如果上一个数的列数为n，下一个数的列数为1。

(4)如果按上面规则确定的位置上有数(不为零),或者上一个数是第 1 行第 n 列时,则把下一个数放在上一个数的下面。

```
/* Name: ex03-06.cpp */
#include <stdio.h>
#define N 16
void main()
{
    int plot[N][N] = {0};
    int i, j,k,n;
    while(1)  //循环强制输入一个 3~15 的奇数
    {   printf("\n 请输入一个 3~15 的奇数:");
        scanf("%d",&n);
        if((n>1&&n<=15)&&(n%2!=0))
        {   printf("下面是一个%d 阶的魔方矩阵: \n",n);
            break;
        }
    }
    i=1;
    j=n/2+1;
    plot[i][j]=1;   //第一个数放在第一行的中间位置
    for(k=2;k<=n*n;k++)
    {   i=i-1,j=j+1;   //设定下一个数的位置为上一个数的行数减 1,列数加 1
        if(i<1&&j>n)  //若上一个数在第一行第 n 列,则在上一个数的下面放数
        {   i+=2,j=j-1;
            plot[i][j]=k;
            continue;
        }
        if(i<1)   //若上一个数的行数为 1,则设置下一个数的行数为 n
            i=n;
        if(j>n)
            j=1;   //若上一个数的列数为 n,则设置下一个数的列数为 1
        while(plot[i][j]!=0)  //若按规则找出的位置上已经放置数(不为 0)
            i=i+2,j=j-1;   //则放数位置在上一个数下面
        plot[i][j]=k;
    }
    for(i=1; i<=n; i++)  //输出魔方矩阵
    {   for(j=1; j<=n; j++)
            printf("%4d", plot[i][j]);
```

```
        printf("\n");
    }
}
```

例3.6程序中设置一个16阶的二维数组存放魔方阵，行列下标均从1开始处理。程序中对按规则寻找放置数据的位置的方法做了详细的注释，请参照规则分析理解程序。程序的一次执行情况如下所示：

```
请输入一个3~15的奇数:5
下面是一个5阶的魔方矩阵:
  17  24   1   8  15
  23   5   7  14  16
   4   6  13  20  22
  10  12  19  21   3
  11  18  25   2   9
```

3.3 数组的应用

数组在计算机程序设计中是一种十分重要的组织数据的方法，在数组的基础上可以实现许许多多重要的操作，数据的查找和排序就是两种基于数组数据结构的数据操作方法。

3.3.1 数组元素值的随机生成

为了能够在学习程序设计的过程中深刻体会被处理数据的多样性和不可见性，有必要用某种方法来模拟所处理的数据，在程序中随机生成所处理的数据就是一种比较好的模拟数据方法。为了能够在程序中产生随机生成的数据，需要使用C语言提供的srand，rand和time等3个标准库函数。

srand函数的功能是初始化随机数发生器，函数原型在头文件stdlib.h中声明，其原型为：

```
void srand( unsigned int seed );
```

rand函数的功能是随机产生一个在0到RAND_MAX(0x7fff)之间的一个正整数，函数的原型在头文件stdlib.h中声明如下所示：

```
int rand( void );
```

time函数的功能是获取系统时间，函数原型在头文件time.h中声明，其原型为：

```
time_t time( time_t *timer );
```

其中的数据类型time_t是一个系统定义好的一个长整型数据类型，其变量用于存放从系统中取出的以秒为单位的整型数据，参数time_t *timer表示用timer数据对象保存取出的时间值，调用时用空(NULL)作为参数(即调用形式为:time(NULL))则表示只需要用其返回的长整数值而不需要保存该值。

下面通过两个示例讨论随机生成一维数组和二维数组元素值的问题。

例 3.7 随机生成 20 个 3 位以内的整数序列存放在数组中，然后输出所有数组元素。

```
/* Name: ex03-07.cpp */
#include <stdlib.h>
#include <stdio.h>
#include <time.h>
#define N 20
void main()
{   int i,arr[N];
    srand((unsigned) time(NULL));   //初始化随机数发生器
    for(i=0;i<N;i++)    //按要求生成随机数放入数组
      arr[i]=rand()%1000;
    for(i=0;i<N;i++)    //按要求输出所有随机产生的数组元素值
    {   if(i%5==0)
          printf("\n");
        printf("%4d", arr[i]);
    }
}
```

程序一次运行结果为：

```
659  100  184  135  876
348  934  293  587  338
179  243  523  799  653
```

例 3.8 编程序实现如图 3.10 形式的矩阵转置功能，即将 $N \times M$ 矩阵转换为 $M \times N$ 矩阵；要求被处理的二维数组元素值（两位数以内）随机产生。

```
2 4 6  ———→  2 1
1 3 5        4 3
             6 5
```

图 3.10 矩阵转置示例

```
/* Name: ex03-08.cpp */
#include <stdio.h>
#include <stdlib.h>
#include <time.h>
#define M 2
#define N 3
void main()
{   int a1[M][N],a2[N][M],i,j;
    srand(time(NULL));  //初始化随机数发生器
    for(i=0;i<M;i++)    //随机产生数组 a1 的所有元素值
      for(j=0;j<N;j++)
        a1[i][j]=rand()%100;
```

```
    printf("Array a1:\n");
    for(i=0;i<M;i++)   //按照矩阵的形式输出数组 a1
    {   for(j=0;j<N;j++)
            printf("%4d",a1[i][j]);
        printf("\n");
    }
    for(i=0;i<M;i++)   //依次交换所有元素的行列下标
          for(j=0;j<N;j++)
              a2[j][i]=a1[i][j];
    printf("Array changed a2:\n");
    for(i=0;i<N;i++)   //按照矩阵的形式输出数组 a2
    {   for(j=0;j<M;j++)
            printf("%4d",a2[i][j]);
        printf("\n");
    }
}
```

矩阵转置实质上就是交换所有元素值的行列下标,上面程序首先随机产生数组 a1 的所有元素值,然后依次取出二维数组 a1 中的所有元素,用 a2[j][i]=a1[i][j]的表达式形式将其赋给数组 a2 的每一个元素,从而实现从 a1 到 a2 的转置。程序的一次运行结果如下所示:

```
Array a1:  //a1 的所有元素值随机产生
  33   40    9
  52    0   65
Array a2:  //a2 数组是 a1 数组的转置结果
  33   52
  40    0
   9   65
```

3.3.2 数组的常用排序方法

排序是用计算机处理数据的一种常见的重要操作,其作用是将数组中的数据按照特定顺序,如升序或降序重新排列组织。排序分为内部排序和外部排序。在进行内部排序时,要求被处理的数据全部进入计算机系统的内(主)存储器,整个排序过程都在计算机系统的内存储器中完成。针对不同的实际应用,数据排序方法有很多种。本节介绍几种基本的排序思想,帮助读者初步理解排序方法的计算机解决思路。

1)冒泡排序(Bubble sorting)

冒泡排序算法的基本思想是两两比较待排序数据序列中的数据,根据比较结果来对换这两个数据在序列中的位置。其算法基本概念可描述如下:

(1)从待排序列中第一个位置开始,依次比较相邻两个位置上的数据,若是逆序则交换,一趟扫描后,最大(或最小)的数据被交换到了最右边。

(2)不考虑已排好序的数据,将剩下的数据作为待排序列。

(3)重复(1)、(2)两步直到排序完成,n 个记录的排序最多进行 $n-1$ 趟。

例 3.9 编程序实现冒泡排序算法,对随机生成的 20 个整数按升序进行排序并输出。

```
#include <stdlib.h>
#include <stdio.h>
#include <time.h>
#define N 20
void main()
{  int temp,flag,i,j,a[N];
   srand((unsigned) time(NULL));
     printf("Before sorting ...  \n");
   for(i=0;i<N;i++)   //随机产生并输出未排序数组元素
      printf("%d\t", a[i]=rand()%1000);
   for (i=0;i<N; i++)   //本循环实现冒泡排序算法
   {  flag=0;
      for (j=0;j<N-i;j++)
      {  if(a[j]<a[j-1] )
         {  temp=a[j],a[j]=a[j-1],a[j-1]=temp;
            flag=1;
         }
      }
      if(flag==0)//flag 值为 0 时表示本趟没有交换,排序已经完成
        break;
   }
   printf("\n After sorting ...  \n");
   for(i=0; i<N; i++)   //输出排序后的所有数组元素值
   printf("%d\t", a[i]);
}
```

上面程序中用变量 flag 作为标志,每一趟排序开始时将其设置为 0,当本趟排序过程中有数据交换时将 flag 设置为 1,表示数据还没有排序完成;当本趟排序过程中没有一次数据交换时,flag 保持为 0 值,表示被排序的数据已经完全满足排序的要求,没有必要再继续进行以后的排序过程,程序中用 break 语句退出排序循环。程序的一次执行结果为:

```
Before sorting ...
293    31     365    849    867    166    487    826    487    775
331    630    294    5      242    136    953    123    849    65
```

```
After sorting ...
5       31      65      123     136     166     242     293     294     331
365     487     487     630     775     826     849     849     867     953
```

2)**选择排序**(Select sorting)

选择排序法的基本思想是对于待排的 n 个数据,在其中寻找最大(或最小)的数值,并将其移动到最前面作为其第一个数据;在剩下的 $n-1$ 个数据中用相同的方法寻找最大(或最小)的数值,并将其作为第二个数据;以此类推,直到将整个待排数据集合处理完为止(只剩下一个待处理数据)。选择排序的基本方法是:

(1)在所有的记录中选取关键字值最大(或最小)的记录,并将其与第一个记录交换位置。

(2)将上次操作完成后剩下的记录中构成一个新处理数据集。

(3)在新处理数据集的所有记录中选取关键字值最大(或最小)的记录,并将其与新处理数据集中第一个记录交换位置。

(4)如果还有待处理记录,转到(2)。

例 3.10 编程序实现选择排序算法,对随机生成的 20 个整数按升序进行排序并输出。

```
#include <stdlib.h>
#include <stdio.h>
#include <time.h>
#define N 20
void main()
{   int temp,i,j,k,a[N];
    srand((unsigned) time(NULL));
    printf("Before sorting ... \n");
    for(i=0;i<N;i++)   //随机产生并输出未排序数组元素
        printf("%d\t", a[i]=rand()%1000);
    for (i=0; i<N; i++)   //本循环实现选择排序算法
    {   k=i;
        for(j=i+1;j<N;j++)   //在剩余的排序数据中寻找最小数的位置
          if(a[j]<a[k])
              k=j;
        if(k!=i)   //将找到的最小数交换到指定的位置上
          temp=a[i],a[i]=a[k],a[k]=temp;
    }
    printf("\n After sorting ... \n");
    for(i=0; i<N; i++)   //输出排序后的所有数组元素值
    printf("%d\t", a[i]);
}
```

程序的一次运行结果为:

```
Before sorting ...
341     74      545     498     809     626     913     433     567     560
130     479     505     95      96      143     851     634     830     665
After sorting ...
74      95      96      130     143     341     433     479     498     505
545     560     567     626     634     665     809     830     851     913
```

3.3.3 数组的常用查找方法

查找也称为检索,其基本概念就是在一个记录的集合中找出符合某种条件的记录。查找的结果有两种:在表中如果找到了与给定的关键字值相符合的记录,称为成功的查找,根据需要可以获取所找记录的数据信息或给出记录的位置。若在表中找不到与给定关键字值相符合的记录,则称为不成功的查找,给出提示信息或空位置指针。本节介绍最常用的两种查找方法:顺序查找和折半查找。

1)顺序查找(Linear search)

顺序查找又称为线性查找。其基本过程是:从待查表中的第一个记录开始,将给定的关键字值与表中每一个记录的关键字值逐个进行比较。如果找到相符合的记录时,查找成功,如果查找到表的末端都未找到相符合的记录,则查找失败。顺序查找法适应于被查找集合无序的场合。

例3.11 编程序实现顺序查找算法,在随机生成的20个整数中查找指定值,要求程序能够显示出查找进行比较的次数以及本次查找成功与否。

```
/*Name: ex03-11.cpp*/
#include <stdlib.h>
#include <stdio.h>
#include <time.h>
#define N 20
void main()
{   int n,key,a[N],flag=0;
    srand((unsigned) time(NULL));
    for(n=0;n<N;n++)   //随机产生被查找的数据集合
        a[n]=rand()%100;
    printf("请输入被查找的整数值:");
    scanf("%d",&key);
    printf("被查找数据集合如下... \n");
    for(n=0;n<N;n++)
        printf("%d\t",a[n]);
    for(n=0;n<N;n++)   //在数据集合中寻找与key相同的第一个数
        if(a[n]==key)   //如果找到则设置查找成功标志并结束查找工作
```

```
	{	flag = 1;
		break;
	}
	if(flag)
		printf("查找'%d'成功,共进行了%d次比较。\n",key,n+1);
	else
		printf("数据集合中不存在被查找数据,共进行了%d次比较。\n",n+1);
}
```

程序的一次运行结果为:

请输入被查找的整数值:43

被查找数据集合如下:

```
15	5	70	43	64	17	10	4	58	96
39	51	5	51	67	0	49	56	12	12
```

查找43成功,共进行了4次比较。

2)折半查找(Binary search)

折半查找法又称为二分查找法,该算法要求在一个对查找关键字而言有序的数据序列上进行,其基本思想是:逐步缩小查找目标可能存在的范围,具体描述如下:

(1)选取表中中间位置的记录作为基准,将表分为两个子表。

(2)当基准记录的关键字值与查找的关键字值相符合时,返回基准记录位置,算法结束。

(3)当基准记录的关键字值与查找的关键字值不符合时,在处理的两个子表中选取一个子表,重复执行(1)、(2),直到被处理的子表中没有记录为止。

图3.11示意的是在一有序序列中实现对key=21进行折半查找的过程。

```
     1 2 3 4 5 6 7 8 9 10 11 12 13 14 15 16 17 18 19 20 21 22 23
1次                          ↑<key
2次                                         ↑<key
3次                                                  ↑=key
```

图3.11　折半查找算法示意图

例3.12　编程序实现折半查找算法,在随机生成的20个整数中查找指定值,要求程序能够显示出查找进行比较的次数以及本次查找成功与否。

```
/* Name: ex03-12.cpp */
#include <stdlib.h>
#include <stdio.h>
#include <time.h>
#define N 20
void main()
{	int i,j,k,temp,a[N],key,flag=0,count=0;
	int low=0,high=N-1,middle;
```

```
    srand((unsigned) time(NULL));
    for(i=0;i<N;i++)
      a[i]=rand()%100;
    printf("下面是未排序的查找数据集合...\n");
    for(i=0;i<N;i++)
      printf("%d\t",a[i]);
    printf("请输入被查找的关键字值:");
    scanf("%d",&key);
    for (i=0; i<N; i++)   //本循环实现选择排序算法
    {   k=i;
        for(j=i+1;j<N;j++)
          if(a[j]<a[k])
            k=j;
        if(k!=i)
          temp=a[i],a[i]=a[k],a[k]=temp;
    }
    while(low<=high)  //本循环实现折半查找算法
    {   middle=(low+high)/2;
        count++;
        if(key==a[middle])
        {   flag=1;
            break;
        }
        else if(key> a[middle])
          low=middle+1;
        else
          high=middle-1;
    }
    if(flag)
      printf("查找 a[%d]成功,共进行了%d 次比较。\n",middle,count);
    else
      printf("数据集合中不存在被查找数据,共进行了%d 次比较。\n",count);
}
```

程序中首先输出随机产生、未经排序的查找数据集合,执行结果中用数组元素形式显示出来的是排序后与查找关键字 key 值相同的元素,程序的一次执行结果如下所示:

下面是未排序的查找数据集合:

```
41    28    91    83    86    62    96    93    41    57
79    47    12    94    36    34    56    36    2     97
```

请输入被查找的关键字值：91
查找 a[15]成功，共进行了 4 次比较。

习题 3

一、单项选择题

1. 以下对数组的初始化方法中，正确的是(　　)。

(A) int x[5] = {0,1,2,3,4,5};　　(B) int x[ ] = {0,1,2,3,4,5};

(C) int x[5] = {5 * a};　　(D) int x[ ] = (0,1,2,3,4,5);

2. 设有 C 语句：int x[3][3] = {9,8,7};，则数组元素 x[0][1]和 x[2][2]的值是(　　)。

(A) 9 和 7　　(B) 8 和 0　　(C) 7 和 0　　(D) 8 和随机数

3. 设有 C 语句：int a[ ] = {0,1,2,3,4,5,6,7,8,9}, i;，其中 0≤i≤9，则对 a 数组元素不能正确引用的是(　　)。

(A) a[0]　　(B) a[i]　　(C) a[10]　　(D) a[3+5]

4. 设有下面的程序段，则 a 数组中第一个非零值元素的下标是(　　)。

```
int a[200] = {0},i;
for(i=0; i<100; i++)
    a[2*i+1] =2*i+1;
```

(A) 1　　(B) 199　　(C) 0　　(D) 100

5. 设有下面的程序段，则该程序段的输出结果是(　　)。

```
int arr[ ] = {6,7,8,9,10},x=4;
arr[x-2] +=2;
printf ("%d,%d\n",arr[x]-6,arr[x-2]);
```

(A) 4,6　　(B) 4,8　　(C) 4,10　　(D) 8,6

6. 设有 C 语句：char y[ ] = {'a','b','c','d','e','f','g'};，则下面叙述中不正确的是(　　)。

(A) y 是一个字符数组

(B) y 数组的元素个数为 7

(C) 表达式 y[3] = '\n' 合法

(D) 语句 for(k=0;k<7;k++) y[k] -=32; 不合法

7. 设有下面的程序段，则数值为 4 的表达式是(　　)。

```
int a[12] = {1,2,3,4,5,6,7,8,9,10,11,12};
char c = 'a',d,g;
```

(A) a[g-c]　　(B) a[4]　　(C) a['d'-'c']　　(D) a['d'-c]

8. 设有 C 语句：char arr[5][5];，那么数组元素 arr[4][3]存放的起始位置距该数组存放起始地址的字节数是(　　)。

(A)23　　(B)24　　(C)44　　(D)46

9. 下列说法中,正确的是(　　)。

(A)数组在定义时,其长度可以是负整数

(B)数组在定义时,其长度只能是正整数

(C)在 int arr[100];定义后,数组元素可使用的最大下标为 100

(D)在定义数组时若没有指定长度,则表明可以使用任意多个数组元素

10. 下面程序执行后的输出结果是(　　)。

```
void main( )
{   int a[9], i;
    for( i =1; i <10; i ++ )
       a[i -1] =i +1;
    printf( "%d \n" ,a[5]);
}
```

(A)6　　(B)7　　(C)9　　(D)随机数

二、填空题

1. 设有 C 语句:int x[10];,那么数组 x 的最大下标为___①___、最小下标是___②___、数组元素的个数是___③___、数组名是___④___。

2. 在一个数组中,各数组元素的数据类型___⑤___。

3. 设有 n 个元素,顺序查找的平均次数是___⑥___。

4. 下面程序的功能是:从键盘上输入若干个学生的成绩,统计计算出平均成绩,并输出低于平均分的学生成绩,输入负数结束程序执行;请填空完成程序。

```
#include  <stdio. h>
void main( )
{   double x[1000],sum =0.0,ave,a;
    int n =0,i;
    printf( "Enter mark:\n" );
    scanf( "%lf" ,&a);
    while( a > =0.0&& n <1000)
    {   sum = ______⑦______;
        x[n] =a;
        n ++;
        scanf( "%lf" ,&a);
    }
    for( i =0;i <n;i ++ )
       if( x[i] < ______⑧______)
```

```
        printf("%f\t",x[i]);
}
```

三、阅读程序题

1. 写出下面程序执行后的输出结果。

```
#include <stdio.h>
void main()
{   int a[] = {1,2,3,4,5,6,7,8,9},i;
    for(i=0;i<3;i++)
        printf("%d ",a[2*i+1]);
}
```

2. 写出下面程序执行后的输出结果。

```
#include <stdio.h>
void main()
{   int a[] = {1,2,3,4,5,6,7,8,9,10}, s=0, i;
    for(i=0; i<10; i++)
        if(a[i]%2==0)
            s=s+a[i];
    printf("s=%d", s);
}
```

3. 写出下面程序执行后的输出结果。

```
#include <stdio.h>
void main()
{   int a[] = {1,3,5,2,7};
    int b[] = {5,3,9,4,6};
    int c[5], i;
    for(i=0; i<5; i++)
        printf("%d ", (c[i]=a[i]*b[i],c[i]/2));
}
```

4. 写出下面程序执行后的输出结果。

```
#include <stdio.h>
void main()
{   char a[]="programming",b[]="language";
    int i,len;
    len=sizeof(b)/ sizeof(b[0]);
    for(i=0;i<len-1;i++)
        if(a[i]-b[i])
```

```
        printf("%c",b[i]);
}
```

5. 写出下面程序执行后的输出结果。

```
#include <stdio.h>
#define N 3
void main()
{   static int a[N+1][N+1];
    int i,j,k;
    i=1;j=(N+1)/2;
    for (k=1;k<=N*N;k++)
    {   a[i][j]=k;
        i--;
        j++;
        if (i==0&&j==N+1)
        {   i+=2;
            j--;
        }
        else if (i==0)
            i=N;
        else if (j==N+1)
            j=1;
        if (a[i][j]!=0)
        {   i+=2;
            j--;
        }
    }
    for (i=1;i<=N;i++)
    {   for (j=1;j<=N;j++)
            printf("%4d",a[i][j]);
        printf("\n");
    }
}
```

6. 写出下面程序执行后的输出结果。

```
#include <stdio.h>
void main()
{   int i, j, row, colum, max;
```

```
    int a[3][4] = {1,2,3,4,9,8,7,6,-10,10,-5,2};
    max = a[0][0];
    for( i=0; i<=2; i++ )
      for( j=0; j<=3; j++ )
        if( a[i][j] > max )
          {  max = a[i][j];
             row = i;
             colum = j;
          }
    printf( "max=%d,row=%d,colum=%d\n", max, row, colum );
}
```

四、程序设计题

1. 猜奖模拟程序设计。定义一含10元素的整型数组，通过随机函数产生10个2位随机数存入该数组。然后要求用户输入一个数，如果该数在数组内，则打印出该数及其所在的数组下标，有几个打几个。最后将这10个随机数输出到屏幕。

2. 有一个已经排好序的数组，例如{23,45,60,67,88}。要求输入一个数。在数组中查找是否有这个数，如果有，将该数从数组中删除，要求删除后的数组仍然保持有序，如果没有，则输出"数组中没有这个数!"

3. 自定义一维数组的长度SIZE，随机产生一个数n(三位以内的数)。随机生成n个数放到数组中，计算这n个元素之和。

4. 随机产生100个3位以内的数，存放在一维数组中，查找最大元素和最小元素的位置。

5. 在一维数组中分类统计各种数据的个数。例如:1 2 2 2 4 5 4 5 4 分类统计1-5的个数为:1,3,0,3,2。

6. 求解Josephus问题:设有n个数(比如:$n=26$)构成一个环链，现从第s个数开始数数，数到m个数的那个数被弹出，然后从该数的下一个数重新开始数数，数到m的那个数又被弹出，如此重复，直到所有的数均被弹出为止。输出这些数弹出的序列。

7. 一个学习小组有5个人，每个人有三门课的考试成绩。求全组分科的平均成绩和各科总平均成绩。

姓名	课程Math	C	DBASE
张	80	75	92
王	61	65	71
李	59	63	70
赵	85	87	90
周	76	77	85

提示:可设一个二维数组a[5][3]存放5个人3门课的成绩。再设一个一维数组v[3]

存放所求得各分科平均成绩,设变量 ave 为全组各科总平均成绩。

8. 已知 R1,R2,…,R10,试编制一个形成 10 阶对称矩阵的程序。(设 R1 到 R10 的值分别是 1 至 10)。对称矩阵的定义:

R1	R2	R3	…	R10
R2	R1	R2	…	R9
R3	R2	R1	…	R8
⋮	⋮	⋮	⋱	⋮
R10	R9	R8	…	R1

9. 模拟掷骰子 5 000 次,统计随机的 1 ~6 的次数,分 6 行显示各次数,同时以字符横条显示相对长度(60 列)和百分比,如下图所示。

```
111111111111111111111111111111111111111111111111111111111111     858 17.2%
222222222222222222222222222222222222222222222222222222222222     858 17.2%
33333333333333333333333333333333333333333333333333333333         809 16.2%
444444444444444444444444444444444444444444444444444444444        819 16.4%
555555555555555555555555555555555555555555555555555555555        828 16.6%
666666666666666666666666666666666666666666666666666666666        828 16.6%
```

10. 编写程序判定输入的正整数是否“回文数”,所谓“回文数”是指正读反读都相同的数,如:123454321。

4 函数与C程序结构

本章概要和学习目标

模块化程序设计技术就是通过开发和维护一些小的程序块(即模块)的方法构建一个大型程序,是人类解决较大的复杂问题所采用的一种"分而治之"的策略。本章主要讨论C语言实现模块化程序设计技术的手段以及在模块化实现过程中所遇到的一系列问题。本章的主要学习目标如下:

- 了解C程序的一般性结构以及模块化程序设计的意义
- 理解并掌握在C程序中定义函数的方法
- 理解函数定义、函数声明以及函数调用三者之间的关系
- 掌握函数调用中参数传递的不同形式以及它们不同的处理方式
- 理解函数的嵌套调用和递归调用过程,了解递归函数设计的基本方法
- 理解并掌握C程序设计中变量的作用域和生存期规则
- 了解C语言的预处理机制,掌握常见编译预处理语句的使用方法
- 掌握用多个源程序文件构成C程序的方法

4.1 函数的定义和调用

C语言支持模块化程序设计技术,一个C程序可以由一个或多个称之为函数的程序块组成,这些函数根据实际需要可以存放在一个源程序文件中,也可以存放到若干个不同的源程序文件中。一个C程序无论是由一个源程序文件构成还是由多个源程序文将构成,在构成这个程序的1至若干个函数中,必须有一个而且只能有一个主函数main。一个可以运行的C程序的执行总是从主函数开始,在主函数中通过调用其他函数来实现程序所规定的功能,这些被调用的函数中既有标准库提供的函数也有用户根据自己需要而定义的函数。C程序的一般结构如图4.1所示。

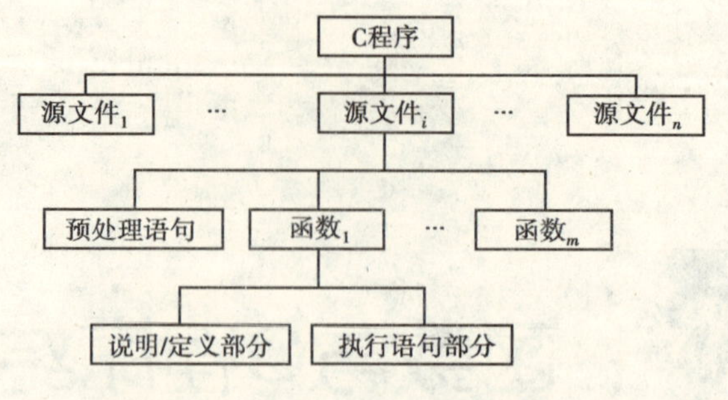

图 4.1　C 程序的一般结构

4.1.1　函数的定义和声明

1)函数的定义

C 语言是一种支持模块化程序设计技术的函数型语言,在 C 程序设计过程中通过函数的定义来完成和体现模块的功能,通过函数的说明和调用来实现模块的组合过程。函数的定义不但要能够表达出其所描述的模块功能,还必须具体描述出如何实现所定义的模块功能。同时函数定义中还必须描述出函数的 3 个特征,即函数的名字、函数的参数表以及函数的返回值类型。C 语言函数定义的现代风格形式如下:

```
返回值类型说明符　函数名(形式参数表及其说明)          //函数头
{  函数的操作对象(数据)定义和说明部分                  //函数体
   函数的执行语句部分
}
```

下面以定义实现求阶乘功能函数为例了解一个函数的具体定义过程。根据前面所学知识知道,求阶乘的 C 程序如下所示:

```
#include  <stdio.h>
void main( )
{  int i, n;
   long fact = 1;
   printf("Input n:");
   scanf("%d",&n);
   for(i = 1;i <= n;i ++)
      fact *= i;
   printf("%d! = %ld\n",n,fact);
}
```

程序实现了计算从键盘输入一个整数 n,并求其阶乘的功能。如果在今后的应用中,需要将求某数阶乘的功能作为程序中相对独立的一个部分(功能),则需要将上述功能用函数的方式实现,其具体过程如下:

(1)函数的命名。函数的名字在程序设计中有两个作用:一是使用该名字调用这个函数;二是应该反映出该函数所要实现的功能。对于实现本功能的函数,可以用 factorial 予以命名。

(2)函数执行结果的返回和返回值类型的确定。函数执行的结果是一个具体的表达式,当函数执行完成时用关键字 return 组成形如:return <表达式>;的 C 语句将函数执行的结果返回给调用函数者。注意函数执行结果的数据类型不是由返回的表达式数据类型来决定的,而是用类型名作为关键字在函数的头部予以确定,如果希望实现阶乘的函数得到一个长整型返回值,可以确定其返回值类型为 long。基于上述两点,可以写出实现阶乘功能的函数 factorial:

```
long factorial( )
{   int i,n;
    long fact = 1;
    printf("Input n:");
    scanf("%d",&n);
    for(i = 1;i <= n;i ++)
        fact *= i;
    return fact;
}
```

在函数定义中,用花括号给这段程序代码确定了边界区域,用 factorial 作为函数标识符(函数的名字)。

(3)函数的参数表设计。在上面定义的函数 factorial 中,函数用到的数据是从键盘输入获取的,如果需要从对函数的调用者(使用者)处获取所需要的数据,就必须对函数的形式参数表进行设计。此时需要两个步骤来实现:一是将函数内部用于从键盘上接收数据的数据对象定义移到函数的形式参数表中;二是删去函数中从键盘获取数据的语句。函数 factorial 可以改造为如下形式:

```
long factorial(int n)
{   int i;
    long fact = 1;
    for (i = 1;i <= n;i ++)
        fact *= i;
    return fact;
}
```

通过对函数 factorial 定义过程的讨论,可以理解 C 函数定义一般形式中各个函数组成成分的确切含义:

①返回值类型说明符。用以指定函数返回值的数据类型,可以是 C 语言中任何合法的基本数据类型和构造数据类型。如果要表示一个函数不需要向调用者返回值,则函数的返回值数据类型应该定义为 void。

②函数的名字。C 程序中通过函数的名字使用函数,函数的名字也是一种 C 的标识符,函数命名时必须遵循 C 语言标识符的命名规则。除了主函数只能命名为 main 以外,其

他自定义函数的名字由定义函数者自己给定,但最好名字能够描述出函数实现的逻辑功能,即做到“见名知意”。

③形式参数表。函数的形式参数表用圆括号括起来的、由零个到多个形式参数的定义组成,两个形式参数定义之间用逗号分隔。若一个函数没有形式参数,作为函数运算符使用的圆括号也不能省略。

④return <表达式>语句。如果函数定义中指定的返回值数据类型不是 void,则函数定义中必须有用关键字 return 构成的 return <表达式>;语句。当函数执行到该 C 语句时,先计算该语句中的表达式的值,然后再将该值强制转化为指定的函数返回值的数据类型,返回到主调函数中。如果函数定义时指定的返回值类型是 void,则函数定义中可以没有用 return 构成的语句,若函数定义的执行流程需要使用 return 语句,则其形式只能是 return;。

C 语言中规定,在一个函数的内部不能定义其他函数(即函数不能嵌套定义)。这个规定保证了每个函数都是一个相对独立的程序模块。在由多个函数组成的 C 程序中,各个函数的定义是并列的并且顺序是任意的,函数在一个 C 程序中的定义顺序与该 C 程序运行时函数的执行顺序无关。

2)函数的声明

C 语言中的函数分为标准库函数和用户自定义函数两大类。根据 C 语言的规定,函数也要先定义后使用。即一个函数能够被调用,它必须是一个已经定义好(已经存在)的函数,而且必须在调用之前使用某种方式向系统描述所调用函数的基本特征。

(1)标准库函数的声明方式。使用标准库函数时,由于系统提供的标准库函数的说明都分门别类集中在一些称为“头文件”的文本文件中,所以在程序中如果要调用系统标准库函数,也要在程序的适当位置使用编译预处理语句来进行声明,其使用形式为:#include <头文件名>或者#include "头文件名"。例如,#include <stdio.h>或#include "stdio.h"。

在#include 编译预处理语句中,使用尖括号还是双引号只是用于指定系统查找相应头文件时的查找次序。当使用尖括号时,指定系统首先查找 C 编译系统配置的头文件路径(include 路径);而当使用双引号时,指定系统首先查找当前目录。

(2)用户自定义函数的声明方式。对于用户自定义函数,如果被调用函数(称为被调函数)与调用它的函数(称为主调函数)在同一源文件中,需要在函数调用之前对被调函数进行声明。函数声明的作用是在调用之前向系统描述所调用函数的基本特征,所以函数声明一般形式为:

返回值类型说明符　函数名(形式参数表及其说明);

对被调函数的声明语句可以书写在主调函数体中对该函数的调用语句之前,这种方式使得只有书写了相应声明语句的函数才能对被声明函数进行调用,如下面程序示例所示:

例 4.1　函数声明方式示例。

```
/* Name: ex04-01.cpp */
#include <stdio.h>
void main()
{   long factorial(int n);   //函数 factorial 的原型声明
    int num;
```

```
    printf("Input the num:");
    scanf("%d",&num);
    printf("%d! = %ld\n",num,factorial(num));
}
long factorial(int n) //函数 factorial 的定义
{   int i;
    long fact =1;
    for(i =1;i <= n;i ++)
        fact *= i;
    return fact;
}
```

在上面程序中,主函数中的 long factorial(int n);语句就是对函数 factorial 的声明。C 程序中,对被调函数的声明也可以书写在主调函数定义之前,这种方式下函数声明语句之后的所有函数都能对被声明函数进行调用,如下面的程序段所示:

```
#include <stdio.h>
long factorial(int n);   /*对函数 factorial 的声明*/
void main()
{…}
```

在函数的声明语句中,形式参数变量的名字是无关紧要的(可以与函数定义中的不同甚至可以缺省),函数声明语句的关键是形式参数的类型、个数和次序必须与所声明的函数定义相同。例如上面对函数 factorial 的声明语句还可以写成如下两种形式:

①long factorial(int);/*对函数 factorial 的声明中无形式参数名*/

②long factorial(int x);/*对函数 factorial 的声明中形式参数名与函数定义不同*/

C 语言规定在下列情况下可以不对被调函数进行声明:

①被调函数的返回值数据类型是整型或字符型。在这种情况下,系统自动按整型进行隐式声明。但从现代程序设计技术的观点出发,对任何类型的函数在调用之前都必须声明,所以许多较现代的 C 编译系统在这种情况下仍然强制要求对被调函数进行声明。

②被调函数的定义出现在主调函数之前。在这种情况下,系统在执行程序中的函数调用语句之前已知道了被调函数的所有特征。对被调函数不进行声明的情况如例 4.2 所示。

例 4.2　函数不需声明示例。

```
/*Name:ex04-02.cpp*/
#include <stdio.h>
long factorial(int n)   //函数 factorial 的定义出现在主调函数 main 的前面
{   int i;
    long fact =1;
    for(i =1;i <= n;i ++)
        fact *= i;
    return fact;
```

```
}
void main()   //主函数中没有对函数 factorial 进行声明的语句
{   int num;
    printf("Input the num: ");
    scanf("%d",&num);
    printf("%d! = %ld\n",num,factorial(num));
}
```

4.1.2 值参数传递的函数调用

C 程序执行时一个函数调用另外一个函数以完成某一特定功能的过程称之为函数调用。在函数的调用关系中,调用者称为主调函数,被调者称为被调函数。C 语言中,函数调用时必须提供函数的名字,如果函数是有参函数还必须同时提供传递给被调函数形式参数的实际参数,函数调用的一般形式为:

函数名(实际参数表)

C 程序中对函数的调用方式有 3 种:

(1)函数语句方式。在这种调用函数的方式中,将函数调用作为一个单独的 C 语句,此种方式主要对应于返回值为空类型(void)的函数调用。如果使用函数语句的方式调用一个返回值类型为非 void 类型的函数,则表示程序中对函数的返回值不予使用。

(2)函数表达式方式。在函数调用的这种方式下,函数调用出现在一个表达式中,这个表达式亦称为函数表达式。此时要求函数被调用后必须要返回一个确定的值以参加表达式运算。需要注意的是,返回值类型为空类型(void)的函数不能用该方式调用。

(3)函数参数方式。在函数调用的这种方式下,函数调用作为另外一个函数调用的实际参数出现。此时要求函数被调用后必须要返回一个确定的值以作为其外层函数调用的实际参数。仍然需要注意,返回值类型为空类型(void)的函数不能用该方式调用。

当被调函数是有参函数时,函数的调用必然伴随着参数传递。在 C 程序函数调用的数据传递中,传递的是实际参数所具有的值。当实际参数是常量、变量或函数调用时,传递的数据就是这些数据对象所具有的内容,这种方式亦称为传数据值方式。如果函数调用时所传递的实际参数是数据对象在内存中存储的首地址值,则称之为传地址值方式,对于指针参数和数组参数就是使用的传地址值调用方式,将分别在本章的 4.1.3 和 4.1.4 小节中予以讨论。

无论函数调用时传递的是数值值还是地址值,函数调用的执行过程都可以分为下面 4 个步骤:

①系统为被调函数中的局部变量分配存储。

②如果是有参函数调用则进行参数传递,主调函数将实际参数值传递给被调函数的形式参数,传递时要保证参数的个数、类型、位置等一一对应。

③程序执行的控制流程转移到被调函数执行。

④执行完被调函数后,程序执行的控制流程以及被调函数的执行结果返回到主调函数中的调用点。

函数的传数据值调用方式是一种数据复制的方式,在这种方式下,实际参数值通过复制的方式传递给形式参数,传递方(主调函数)中的原始数据和接受方(被调函数)中的数据复制品各自占用内存中不同的存储单元,当数据传递过程结束后,它们是互不相干的,因此被传递的数据在被调函数中无论怎样变化,都不会影响该数据在主调函数中的值。下面参照例4.3的程序讨论函数调用的执行过程,为了讨论方便为程序加上行号。

例4.3 传数据值方式函数调用示例。

```
1   /*ex04-03.cpp*/
2   #include <stdio.h>
3   void main()
4   {   void swap(int x, int y);
5       int a=3,b=5;
6       printf("swap调用前:a=%d,b=%d\n",a,b);
7       swap(a,b);
8       printf("swap调用后:a=%d,b=%d\n",a,b);
9   }
10  void swap(int x, int y)
11  {   int t;
12      t=x,x=y,y=t;
13      printf("swap调用中:x=%d,y=%d\n",x,y);
14  }
```

C程序执行时,函数在被调用之前其形式参数表中的形式参数变量和函数体中定义的普通变量在系统中都是不存在的,它们在系统中出现或消失与函数调用的过程有着密切的关系,在例4.3程序执行到第7行之前,函数swap中的形参变量x和y以及函数体中定义的变量t在系统中均不存在,参见图4.2(a)。函数swap传数据值调用的过程如下:

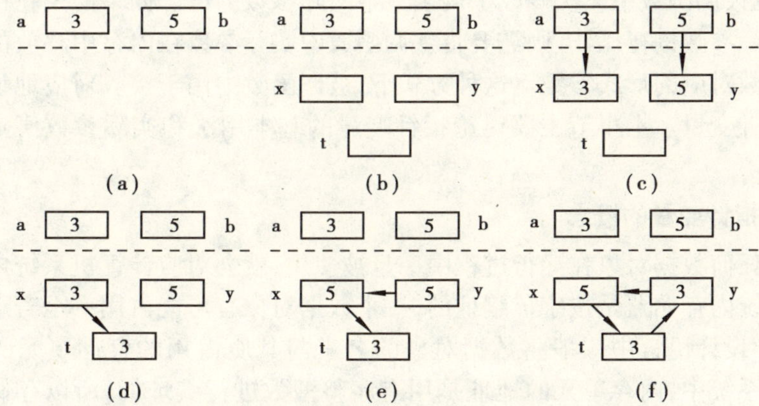

图4.2 swap函数值传递调用时参数的变化情况

(a)函数调用前;(b)函数调用的参数传递前;(c)参数传递过程中;

(d)t=x执行后;(e)x=y执行后;(f)y=t执行后

①系统为被调函数中的局部变量分配存储。如在例4.3程序中,程序执行到第7行时系统才会创建变量x,y和t(即为这些变量分配存储),参见图4.2(b)。

②参数传递。传递参数值实质上是将实参变量的内容拷贝给形式参数变量,一旦拷贝完成则实际参数与形式参数就没有任何关系。在例4.3程序中,传递参数时将实参变量a的值拷贝给形参变量x,将实参变量b的值拷贝给形参变量y,拷贝完成后实参变量a,b与形参变量x,y就断开联系,参见图4.2(c)。

③控制流程转移到被调函数执行。在例4.3程序中,参数调用完成后程序的控制流程(执行顺序)就从第7行转移到第12行开始执行函数swap,参见图4.2(d),(e),(f)。

④控制流程返回主调函数。程序控制流程执行到被调函数中的return语句或函数体的右花括号(})时,将程序执行的控制流程以及被调函数的执行结果返回到主调函数中的调用点。若被调函数的返回值数据类型为void则没有返回值,只需要将控制流程返回到主调函数中的调用点即可。特别需要注意的是,随着程序控制流程的返回,系统会自动收回为被调函数的形式参数和局部变量分配的存储单元,即在函数被调用时创建的形式参数和局部变量会自动撤销。在例4.3程序中,程序执行到第14行时将控制流程返回到第7行的函数调用点后。与此同时,调用swap函数时创建的变量x,y和t都自动被系统撤销。

从上面的分析可以得到,虽然在swap函数内部对变量x,y的值进行了交换,但这种交换对函数调用时的实际参数变量a和b没有任何影响。程序执行的结果如下所示:

swap调用前:a=3,b=5

swap调用中:x=5,y=3

swap调用后:a=3,b=5

4.1.3 指针基本概念和地址值参数传递函数调用

在4.1.2中讨论的函数调用方式本质上是将实际参数的值拷贝给被调函数对应的形式参数,所以在被调函数中无法修改主调函数中实际参数的值。如果需要在被调函数中对主调函数中实际参数进行操作,则需要将主调函数中实际参数在内存中存放的地址起始值传递给被调函数对应的形式参数。这种方式下,被调函数中用于接收对应地址值的形式参数需要使用指针变量。本小节主要讨论指针变量的基本用法和实际参数值是地址值时的函数调用问题。

1)指针和指针变量的概念

程序中的任何数据对象在运行过程中一旦被使用,就会对应计算机系统内存中的一个地址。由于系统内存储器是按字节编址的,一个数据对象有可能占用一至若干个字节的存储单元,在程序设计语言中一般将数据对象的名字与其所占用的存储单元的首地址相对应。在计算机系统中,内存单元的地址是用有序整型数进行编址的,所以存储系统的地址序号本质上就是无符号的整型数据。

在C语言中需要注意的是,一些数据对象如函数、数组等的名字直接与其所占存储单元首地址对应,即它们的名字本身就直接表示地址;而一般意义下的变量名字则直接对应的是它们的内容(值),需要使用特定的表示方法才能表示出它们所对应的地址。C语言通过使用指针的概念来表示数据对象的首地址，所以在 C 语言中数据对象的地址和数据对象的指针是一个相同的概念，即指针就是地址。

为了能够存储和处理数据对象的地址（指针），可以使用指针变量的概念。所谓指针变量，就是其值是某数据对象指针（地址）的变量，当一个指针变量的内容是某个数据对象的首地址时，称为该指针变量指向这个数据对象（在不混淆的情况下，通常也可以说成指针指向数据对象）。

指针变量本身也是数据对象，所以指针变量在使用之前也需要定义。在定义指针变量时除了需要为其取名外，还必须指定该指针变量能够指向的数据对象的数据类型，定义指针变量的一般形式为：

数据类型符　＊指针变量名 1，＊指针变量名 2，…；

其中，数据类型符是指针变量所指向目标数据对象的数据类型，可以是基本数据类型、也可以是以后要讨论到的构造数据类型；指针变量名由程序员命名，命名规则与普通变量相同；在指针变量名之前的星号（＊）只是一个标志，表示其后紧跟的变量是一个指针变量而不是一个普通变量。

例如： int ＊p，＊y； ／＊定义了两个整型的指针变量 p 和 y，
注意指针变量是 p 和 y，而不是＊p 和＊y ＊／

如果有需要，指针变量也可以和同类型的普通变量混合定义。

例如： char ch1，ch2，＊p； ／＊定义了两个字符变量 ch1，ch2 以及一个指针变量 p＊／

2）指针变量的赋值

虽然地址量本质上是一个无符号整型常量，但 C 语言规定除了符号常量 NULL 外不能直接将任何其他常量赋值给指针变量。为指针变量赋值的方法有两种：一种是使用赋值号的方式；另外一种是初始化方式。无论使用哪种方式为指针变量赋值，在获取被指针变量指向的变量所对应的地址值时要使用 C 语言中提供的取地址运算符“&”，取出一个变量所对应的地址值的形式如为：

<变量名>

例如，有变量 x，则 &x 表示变量 x 所对应存储单元的首地址。

指针变量在定义时进行初始化的一般形式为：

数据类型符＊指针变量名＝初始化地址值；

指针变量赋值的一般形式为：

指针变量名＝地址值；

无论对指针变量使用上面的哪一种赋值方式，当把一个数据对象（变量）的地址赋给一个指针变量后，称这个指针变量指向该数据对象。例如：

int x，＊y＝&x； ／＊定义了变量 x 和指针变量 y，并将 x 的首地址赋值给 y＊／

或 int x，＊y； ／＊定义变量 x 和指针变量 y＊／

y＝&x； ／＊将变量 x 的首地址赋值给指针变量 y＊／

两种形式都表示 y 指向 x，若假设变量 x 的值为 100，变量 x 对应的存储单元首地址为 25000，则指针变量 y 和被它指向的变量 x 之间的关系如图 4.3（a）和 4.3（b）所示。

可以用 C 系统已经定义好的符号常量 NULL（空）对指针变量进行初始化或将它赋值

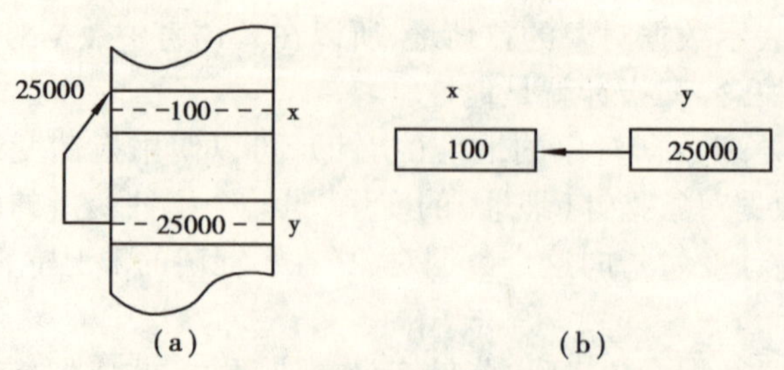

图 4.3 指针变量 y 与变量 x 的存储关系图

给一个指针变量。例如:

```
float *p = NULL;     /* 定义实型指针变量 p 并将其初始化为常量 NULL */
float *p;            /* 定义实型指针变量 p */
p = NULL;            /* 将符号常量 NULL 赋值给指针变量 p */
```

在 C 程序设计中,对于指针变量的理解和使用时还应该特别注意以下几点:

(1)在指针变量的定义形式中,星号(*)只是一个标志,表示其后面的变量是指针变量。例如,在指针变量定义语句 int x, *y;中,y 是指针变量。

(2)一个指针变量只能指向与它同类型的普通变量,即只有数据类型相同时普通变量才能将自己存储单元的首地址赋值给指针变量,其原因是不同类型的变量所占存储单元的字节数是不同的,当指针变量从指向一个对象改变到指向另外一个对象时,会随它指向对象的数据类型不同而移动不同的距离。例如,下列用法是错误的:

```
int x;
float *ptr;
ptr = &x;   /* 错误,指针变量没有指向合适的数据对象 */
```

但在这种情况下有一个特例,可以将任何数据类型对象的存储首地址赋值给 void 类型(空类型)的指针变量。例如:

```
int x;
void *p = &x;   /* 将整型变量 x 的存储首地址赋值给空类型指针变量 p */
```

(3)指针变量只能在有确定的指向后才能正常使用,也就是说指针变量中必须要有确定的地址。没有确定指向的指针称为"空指针"或称为"悬挂指针",使用这种指针变量有可能引起不可预知的错误。

(4)指针变量中只能存放地址值,不能把除 NULL 外的整型常数直接赋给指针变量。例如,下面的指针变量的赋值是错误的:

```
int *ptr;
ptr = 100;   /* 错误,整型常数值直接赋给指针变量 */
```

3)指针变量的引用

C 程序中需要使用指针运算符(*)来表示对指针的引用。指针运算符(*)又称为间接运算符,它是一个单目运算符,只能作用于各种类型的指针变量上,其作用是表示被指针变量所指向的数据对象。其一般使用形式如下:

* <指针变量名>

例如有语句序列为：

```
int x, *y;
y = &x;
```

此时 &x 等价于 y，而 *y 则等价于变量 x。在这种情况下，有下面的等价关系：

```
scanf("%d",&x);      等价于      scanf("%d",y);
printf("%d\n",x);    等价于      printf("%d\n",*y);
```

上面 x 和 y 两个变量之间的关系实际上也是任何类型的指针变量与它所指向的对象之间的关系。可以记住如下结论：设有同类型的指针变量和普通变量，将普通变量的首地址值赋给指针变量后，指针变量就与对应普通变量的首地址建立了等价关系；当对指针变量施以指针运算时，表示的就是被指针变量指向的普通变量。

例 4.4 取地址运算符(&)和指针运算符(*)的使用示例。

```
/* Name: ex04-04.cpp */
#include <stdio.h>
void main()
{   int x = 200, *y;
    y = &x;
    *y = 300;
    printf("%x: %d,%d\n",y,x,*y);
}
```

上面程序中，由于 y 是指向变量 x 的指针变量，所以执行语句 *y = 300；等价于执行语句 x = 300；。标准输出函数 printf 调用语句中的格式%x 指定用十六进制无符号整数的形式输出指针变量 y 的值；用%d 的格式输出变量 x 的值和表达式 *y 的值，程序执行的结果为：

13ff7c: 300,300(注意变量 y 的十六进制值在不同的机器上可能是不同的)。

4)地址值参数传递调用

函数调用时如果被调函数的形式参数使用指针型参数(即某种数据类型的指针变量作为函数的形式参数)，则主调函数中的实际参数就必须是指针值(地址量)。这种在函数调用过程中传递主调函数实际参数的指针(即实际参数存储单元的首地址)的方式提供了在被调函数中操作主调函数中实际参数的可能性。

例 4.5 地址值参数传递函数调用示例。

```
/* Name: ex04-05.cpp */
#include <stdio.h>
void main()
{   void swap(int *x,int *y);
    int a = 3,b = 5;
    printf("swap 函数调用前:a = %d,b = %d\n",a,b);
    swap(&a,&b);
    printf("swap 函数调用后:a = %d,b = %d\n",a,b);
```

```
}
void swap(int *x,int *y)
{   int t;
    t = *x;
    *x = *y;
    *y =t;
}
```

在上面程序中首先请读者注意与例 4.3 程序的不同,例 4.5 程序中函数 swap 的形式参数是指针型参数,函数内部对形式参数的操作使用的是指针变量指向的数据对象操作的方式;在主函数中调用 swap 函数时使用的实际参数是变量 a 和 b 存储单元的首地址,即函数调用的实际参数是变量 a 和 b 的指针。上面程序执行过程中,实际参数和形式参数的关系及变化如图 4.4 所示(图中用虚线表示两个两个函数区域的分界线,为了便于描述假设变量 a 的存储首地址为 1000,变量 b 的存储首地址为 2000)。

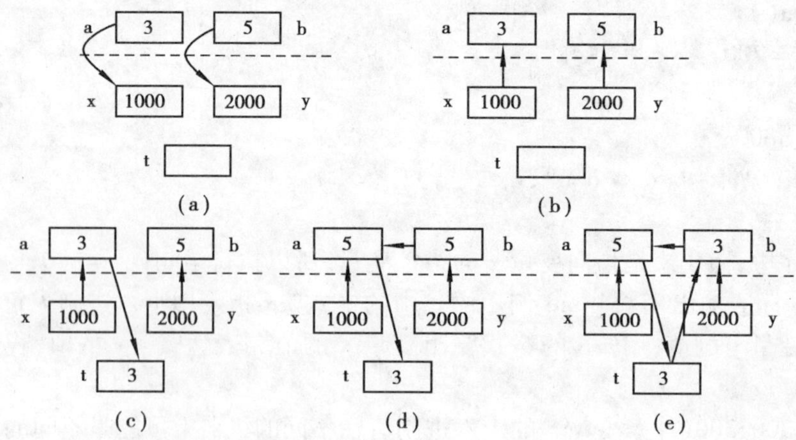

图 4.4　地址值传递函数调用时参数的变化情况

(a)参数传递过程中;(b)参数传递完成后;

(c)t = *x 执行后;(d) *x = *y 执行后;(e) *y = t 执行后

从程序执行过程可以看出,函数调用时主调函数将变量 a 和 b 的存储单元首地址传递到被调函数 swap 指针型形式参数中,参数传递完成后仍然会断开参数的传递通道,但由于形式参数通过参数传递得到了主调函数中变量 a 和 b 的首地址,形成了指针变量 x 指向实际参数变量 a,指针变量 y 指向实际参数变量 b 的指针变量与数据对象之间的指向关系,即此时被调函数中的 *x 就是实参变量 a, *y 就是实参变量 b。程序在执行了被调函数中的语句序列 t = *x;, *x = *y;, *y = t;后达到了在被调函数 swap 中交换主调函数 main 中实际参数变量 a 和 b 值的目的。程序执行后的输出结果为:

swap 函数调用前:a =3,b =5

swap 函数调用后:a =5,b =3

从上面程序执行的过程可以得出使用地址传送方式在函数之间传递数据的特点是:数据在主调函数和被调函数中均使用同一存储单元,所以在被调函数中对形参数据任何的变动必然会反映到主调函数中来。

5)指针变量与被指针指向变量的区别

虽然在被调用函数中使用指针型参数就提供了在被调函数中操作主调函数中实际参数的可能性。但并不是用了指针变量作函数的形式参数就一定可以在被调函数中操作或修改主调函数中的实参。用指针变量作为被调函数形式参数接收从主调函数中传递过来的实参首地址值是在被调函数中操作主调函数中实参的必要条件,但在被调函数中是否能够操作或修改主调函数中实参值还要取决于在被调函数中对指针形参的操作方式,操作指针形参变量指向的对象(即实参本身)则可以达到在被调函数中操作或修改主调函数实参的目的;但若操作的是指针形参变量本身则不能实现在被调函数中操作或修改主调函数实际参数的目的。

例4.6 地址值参数传递函数调用示例。

```
/* Name: ex04-06.cpp */
#include <stdio.h>
void main()
{   void swap(int *x,int *y);
    int a=3,b=5;
    printf("swap 函数调用前:a=%d,b=%d\n",a,b);
    swap(&a,&b);
    printf("swap 函数调用后:a=%d,b=%d\n",a,b);
}
void swap(int *x,int *y)
{   int *t;
    t=x;
    x=y;
    y=t;
}
```

在上面程序中首先请读者注意与例4.5程序的不同,虽然两个程序中函数 swap 的形式参数都是指针型参数,但例4.5程序中 swap 函数内部对形式参数的操作使用的是指针变量指向的数据对象操作的方式;而上面程序中 swap 函数内部对形式参数的操作则是指针变量本身。上面程序执行过程中,实际参数和形式参数的关系及变化如图4.5(a)~(e)所示(图中用虚线表示两个函数区域的分界线,为了便于描述假设变量 a 的存储首地址为1000,变量 b 的存储首地址为2000)。

从程序执行过程可以看出,函数调用时主调函数将变量 a 和 b 的存储单元首地址传递到被调函数 swap 指针型形式参数中,参数传递完成后仍然形成了指针变量 x 指向实际参数变量 a,指针变量 y 指向实际参数变量 b 的指针变量与数据对象之间的指向关系。但在被调函数 swap 的执行过程中,通过辅助的指针变量 t 交换了指针变量 x 和 y 原来的指向,使得指针变量 x 指向实参变量 b,而指针变量 y 指向实参变量 a。但随着 swap 函数执行完成程序控制流程的返回,在函数 swap 中定义的所有自动变量 x,y 和 t 都被系统自动撤销。

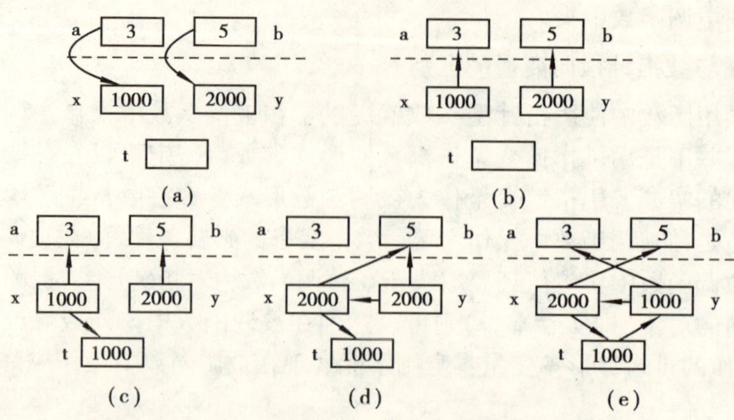

图 4.5　地址值传递函数调用时参数的变化情况

(a)参数传递过程中;(b)参数传递完成后;

(c)t = x 执行后;(d)x = y 执行后;(e)y = t 执行后

程序执行的结果并没使得主函数中的实参变量 a 和 b 交换内容。程序执行的结果为:

swap 函数调用前:a = 3,b = 5

swap 函数调用后:a = 3,b = 5

4.1.4　数组参数传递函数调用

在 C 程序设计中,既可以用数组的元素作为函数的参数,也可以将数组看成一个整体作为函数的参数。使用数组元素作为参数传递,其用法都与普通变量用法一样,实现的是函数间的传值调用。

例 4.7　数组元素作为函数调用实际参数示例。

```
/ * Name: ex04-07. cpp * /
#include < stdio. h >
#include < stdlib. h >
#include < time. h >
#define N 5
void main( )
{   void myprint( int x) ;
    int a[N],b[N][N],i,j;
    srand( time( NULL) ) ;
    printf( "下面是数组 a 的数据. . . \n" ) ;
    for( i = 0;i < N;i ++ )
    {   a[i] = rand( )%100;
        myprint( a[i]) ;
    }
    printf( " \n 下面是数组 b 的数据. . . \n" ) ;
```

```
    for(i =0;i < N;i ++ )
    {    for(j =0;j < N;j ++ )
         {    b[i][j] = rand( )%100;
              myprint(b[i][j]);
         }
         printf("\n");
    }
}
void myprint(int x)
{
  printf("%4d",x);
}
```

例 4.7 程序在执行中,对于主函数中传递过来的一维数组 a 和二维数组 b 的每一个数组元素,利用自定义函数 myprint 进行输出。程序的一次执行结果为:

```
下面是数组 a 的数据:
40   54   34    1   38
下面是数组 b 的数据:
36   19   73   62   68
17   22    1   92    8
24   94    6   36   65
79   85   70   64   62
22   88   88    8   16
```

将数组看成一个整体作为函数参数时,用数组名作为函数的形式参数或实际参数,实现的是函数间的传地址值调用,下面分别讨论一维数组和二维数组作为函数参数的问题。

1)一维数组作函数的参数

将一维数组看成一个整体作为函数参数时,用数组名作为函数的形式参数或实际参数。如前所述,数组在存储时有序地占用一片连续的内存区域,数组的名字表示这段存储区域的首地址。用数组名作为函数参数实现的是“传地址值调用”,其本质是在函数调用期间实际参数数组将它的全部存储区域或者部分存储区域提供给形式参数数组共享,即形参数组与实参数组是同一存储区域或者形参数组是实参数组存储区域的一部分。直观地说,就是同一个数组在主调函数和被调函数中有两个不同(甚至相同)的名字,如果需要把整个实参数组传递给被调函数中的形参数组,可以使用实参数组的名字或者实参数组第一个元素(0 号元素)的地址(参见图 4.6);如果需要把实参数组中从某个元素值后的部分传递给被调函数中的形参数组,则使用实参数组某个元素的地址(参见图 4.7)。一维数组作为函数的形式参数本质上是一个指针变量,所以在描述上不需要指定数组的长度。

例 4.8 编制求和函数并通过该函数求数组的元素值和。

```
/* Name:ex04-08.cpp */
#include <stdio.h>
```

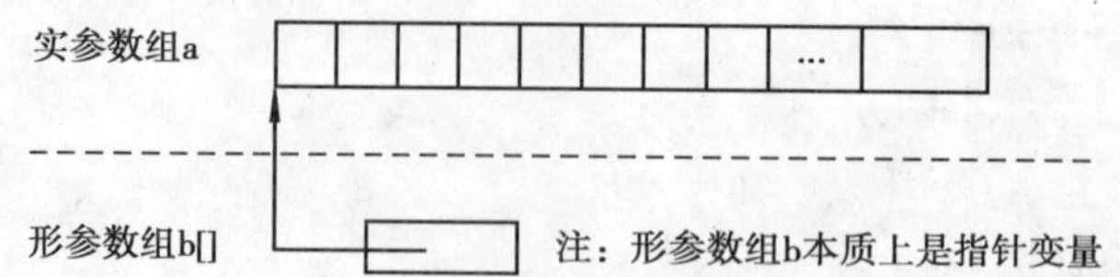

图 4.6　数组存储区域全部共享时形参数组与实参数组的关系

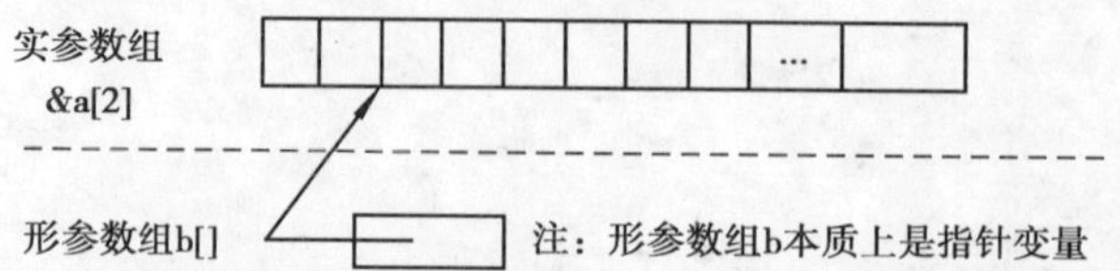

图 4.7　数组存储区域部分共享时形参数组与实参数组的关系

```
#define N 10
void main()
{   int sum(int v[],int n);
    int a[N] = {1,2,3,4,5,6,7,8,9,10},total;
    total = sum(a,N);
    printf("total = %ld\n",total);
}
int sum(int v[],int n)
{   int i,s = 0;
    for(i = 0;i < n;i ++ )
        s += v[i];
    return s;
}
```

上面程序中函数 sum 的原型为:int sum(int v[],int n);,表示该函数在被调用时应该传递一个整型的数组到一维数组形式参数 v[],数组的长度传递给整型变量 n,函数 sum 的功能是将用形式参数 v 表示的长度为 n 的数组元素求和。主函数通过函数调用表达式 sum(a,N)调用函数 sum,调用时将数组名作为实际参数(也可以用 &a[0]作为实际参数)传递给函数 sum 的形式参数 v。一维数组样式形式参数 v 本质上是一个指针变量,通过参数传递获取了主调函数中数组 a 的首地址,从而可以操作 a 数组,可以认为形式参数 v 就是实际参数 a 数组在函数 sum 中的另外一个名字,在 sum 函数中操作 v 数组实质上就是操作主调函数中的 a 数组,程序执行的结果为:

total = 55

函数调用时用数组的某一个元素地址值作为实际参数传递给形式参数数组,可以实现将实参数组自某一元素开始后面所有的区域提供给形参数组共享的目的,下面的例 4.9 程序展示了这种用法。

例 4.9　编制求和函数并通过该函数求数组自某一元素后的所有元素值和,起始点元素序号从键盘上输入。

```
/* Name:ex04-09.cpp */
#include <stdio.h>
#define N 10
void main()
{   int sum(int v[],int n);
    int a[N]={1,2,3,4,5,6,7,8,9,10},total,pos;
    printf("请输入求和起始元素序号:");
    scanf("%d",&pos);
    total=sum(&a[pos],N-pos);
    printf("total=%ld\n",total);
}
int sum(int v[],int n)
{   int i,s=0;
    for(i=0;i<n;i++)
       s+=v[i];
    return s;
}
```

比较例4.8和例4.9的程序,可以发现函数sum没有任何改变,程序中有所改变的是主调函数中的调用表达式:sum(&a[pos],N-pos),其中,参数&a[pos]表示将数组a自a[pos]元素以后的元素全部提供给形参数组共享,N-pos是传递到函数add中共享的数组元素个数。请读者结合图4.7自行分析程序运行方式。

2)二维数组作函数的参数

二维数组在存储时也是有序地占用一片连续的内存区域,数组的名字表示这段存储区域的首地址。需要特别注意的是,二维数组起始地址有多种表示方法,而且这些表示方法在物理含义上还有表示平面起始地址和表示线性起始地址之分,所以在使用二维数组的起始地址时必须注意区分需要用哪一种起始地址。图4.8表示了二维数组起始地址的表示方法以及各种表示方法的级别(包含的物理含义)。

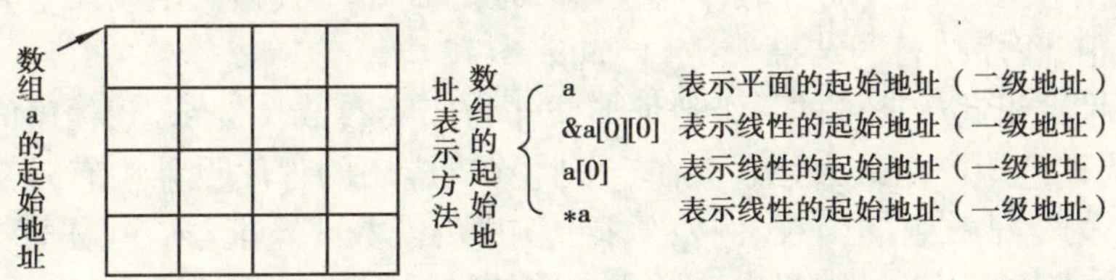

图4.8　二维数组起始地址的表示方法示意图

由于二维数组的起始地址有一级地址和二级地址之分,所以二维数组作为函数调用实际参数时可以分为两种不同情况:

(1)用二维数组名字作为实际参数。用二维数组名字作为函数参数实现的是"传地址值调用",其本质仍然是在函数调用期间实际参数数组将它的全部存储区域提供给形式参数数组共享,即形参数组与实参数组是同一存储区域。直观地说,就是同一个数组在主调

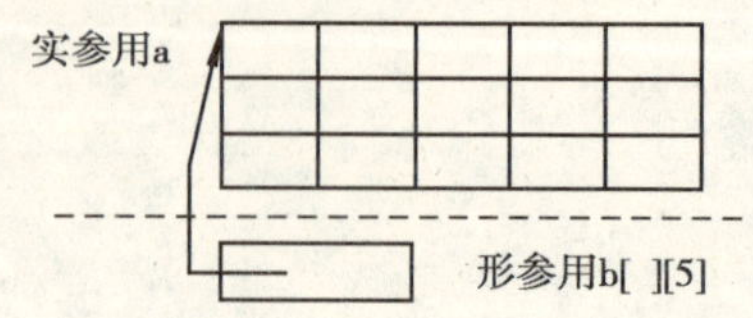

图4.9 实际参数为二维数组名字

函数和被调函数中有两个不同(甚至相同)的名字。由于此时函数调用的实际参数时二维数组名,被调函数中的形式参数需要使用二维数组样式,数组存储区域全部共享时形参数组与实参数组的关系如图 4.9 所示。

例 4.10 编制求二维矩阵最大元素的函数(假定矩阵为 3 行 4 列),用相应主函数进行测试。

```
/* Name: ex04-10.cpp */
#include <stdio.h>
#define M 3
#define N 4
void main()
{   int max(int v[][N]);
    int a[M][N] = {38,23,56,9,56,2,789,45,76,7,45,34};
    printf("Max value is:%d\n",max(a));
}
int max(int v[][N])   //注意数组参数只能省略最高位的长度指定
{   int i,j,maxv;
    maxv = v[0][0];
    for(i = 0;i < M;i ++)
        for(j = 0;j < N;j ++)
            if(v[i][j] > maxv)
                maxv = v[i][j];
    return maxv;
}
```

例 4.10 程序的函数 max 中使用了二维数组样式的形式参数接收从主调函数中传递过来的二维数组首地址,使得形参数组 v 共享实参数组 a 的存储区域;然后通过对形参数组 v 的操作达到操作实参数组 a 的目的,即在形参数数组 v 中寻找最大值实质上是在实参数组 a 中寻找最大值,程序执行的结果为:Max value is:789。

(2)用二维数组起始地址的一级地址形式作为实际参数。例 4.10 程序的致命弱点是只能求列数是 N 列矩阵的最大元素。在实际计算机应用的程序设计中有时需要能够处理任意行列大小的二维数组的函数(例如要求上例中的函数 max 能够查找任意二维数组中的最大元素),此时直接用二维数组作为形式参数的设计形式就不太适合。为了编制较通用的函数,可以借助一维数组作为形式参数时可以不指定长度的特点,使用一维数组样式的形式参数接收二维数组实参。在实现这种参数传递时还需注意以下两点:

①函数调用时的实际参数必须是一级地址形式(参见图 4.8 中列出的 3 种一级地址方式),同时将二维数组的行数和列数传递到被调函数中。

②由于在被调函数中只知道被处理的二维数组的起始地址,所以在处理过程中二维数组每一行的长度由程序员根据参数表中传递过来信息自己控制。

例 4.11　重新编制例 4.10 中的函数 max,使其能够处理任意行列的二维数组。

```
/* Name: ex04-11.cpp */
#include <stdio.h>
#define M 3
#define N 4
void main()
{   int max(int v[],int m,int n);
    int a[M][N]={38,23,56,9,56,2,789,45,76,7,45,34};
    printf("Max value is:%d\n",max(a[0],M,N));
}
int max(int v[],int m,int n)
{   int i,j,maxv;
    maxv=v[0];
    for(i=0;i<m;i++)
      for(j=0;j<n;j++)
        if(v[i*n+j]>maxv)
          maxv=v[i*n+j];
    return maxv;
}
```

程序中函数 max 用一维数组样式的形式参数 v 来接收从主调函数中传递过来的二维数组首地址,注意到二维数组的名字表示的是二级地址,所以被传递的二维数组的首地址不能直接用二维数组名表示而应该使用 3 种一级地址形式,本示例中使用的是 a[0],还可以使用 &a[0][0]和 *a 形式。在被调函数中将传递过来的二维数组当作一维数组处理,其元素对应关系应该是:a[i][j]→v[i*n+j]。程序执行的结果为:Max value is:789。

4.2　函数的嵌套调用和递归调用

函数调用除了在参数的传递上有“传数据值”调用和“传地址值”调用之分外,还存在函数调用的嵌套形式和函数的递归调用形式。函数的嵌套调用和函数的递归调用与上面所讨论的函数的单层调用比较起来,有着许多不同的特点。

4.2.1　函数的嵌套调用

在 C 程序中函数不能嵌套定义。但 C 语言允许函数嵌套调用,所谓函数的嵌套调用就是一个函数在自己被调用的过程中又调用了另外的函数。一个两层嵌套函数调用的过程如图 4.10 所示,更多层的函数嵌套调用过程与此类似。

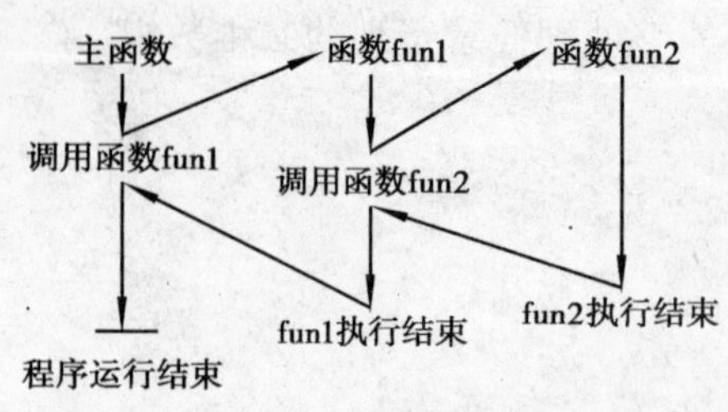

图 4.10　两层函数嵌套调用示意图

如图 4.10 所示,程序在主函数 main 的执行过程中调用了函数 fun1,此时主函数并未执行完成但程序的控制流程已经从主函数转移到了函数 fun1 中;函数 fun1 在执行的过程中又调用了函数 fun2,此时函数 fun1 并未执行完成但程序的控制流程已经转移到了函数 fun2 中;函数 fun2 执行完成后程序的控制流程会返回到函数 fun1 中对 fun2 的调用点继续执行函数 fun1 中未完成部分,当函数 fun1 执行完成后程序的控制流程返回主函数继续执行直至程序执行完成。

例 4.12　编程序计算 $s = 1^k + 2^k + \cdots + n^k$,要求对 n 项的求和以及每一项 i^k 的计算都用独立的函数实现,k 和 n 的值在主函数中从键盘输入。

```
/* Name: ex04-12.cpp */
#include <stdio.h>
void main()
{   long sum(int n,int k);
    int n,k,s;
    printf("请输入项数 n 和方次 k: ");
    scanf("%d,%d",&n,&k);
    s = sum(n,k);
    printf("自然数 1 ~ %d 的%d 次方之和为:%ld\n",n,k,s);
}
long sum(int n,int k)   //计算 1 到 n 的 k 次方之和
{   long power(int x,int y);
    long i,total = 0;
    for(i = 1;i <= n;i ++)
      total += power(i,k);   //通过 power 函数调用求 i 的 k 次方
    return total;
}
long power(int x,int y)   //计算 x 的 y 次方
{   long i,p = x;
    for(i = 1;i < y;i ++)
      p *= x;
    return p;
}
```

程序执行时,主函数调用函数 sum 进行 n 项数据的求和工作,sum 函数在执行时又 n 次调用函数 power 完成求某一项数据值的工作,将每一项数据值求出后在 sum 函数进行累加求和,最后将求和结果返回到主函数中赋值给变量 s 并输出结果。程序一次执行的情况和结果如下所示:

请输入项数 n 和方次 k：4,5
自然数 1 ~4 的 5 次方之和为:1300

4.2.2 函数的递归调用

一个函数直接地或间接地自己调用自己,称为函数的递归调用。函数的递归调用可以看成是一种特殊的函数嵌套调用,它与一般的嵌套调用相比较有几个不同的特点:一是递归调用中每次嵌套调用的函数都是该函数本身;二是递归调用不会无限制进行下去,即这种特殊的自己对自己的嵌套调用总会在某种条件下结束。

递归调用在执行时,每一次都意味着本次的函数体并没有执行完毕。所以函数递归调用的实现必须依靠系统提供一个特殊部件(堆栈)存放未完成的操作,以保证当递归调用结束回溯时不会丢失任何应该执行而没有执行的操作。计算机系统的堆栈是一段先进后出(FILO)的存储区域,系统在递归调用时将在递归过程中应该执行而未执行的操作依次从堆栈栈底开始存放,当递归结束回溯时再依存放时相反的顺序将它们从堆栈中取出来执行,在压栈和出栈操作中,系统使用堆栈指针指示出应该存入和取出数据的位置。为了理解函数递归调用的特性,参照例 4.13 的程序讨论函数递归调用的执行过程,为了讨论方便为程序加上行号。

例 4.13 函数递归调用示例(使用递归调的方法反向输出字符串)。

```
1    /* Name: ex04-13.cpp */
2    #include <stdio.h>
3    void main()
4    {  void reverse();
5       printf("输入一个字符串,以'#'作为结束字符:");
6       reverse();
7       printf("\n");
8    }
9    void reverse()
10   {  char ch;
11      ch = getchar();
12      if(ch == '#')
13        putchar(ch);
14      else
15      {  reverse();
16         putchar(ch);
17      }
18   }
```

上面程序执行时,若输入数据为字符串:abc#,则函数 reverse 的第一次调用时,在程序的第 11 行读入字符'a'到字符变量 ch 中,由于 ch == '#'的条件不满足,所以程序应该执行由

15～17行构成的复合语句。但在执行由15～17行构成的复合语句时，第15行程序要执行递归调用语句reverse()；，因而第16行所示的C语句putchar(ch)；就是在该次函数调用过程中应该执行而没有执行的语句，系统将该语句相关的代码压入堆栈保存起来，如图4.11(b)所示，其中的top表示堆栈指针(下同)。

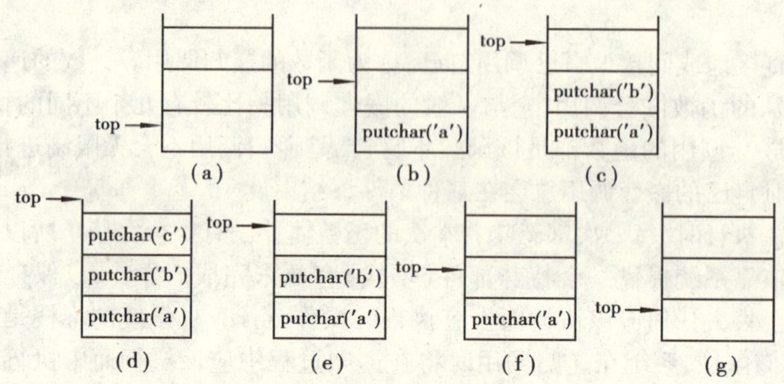

图4.11　递归调用时系统堆栈数据的变化示意图

在函数reverse第2次被调用时(注意此时第一次函数调用并未结束)，读入字符数据'b'到字符变量ch中，同样由于ch=='#'的条件不满足，程序应该执行由15～17行构成的复合语句。在第15行要执行递归调用语句reverse()；，因而第16行所示的C语句putchar(ch)；仍然是应该执行而没有执行的语句，系统将执行该语句的代码压入堆栈保存起来，如图4.11(c)所示。同样在函数reverse第3次被调用时，由于ch=='#'的条件不满足仍然会执行上面相似的过程，执行情况如图4.11(d)所示。

当第4次调用函数reverse时，读入字符变量ch的字符为'#'，此时第12行中的条件ch=='#'满足，程序执行第13行输出字符数据'#'。输入字符数据'#'后，如果静态地看待上面显示的例4.13程序源代码，程序执行应该结束了(注意此时最容易出现错误)。但注意函数reverse的第1次、第2次和第3次调用均未完成，所以程序应该将保存在堆栈中应该执行而未执行的程序代码取出执行。由于堆栈先进后出的特性，所以取出并执行堆栈中代码的顺序与其压入堆栈的顺序相反，在例4.13中首先取出并执行的是函数reverse第3次调用时压入的代码，然后是第2次的代码，最后是第1次的代码，这种回溯的过程一直到取出堆栈中压入的所有代码为止，回溯过程中堆栈的变化情况如图4.11(e)～(g)所示。所以程序执行时输入数据为字符串：abc#，则输出数据为字符串：#cba。

在对例4.13程序的分析中，由于分析了系统堆栈的行为，过程显得十分复杂。但在对递归函数调用进行理解或者在阅读分析含有递归调用函数的C程序时，没有必要过分地追求系统堆栈变化的细节，只要掌握在函数递归的过程中需要将应该执行而未执行的程序代码依次保留下来，当递归结束程序回溯时将保留下来的程序代码用相反的次序依次执行一遍即可。

例4.14　编程序使用递归方式求n!。

```
/* Name: ex04-14.cpp */
#include <stdio.h>
void main()
{   long fac(long n);
```

```
    long n,result;
    printf("Input the n: ");
    scanf("%ld",&n);
    result = fac(n);
    printf("%ld! = %ld\n",n,result);
}
long fac(long n)
{   if(n <=1)
        return 1;
    else
        return fac(n-1) * n;
}
```

上面程序运行时首先输入欲求阶乘的整数(本例中以整数 5 为例),如图4.12所示程序在运行时将求 fac(5)分解为求 5 * fac(4)、将求 fac(4)分解为求4 * fac(3)、将求 fac(3)分解为求 3 * fac(2)、将求 fac(2)分解为求 2 * fac(1)、得到 fac(1)等于 1,然后程序进入递归回溯过程,由 fac(1)等于 1 求得 fac(2)等于2、由 fac(2)等于 2 求得 fac(3)等于6、由 fac(3)等于 6 求得 fac(4)等于 24、由 fac(4)等于 24 求得 fac(5)等于 120,函数递归调用结束。

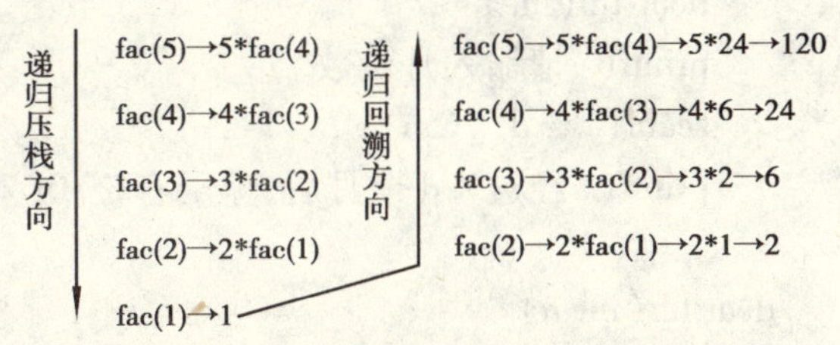

图 4.12　函数递归调用过程示意图

* 4.2.3　递归函数设计初步

递归是程序设计中一种非常重要的技术,与程序设计中其他控制方法策略相比较,递归程序设计的难度在于递归在人类社会的现实生活中没有直接对应的概念存在,而必须通过推理分析才能理解递归思想进而实现递归程序设计。在实际设计递归函数程序时,我们可以将重点放在分析递推公式和递归终止条件上,可以忽略系统的具体执行过程,只要算法和递推公式正确,结论一定是正确的。

递归的实质是一种简化复杂问题求解的方法,它将问题逐步简化直至趋于已知条件。在简化的过程中必须保证问题的性质不发生变化,即在简化的过程中必须保证两点:一是问题简化后具有同样的形式;二是问题简化后必须趋于比原问题简单一些。具体使用递归技术时,必须能够将问题简化分解为递归方程(即问题的形式)和递归结束条件(即最简单的解)两个部分。如例 4.14 求 n 的阶乘,可以分解得到递归方程:$n*(n-1)!$ 和递归结束条件:$n <=1$ 时阶乘为 1。

例 4.15　求菲波拉契数列。已知一对小兔出生一个月后变成一对成兔,两个月后这对成兔就会生出一对小兔,3 个月后这对成兔将生出第二对小兔,而第一对小兔又长大变成一对成兔,即一月成熟,二月生育,如此类推。请用计算机求解一对小兔经 n 月后将繁衍成

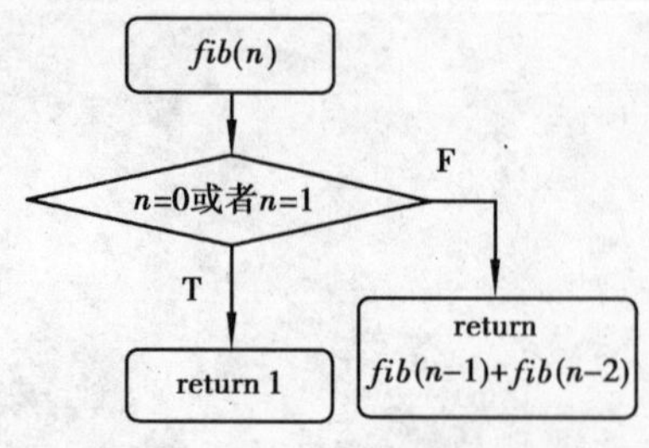

图 4.13 菲波拉契数列的递归算法

多少对兔子?

可以分析出如下递归关系:

$$f(n) = \begin{cases} 1 & 0 \leqslant n \leqslant 1 \\ f(n-1) + f(n-2) & n > 1 \end{cases}$$

按照上面分析得到的递归方程和结束条件,求菲波拉契数列的递归算法可以设计为如图 4.13 所示。根据算法,可以非常简单地写出如下含递归函数的 C 程序。

```
/ * Name: ex04-15. cpp * /
#include  < stdio. h >
void main( )
{   int m;
    float fib( int n) ;
    printf( "请输入月份数") ;
    scanf( "% d" ,&m) ;
    printf( "经过% d 个月后,兔子有% .0f 对。\n" ,m,fib( m) ) ;
}
float fib( int n)
{   if( n == 0 | | n == 1)
      return 1;
    else
      return fib( n - 1) + fib( n - 2) ;
}
```

例 4.16 编程序用递归方法求两个正整数的最大公约数。

可以分析得出如下递归关系:

$$Gcd(m,n) = \begin{cases} n & (r = m\%n) = 0 \\ Gcd(n,r) & (r = m\%n) \neq 0 \end{cases}$$

按照分析得到的递归方程和结束条件,两个正整数的最大公约数递归算法可以设计为如图 4.14 所示。根据算法,可以非常简单地写出如下含递归函数的 C 程序。

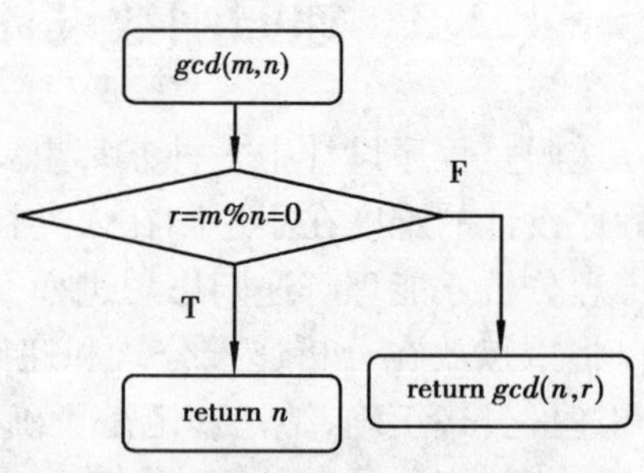

图 4.14 最大公约数的递归算法

```
/ * Name: ex04-16. cpp * /
#include  < stdio. h >
void main( )
{   int Gcd( int m,int n) ;
    int num1 ,num2 ;
    printf( "请输入两个正整数: ") ;
    scanf( "% d,% d" ,&num1 ,&num2) ;
```

```
    if(num1 < num2)
        num1 = num1 + num2, num2 = num1 - num2, num1 = num1 - num2;
    printf("%d与%d的最大公约数是: %d\n", num1, num2, Gcd(num1, num2));
}
int Gcd(int m, int n)
{   int r;
    if((r = m%n) == 0)
        return n;
    else
        return Gcd(n, r);
}
```

通过上面两个示例的分析,递归方式的实现也是基于语言的条件控制结构。递归函数设计的基本框架是相对固定的,其一般形式可以描述如下:

```
if  递归结束条件成立
    Return 已知结果
else
    将问题转化为同性质的较简单子问题;
    以递归方式求解子问题(递归方程);
```

例 4.17 汉诺塔(Tower of Hanoi)问题。

有 a,b,c 三根杆,最左边杆上自下而上、由大到小顺序串有 64 个金盘呈一塔形。现要把左边 a 杆上的金盘全部移到右边 b 杆上,条件是一次只能移动一个盘,且不允许大盘压在小盘的上面。

可以将汉诺塔问题分解为下面 3 步递归求解:

第 1 步:把 a 杆上的 $n-1$ 个盘子设法借助 b 杆放到 c 杆,记做 hanoi($n-1$,a,c,b)。

第 2 步:把第 n 个盘子从 a 杆移动到 b 杆。

第 3 步:把 c 杆上的 $n-1$ 个盘子借助 a 杆移动到 b 杆,记做 hanoi($n-1$,c,b,a)。

```
/* Name: ex04-17.cpp */
#include <stdio.h>
void main()
{   int n;
    void hanoi(int n, char a, char b, char c);
    printf("\nPlease input the number of disks to be moved:");
    scanf("%d", &n);
    hanoi(n, 'a', 'b', 'c');
}
void hanoi(int n, char a, char b, char c)
{   if(n == 1)
        printf("\nMove disc %d from pile %c to %c", n, a, b);
    else
```

```
        {   hanoi(n-1,a,c,b);
            printf("\nMove disc %d from pile %c to %c",n,a,b);
            hanoi(n-1,c,b,a);
        }
    }
```


4.3 变量的作用域和生存期

一个C程序一般应该由若干个函数组成,根据不同的需要,构成一个C程序的若干个函数可以存放在同一个C源程序文件中,也可以存放在几个不同的C源程序文件中,在一个完整的C程序中,函数将程序划分为若干个相对独立的区域。在一个函数的内部,复合语句也可以定义出范围更小的区间。C语言规定,在函数外部、函数的内部、甚至在复合语句中都可以根据需要定义或声明变量。对于程序中所使用的变量,需要考虑以下几个方面的问题:

(1)各种区域内定义的变量作用范围如何界定。

(2)变量在程序运行期间内的存在时间如何确定。

(3)如何使用同一C程序中其他源程序文件中定义的变量。

(4)如何限制某一源程序文件中定义的变量在同一C程序的其他源程序文件中的使用。

在C语言中,对变量的性质可以从两方面进行分析,一是其能够起作用的空间范围,即变量的作用域;二是变量值存在的时间范围,即变量的存在时间(生存期)。

变量的作用域和生存期是两个相互联系而又有本质区别的不同概念,它们的基本意义如下:

(1)若一个变量在某个函数、某个源程序文件或某几个源程序文件范围内是有效的,则称其有效的范围为该变量的作用域,在此范围内可以访问或引用该变量。

(2)若一个变量的值在某一时刻是存在的,则认为这一时刻属于该变量的"生存期",或称其在此时刻"存在"。

为了能够有效地确定变量的上述两项属性,在C语言用存储类别来对变量进行限定。在之前的讨论中都只考虑了变量的数据类型,事实上,C语言中变量定义的完整形式为:

[存储类别符] <数据类型符>变量表;

其中:数据类型符说明变量的取值范围以及变量可以参加的操作(即可以进行的运算);存储类别符用于指定变量在系统内存储器中的存放方法。变量的存储类别有4种,它们是:自动型(auto)、寄存器型(register)、静态型(static)和外部参照型(extern)。变量的作用范围和存在时间都与变量的存储类别相关,下面从变量的作用域和生存期两个方面来讨论这些存储类别符的意义和用法。

4.3.1 变量的作用域

从变量作用域概念上将变量分为“全局变量”和“局部变量”两类。C 语言使用存储类别关键字 extern 和 auto 来表示变量的作用域属性。

1)全局变量

所谓全局变量,是指定义在 C 程序中所有函数外部的变量,全局变量也称为外部变量。C 程序中全局变量的作用域(作用范围)从其在源程序文件中定义处开始到其所在的源程序文件结束为止。C 语言中全局变量定义的一般形式如下:

[extern] <数据类型符>变量表;

在全局变量的定义形式中,关键字 extern 类型符是 C 语言中全局变量默认的存储类型,在定义全局变量时一般将其省略。在 C 程序中,如果对于全局变量使用了关键字 extern,目的是对程序中定义的全局变量进行重新声明,这种声明方法的意义和使用方法牵涉到多源程序文件 C 程序,将在 4.5 节中予以讨论。

在定义全局变量时,也可以对其进行初始化工作。如果在定义全局变量时没有显式初始化,C 的编译系统会自动将其初始化为 0(若是字符类数据则初始化为'\0')。

例 4.18 全局变量的作用域示例(为了讨论方便加上行号)。

```
1    /* Name: ex04-18.cpp */
2    #include <stdio.h>
3    void increa();
4    void increb();
5    int x; ------------------------------------------
6    void main()
7    {   x++;
8        increa();
9        increb();
10       printf("x=%d\n",x);
11   }
12   void increa()
13   {
14      x+=5;
15   }
16   void increb()
17   {
18      x-=2;
19   }  ------------------------------------------
```

全局变量x的作用范围

程序在第 5 行定义了整型变量,由于变量 x 定义在所有函数的外面,所以变量 x 是全局变量,其作用范围(作用域)从第 5 行开始至第 19 行结束。同时由于在定义全局变量 x 时没有对其显式初始化,因而全局变量 x 的初始值为 0。程序执行时,在主函数(第 7 行)

对全局变量 x 实施了增一的操作,使得变量 x 的值为 1;然后在第 8 行调用函数 increa,在函数 increa 中对全局变量 x 实施了 x += 5 的操作,使得变量 x 的值为 6;其后又调用了函数 increb,在函数 increb 中对全局变量 x 实施了 x -= 2 的操作,使得变量 x 的值为 4;所以该程序运行的结果为:x = 4。

2)局部变量

所谓局部变量是指定义在函数内部的变量,局部变量也称为自动变量。局部变量的作用域被限定在它们所定义的范围之内。在 C 程序中定义局部变量的地方有 3 个,它们是:①函数形式参数表部分;②函数体内部;③复合语句内部。C 语言中局部变量定义的一般形式如下:

[auto] <数据类型符>变量表;

局部变量的存储类别符是 auto,由于 auto 类型符是局部变量默认的存储类型,所以在变量的定义中一般将该关键字省略。同样,在 C 程序中定义局部变量的同时也可对其进行初始化工作,如果在定义局部变量时没有对其进行显式的初始化则局部变量的初始值是随机的数值。

局部变量的建立和撤销都是系统自动进行的,如在某个函数中定义了自动变量,只有当这个函数被调用时系统才会为这些局部变量分配存储单元;当函数执行完毕,程序控制流程离开这个函数时,自动变量被系统自动撤销,其所占据的存储单元被系统自动收回。由此可以得出关于局部变量的两个非常重要的结论:

(1)C 函数中同一组局部变量(自动变量)的值在该函数的任意两次调用之间不会保留,即函数的每次调用都是使用的不同局部变量组。

例 4.19 局部变量在函数调用时的特征示例。

```
/* Name: ex04-19.cpp */
#include <stdio.h>
void main()
{   int incre();
    printf("x = %d\n",incre());
    printf("x = %d\n",incre());
}
int incre()
{   int x = 20;
    x += 5;
    return x;
}
```

例 4.19 程序的函数 incre 在第一次被调用时,会创建局部变量 x 并赋初值为 20,然后对其进行加 5 的操作并将结果 25 返回到主函数中输出(注意:随着函数执行完成后控制流程的返回,函数中定义的局部变量(自动变量)x 被系统自动撤销)。当函数 incre 第 2 次被调用时,会重新创建局部变量 x 并赋初值为 20,然后对其进行加 5 的操作并将结果 25 返回到主函数中输出,所以程序执行的结果为:

x = 25

x = 25

(2) C 程序中，定义在不同局部范围内的局部变量之间是毫无关系的，即使它们的名字相同亦是如此。

```
***************
***************
***************
***************
***************
```

图 4.15　字符图形

例 4.20　编制程序，输出如图 4.15 所示的字符图形(每行 15 个星号，共输出 5 行)。

```
/* Name: ex03-23.cpp */
#include <stdio.h>
void main()
{   void myprint();
    int i;
    for (i=0;i<5;i++)
        myprint();
}
void myprint()
{   int i;
    for(i=0;i<15;i++)
        putchar('*');
    printf("\n");
}
```

在上面程序中，虽然在两个函数中都定义了名字为 i 的变量，但由于它们是定义在函数内部的，所以它们都是局部变量，这些局部变量的作用范围(作用域)被限制在它们定义所处的函数内部，即两个在不同函数中定义的局部变量 i 的作用域是互不相交的，因而在两个不同函数中定义的同名变量之间是毫无关系的。在上面程序中，两个用于控制循环的循环变量 i 都能够按照自己的规律变化，所以程序能够得到正确的结果。

3) 全局变量与局部变量作用域重叠问题

在 C 程序中，全局变量与局部变量的作用域有可能出现重叠的情形。即在某些特定的情况下，可能会出现全局变量、在函数内部定义的局部变量乃至于在复合语句中定义的局部变量名字相同的现象，这样在程序中的某些区域内势必会出现若干个同名变量都起作用的情形，如图 4.16 所示。

在这种全局变量与局部变量作用域重叠的情况下，当程序的控制流程进入这个作用域重叠区域时必须要确定应该使用哪一个同名的变量。C 语言中规定按"定义就近原则"来确定使用的变量，具体说就是如下两条原则：

(1) 在函数中如果定义有与全局变量同名的局部变量，则当程序的控制流程进入到函数的作用范围时，程序使用在函数内部(包括形式参数表和函数体)定义的局部同名变量。

(2) 在程序的一个更小局部范围(复合语句)中如果定义有与较大范围(函数局部或全局)变量同名的变量，则当程序的控制流程进入到这个小的(复合语句)局部范围时，使用在该小局部范围内所定义的局部同名变量。

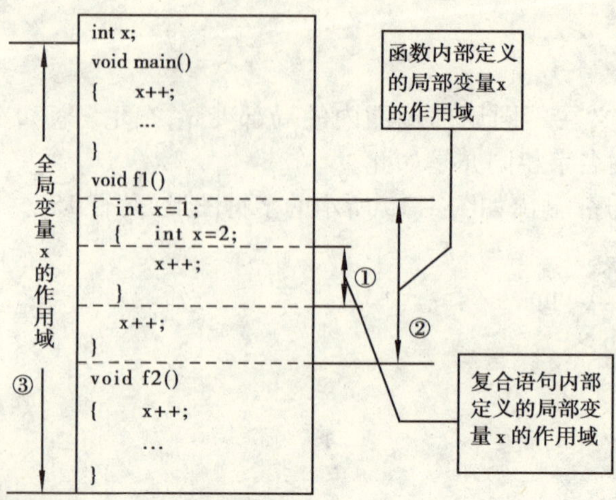

图 4.16　全局变量与局部变量作用域重叠示意图

在图 4.16 所示情况中,在标注为①的程序区域内,全局变量 x、函数中定义的变量 x 以及复合语句中定义的变量 x 都起作用,当程序的控制流程进入该区域时,使用的是在复合语句中定义的变量 x;在标注为②区域中除去标注为①区域的剩余部分中,全局变量 x、函数中定义的变量 x 都起作用,当程序的控制流程进入该区域时,使用的是在函数中定义的变量 x;在标注为③的源程序文件其余地方(除去②所占据区域),程序使用的是全局变量 x。

例 4.21　全局变量与局部变量作用域重叠时使用变量示例。

```
/* Name: ex04-21.cpp */
#include <stdio.h>
void f1();
int x;        ----------------------------------------
void main()
{   int x=10;   ------------------------------
    {   int x=20;   ----------------
        printf("复合语句中:x=%d\n",x);     ①      ②      ③
    }   ----------------------------
    printf("主函数中:x=%d\n",x);
    f1();
}   ------------------------------------
void f1()
{   printf("函数 f1 中:x=%d\n",x);
}   ----------------------------------------
```

上面程序在主函数之前、主函数中以及在主函数内部的复合语句中都定义了整型变量 x。在程序的执行过程中,首先执行了复合语句中的 printf("复合语句中:x=%d\n",x);语句,虽然在此区域中全局变量 x、主函数开始部分定义的局部变量 x 以及复合语句中定义的变量 x 都能够起作用,但按 C 语言的规定应该使用在复合语句中定义的变量 x,所以程序在此输出结果:“复合语句中:x=20”;当程序执行到语句 printf("主函数中:x=%d\n",x);

时，由于在主函数中定义有与全局变量同名的变量 x，按 C 语言规定应该使用在函数体开始部分定义的变量 x，所以程序在此输出结果："主函数中：x = 10"；程序在调用函数 f1 时执行语句 printf(" 函数 f1 中：x = %d\n", x);，由于在函数 f1 中没有定义变量 x，按 C 语言规定应该使用全局变量 x，所以程序在此输出结果："函数 f1 中：x = 0"，注意函数输出 x = 0 的原因是全局变量并没有初始化，编译系统将全局变量自动初始化为 0 值。综上所述，例 4.21程序的执行结果为(注意输出顺序)：

复合语句中：x = 20

主函数中：x = 10

函数 f1 中：x = 0　/* 全局变量 x 没有显式初始化，默认的初始化值为 0 */

4.3.2　变量的生存期

程序运行过程中，变量存在的时间(生存期)与其在系统存储器中占据的存储位置相关。在 C 语言中使用关键字 auto, register, static 和 extern 规定程序中变量的存储类别，不同存储类别的变量，不但占用的存储区域不同，而且 C 系统为它分配存储的时间也不同。

C 程序运行过程中，计算机系统将其使用到的存储器分为两个区域：静态存储区域和动态存储区域。在 C 程序执行的整个过程中，全局变量和稍后要讨论到的静态变量(全局或局部)是存放在系统存储器静态存储区域中的，而且系统在对 C 程序进行编译时就已经为这类变量分配好了存储空间，因而这类变量的存在时间(生存期)是 C 程序的整个运行期间；而自动类型的变量(局部变量)在程序执行过程中被使用到时系统才会为它们分配存储空间，而且自动变量是存放在系统存储器动态存储区域中的，所以自动变量的存在时间(生存期)只是在程序运行过程中使用到该变量的时间段内。

为了达到在 C 程序设计中合理选择使用变量的目的，从使用的目的出发，对 C 语言中提供的存储类别关键字以及它们在程序设计中对变量的作用上分为以下 3 个方面讨论：

(1)寄存器型存储类别关键字 register 的作用。

(2)外部存储类型关键字 extern、静态存储类别关键字 static 与全局变量之间的关系。

(3)自动存储类别关键字 auto、静态存储类别关键字 static 与局部变量的关系。

1) register 关键字

用关键字 register 限定的变量称为寄存器变量，所谓寄存器变量指的是将其值存放在 CPU 的寄存器中的变量。由于对寄存器的使用不经过系统内存，故寄存器变量是在程序执行过程中存取速度最快的变量类型。由此在 C 程序设计中可以把使用频率较高的变量定义为 register 型变量，以提高程序执行的速度。但在 C 程序设计中如果要使用 register 存储类型的变量必须理解以下两点：

(1)在 C 程序中并不是所有的变量都可以使用寄存器存储类别关键字 register 来限定，register 存储类型不能作用于全局变量而只能作用于整型(或字符型)的局部变量，并且这些局部变量还不能是函数的形式参数。

(2)寄存器类型的变量是否起作用取决于 C 程序运行所处的软硬件环境。在 C 程序设计中，使用关键字 register 限定一个非形式参数局部变量为寄存器型变量时只是表达了使用者的一种愿望,该愿望是否能实现取决于使用的系统硬件环境和编译系统。在能够识别并处理 register 存储类型变量的编译系统环境中,如果 CPU 中没有足够的寄存器供寄存器变量使用,则编译系统自动将超过限制数量的寄存器变量作为自动变量(auto)处理;还有一些编译系统虽然能够识别 register 存储类型变量,但对 register 存储类别并不进行处理,而是将寄存器类型变量一律作为自动变量处理。

2) extern 和 static **关键字与全局变量的关系**

对于 C 程序中的全局变量,编译系统将其存储区域分配在系统的静态存储区,而且编译系统在对 C 程序进行编译的时候就对全局变量进行存储分配和初始化处理,因而全局变量的存在时间(生存期)是整个程序的运行周期。对于全局变量而言,能够起作用的关键字为 extern 和 static 两个。

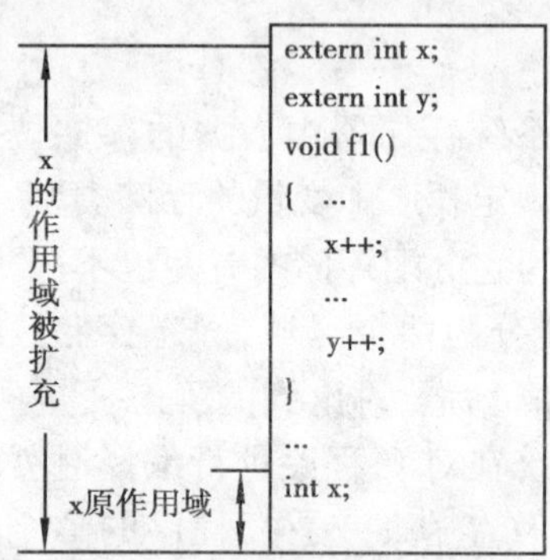

图 4.17　extern 关键字对全局变量的作用

外部存储类别关键字 extern 对全局变量的声明作用是对全局变量原作用域进行扩充,如图 4.17 所示。

从图 4.17 中可以看出,在 C 源程序文件中较后部分定义了一个全局变量 x,根据其定义位置得到的原作用域如图所示,可以看出该全局变量 x 在其所处的源程序文件上半部分不能起作用。在源程序文件的较前位置对全局变量 x 用 C 语句 extern int x;进行了重新声明,通过这种对全局变量的重新声明,使得全局变量 x 的作用域从原来所定义的区域扩充(大)到了对其重新声明处。

例 4.22　全局变量作用域在一个源程序文件 C 程序中的扩充示例(为了讨论方便加上行号)。

```
/* Name: ex04-22.cpp */
#include <stdio.h>
extern int x;       -----------------------------------
void main()
{   void f();
    x += 10;
    printf("主函数中的输出:%d\n",x);
    f();
}
int x = 100;        ------------------------
void f()
{   x += 20;
    printf("函数 f 中的输出:%d\n",x);
}                   -----------------------------------
```

x原作用域

x被扩充后的作用域

例 4.22 程序中在第 10 行定义了全局变量 x 并赋初值为 100,但根据定义其作用域为第 10 ~ 14 行所构成的区间。在程序中的第 6 行、第 7 行都要使用到全局变量 x,但在默认的情况下,全局变量 x 在这些范围内无定义,即默认情况下这些对全局变量 x 的操作是非法的。程序在第 3 行对全局变量 x 用 C 语句 extern int x;进行了重新声明,使得全局变量的作用范围扩充到了从第 3 行开始至第 14 行为止,从而使得在第 6,7 行中对全局变量 x 的操作可以顺利进行。如果不在第 3 行对全局变量 x 的作用域进行扩充,则该程序在编译时会出现编译错误:error C2065:'x':undeclared identifier,读者可将上面程序的第 3 行去掉(注释掉)后了解这种情况。例 4.22 程序执行的结果为:

主函数中的输出:110

函数 f 中的输出:130

使用关键字 extern 对全局变量重新声明可以将全局变量的作用域扩充到其定义所在的源程序文件之外。如果不允许将全局变量的作用范围扩充同一程序的其他源程序文件,可以使用关键字 static 在定义全局变量时予以限定。关键字 extern、static 对全局变量这方面的作用涉及多源文件 C 程序和工程文件的问题,将在 4.5.2 小节中进行讨论。

3) auto 和 static 关键字与局部变量的关系

对局部变量能够起作用的关键字为 auto 和 static 两个。如前所述,用 auto 说明的局部变量称为自动变量,系统在调用函数时才对函数中所定义的自动变量在动态存储区域中分配存储并按要求进行初始化,一个自动变量如果没有被初始化则其初始值是随机的。自动变量的生存期与其所在函数被调用运行的时间相同,并且自动变量的值在函数的多次调用中都不会保留。

如果希望(要求)某些局部变量不随着函数的调用或复合语句执行结束而消失,即期望当程序执行的控制流程再次进入这些局部变量所存在的函数和复合语句时,这些变量仍能在保持原来值基础上继续被使用,在程序设计中可以使用静态局部变量满足这种需要。静态局部变量定义的一般形式是:

static <数据类型符>变量表;

在 C 语言中,静态局部变量具有如下特点:

(1)静态局部变量的存储位置。编译系统在编译时就为静态局部变量在系统静态存储区域中分配存储空间,静态局部变量的存储空间在程序的整个运行期间是固定的。因而静态局部变量的生存期是整个程序的运行周期。

(2)静态局部变量的初始化。静态局部变量的初始化是在源程序被编译时进行的。如果在定义静态局部变量时没有对它进行显式的初始化,编译系统会自动将其初始化为 0(若是字符类数据则初始化为'\0')。

(3)静态局部变量的作用域(作用范围)。静态局部变量也是局部变量,它的值也只能定义它的局部范围内使用,即静态局部变量作用域界定方法与自动局部变量作用域的界定方法是相同的。离开静态局部变量的作用域后,该静态局部变量虽然存在,但不能对它进行访问(操作)。

(4)静态局部变量具有继承性。在某个函数中定义的静态局部变量值在函数的多次调用中具有可继承性,即对于某函数中的静态局部变量而言,在函数被多次调用时该静态变量是同一变量。

例 4.23　静态局部变量与自动变量的比较示例(为了讨论方便加上行号)。

```
1    /* Name: ex04-23.cpp */
2    #include <stdio.h>
3    void main()
4    {   void f1();
5        f1();
6        f1();
7    }
8    void f1()
9    {   int a = 10;
10       static int b = 10;
11       a += 100;
12       b += 100;
13       printf("a = %d,b = %d\n",a,b);
14   }
```

上面程序的 f1 函数中,在第 9 行定义了自动变量 a,初始值为 10;在第 10 行定义了静态局部变量 b,初始值为 10。程序在执行时,第 5 行第一次调用函数 f1,此时系统会为自动变量 a 分配存储(即创建该变量)并初始化为 10;对于静态局部变量 b 而言,在程序编译时就分配了存储,即此时该变量已经是存在的;第 11 行和第 12 行分别对变量 a 和变量 b 增加值 100,使得变量 a 和 b 的值都为 110,程序输出:a = 110,b = 110;输入完结果后函数 f1 执行完成,程序的控制流程返回到主函数中的第 6 行,注意此时在函数 f1 中定义的变量 a 被系统自动撤销;根据静态局部变量的特点,变量 b 仍然存在,但由于此时控制流程在主函数中,已经离开了静态局部变量 b 的作用域,所以静态局部变量 b 虽然存在但在主函数不能使用。程序在第 6 行第 2 次调用了函数 f1,对于自动变量 a 系统重新为其分配存储(即重新创建该变量)并初始化为 10,但对于静态局部变量 b 则不会重新创建,使用的就是上一次调用时使用的变量 b(此时变量 b 的值为上一次操作后的结果 110);所以在第 2 次 f1 函数的调用中程序输出的结果为:a = 110,b = 210。

上面我们从使用的角度出发,分析了 C 语言中 4 个用于对变量进行限定的关键字的作用和使用方法,在表 4.1 中对变量的存储位置以及它们的作用域和生存期进行了小结。

表 4.1　变量存储位置与作用域和生存期的关系

类别		在计算机中的存储位置	作用域(可见性)		存在性(生存期)	
			本函数内	本函数外	本函数内	本函数外
局部变量	自动变量	内存动态存储区	√	×	√	×
	静态变量	内存静态存储区	√	×	√	√
	寄存器变量	CPU 中的寄存器	√	×	√	×
全局变量	静态变量	内存静态存储区	√	√(本文件内)	√	√
	非静态变量	内存静态存储区	√	√	√	√

4.4　编译预处理

C 语言包含 3 个组成部分,它们是:语言核心部分、预处理器部分和运行库部分。C 预处理器完全独立于语言核心部分,即与语言核心部分的语义没有关系。编译预处理是 C 语言区别于其他高级程序设计语言的特点之一。所谓编译预处理就是 C 编译系统在对 C 源程序进行编译之前对它进行的一些预加工,然后再将处理的结果和源程序一起进行编译,以得到目标代码。对一个 C 应用程序的处理而言,预处理器的工作是在按语言的语法和语义对 C 源程序进行编译之前完成的,"预处理"名由此而来。下面分别讨论最常使用的宏定义、文件包含以及条件编译预处理命令。

4.4.1　宏定义

宏定义分为代参数的宏定义和不代参数的宏定义两种。

1)不代参数的宏定义

不代参数的宏定义编译预处理语句的一般形式是:

#define　宏标识符 字符串

宏调用的格式为:

宏标识符

宏调用的作用是:在宏定义的作用范围之内,将所有的宏标识符用指定的字符串替换。式中,宏标识符也称为宏名或常量标识符,习惯上使用大写字母书写。

例 4.24　宏定义预处理示例。

```
/* Name: ex04-24.cpp */
#include <stdio.h>
```

```
#define PI 3.1415926
#define R 2.0
void main()
{   double circum();
    double area();
    circum();
    area();
    printf("Circum = %f\n",circum());
    printf("Area = %f\n",area());
}
double circum()
{   return 2.0 * PI * R;
}
double area()
{   return PI * R * R;
}
```

C 编译器在对上面程序进行处理时,在对源程序文件进行编译之前先进行宏调用的处理,对于源程序中的函数 circum 和 area,编译之前进行宏调用处理后生成的源程序如下:

```
double circum()
{   return 2.0 * 3.1415926 * 2.0;
}
double area()
{       return 3.1415926 * 2.0 * 2.0;
}
```

通过比较宏调用前后源程序中的函数 circum 和 area 代码可以看出,通过使用宏定义可以将常数用符号来代替,在阅读和理解程序时更容易理解该数据物理上的含义,因而宏定义的使用增加了程序的清晰性和可读性。同时,通过宏定义的使用还可以增加对源程序的修改的方便性,例如,当要求半径为 4 的圆周长和圆面积时,只需要将宏定义修改为:

```
#define R 4.0
```

宏定义中的字符串不仅可以是字符串常量,也可以是表达式和语句组成的字符串,而且可以使用已经定义好的宏定义,例如有如下宏定义:

```
#define PI 3.1415926
#define R 5.0
#define Circ return(2.0 * PI * R);
```

宏定义可以使用只含宏标识符的#define 语句撤销,例如:#define R 就撤销了对 R 的宏定义。

在使用宏定义时还需要注意,并不是在源程序代码的任何地方出现宏的名字都进行宏调用的替换,在下面两种情况下是不需要替换的:

(1)宏名出现在一个标识符中,例如:

```
#define loc 12345
int local;
int 12345al;  /*错误替换,宏名为标识符子串*/
```

(2)宏名出现在字符串常量中,例如:

```
#define PI 3.14
printf("The value of PI is: %f\n",PI);
printf("The value of 3.14 is: %f\n",3.14);        /*错误的宏替换*/
printf("The value of PI is: %f\n",3.14);          /*正确的宏替换*/
```

在C程序的设计中,正确地理解宏定义的关键在于理解宏调用仅仅就是一个替换而不会进行任何的合并、计算等操作。在阅读理解包含宏调用问题的C程序时一定要做到先将宏替换完成、然后操作宏替换完成后的表达式,下面通过例4.25讨论这个问题。

例4.25　宏调用替换问题的理解示例。

```
/* Name: ex04-25.cpp */
#include <stdio.h>
#define N 2
#define M N+2
#define MN 2*M
void main()
{   int x = MN;
    printf("x = %d\n",x);
}
```

在对上面程序的理解中,一种错误的理解方式是:N←2,M←4(2+2),MN←8(2*4),从而认为上面程序的输出结果是x=8。但在进行上述理解时犯下了在宏替换的过程中进行计算的错误,正确理解的方式应为:MN←2*N+2,MN←2*2+2,因而程序执行的正确结果:x=6。

2)带参数的宏定义

在C程序设计过程中如果有需要,也可以使用带参数的宏定义。定义代参数的宏定义的一般形式如下:

#define　宏标识符(形参表)　表达式样式字符串

宏调用的格式为:

宏标识符(实参表)

宏调用的作用是:在宏定义的作用范围之内,将所有的宏标识符用指定的表达式样式字符串替换,然后用宏调用中的实际参数代替通过替换形成的表达式中的形式参数。

在程序设计中使用带参数宏定义时,为了避免当实际参数本身是表达式时引起的宏调用错误,在定义代参数的宏定义时最好将宏定义中表达式的形式参数用括号括起来,下面的例4.26展示了这方面的问题。

例4.26　代参数宏定义使用示例(不能正确处理表达式样式实际参数)。

```
/* Name: ex04-26.cpp */
#include <stdio.h>
#define PI 3.145926
#define S(r) PI*r*r
void main()
{   double a,b,area1,area2;
    a=3.3;
    b=3.2;
    area1=S(a);          /*求半径为a时的圆面积*/
    area2=S(a+b);        /*求半径为a+b时的圆面积*/
    printf("area1=%f\narea2=%f\n",area1,area2);
}
```

上面程序运行的结果为:

area1 = 34.259134

area2 = 24.141556

通过对上面程序执行的结果进行分析,可以看出程序执行的第一个结果是正确的,而程序执行的第二个结果则是错误的。为什么会出现错误呢?请看两个宏调用展开后得到表达式,第一个宏调用后得到的表达式为 area1 = S(a),即 area1 = 3.1415926 * a * a;,所以展开后的表达式满足求半径为 a 的圆面积的要求;而第 2 个宏调用后得到的表达式为 area2 = S(a + b);,即 area2 = 3.1415926 * a + b * a + b;,这显然不是求半径为 a + b 的圆面积所需要的表达式,因而程序执行后得到错误(或者不需要)的结果。为了避免出现上述问题,只需要将源程序文件中第 4 行的宏定义#define S(r) PI * r * r 语句改为:#define S(r) PI * (r) * (r)。这样在宏替换后得到的结果为:area2 = 3.1415926 * (a + b) * (a + b);。

带参数的宏同样也存在着上面讨论的不需要替换的情况,同样也可以通过使用只含宏标识符的#define 语句撤销。代参数的宏与函数之间存在着一些相同之处,例如:引用时实际参数的代入;形式参数和实际参数要求一一对应等。但是,代参数的宏与函数是根本不同的,它们的主要区别是:

(1)在程序控制流程上,函数的调用需要进行控制的转移,而代参数的宏仅仅是表达式的运算。

(2)代参数的宏定义不像函数有一个确定的类型。在宏中随着代入的实际参数的类型的不同,其运算结果的类型随之而变。

(3)在函数调用时,对代入的实际参数有数据类型的限制,要求与定义时的类型一致;代参数的宏定义进行调用时没有实参数据类型的限制,代入的参数可以是任意类型。

(4)函数调用时存在着从实际参数向形式参数传递数据的过程,而代参数的宏调用中不存在这种过程,因而宏调用一般比函数调用具有较高的时间效率。

在使用带参数的宏定义时,同样需要做到先将宏替换完成、然后操作宏替换完成后的表达式的宏调用方法,下面示例 4.27 讨论了这个问题。

例 4.27 宏调用替换问题的理解示例。

```
/* Name: ex04-27.cpp */
#include <stdio.h>
#define Min(x,y) (x)<(y)? (x):(y)
void main()
{   int a=1,b=2,c=3,d=4,t;
    t=Min(a+b,c+d)*1000;
    printf("t=%d\n",t);
}
```

在阅读上面程序时最容易得到的错误结果是 t=3000,事实上,t=Min(a+b,c+d)*1000;宏替换后得到的表达式为 t=(a+b)<(c+d)? (a+b):(c+d)*1000;,所以程序运行的正确结果为:t=3。

4.4.2 文件包含

文件包含编译预处理语句的一般形式为:

#include <文件名>

或

#include "文件名"

文件包含编译预处理语句的功能是在编译本源程序文件之前,将指定的文件整个内容嵌入到本文件之中。

文件包含编译预处理语句中使用尖括号或是双引号括住欲包含的文件名均可,使用尖括号时意味着指示编译系统按系统设定的标准目录搜索被包含的文件;使用双引号时意味着按指定的路径搜索,未指定路径时则在当前目录中搜索。

在需要调用系统提供的系统函数时,需要使用文件包含语句包含相应的头文件。在C程序设计时,可以将各个源程序文件共同使用的函数说明、符号常量定义等编制成为一个单独的文件,在需要它的源程序文件中写上相应的包含预编译语句即可,这样不仅避免了重复劳动、便于程序的修改,而且降低了出错的可能性。

4.4.3 条件编译

使用条件编译可以对C语言的源程序内容进行有选择性地编译。条件编译可有效地提高程序的可移植性,并广泛地应用在商业软件中,为一个程序提供各种不同的版本。

1)#if,#elif,#else,#endif

#if,#elif,#else 等预处理语句的功能与第2章中介绍的 if,else if 以及 else 等C语句的功能类似,只不过它们的处理是在C程序被编译之前就进行的。至于#endif 预处理语句则是作为条件编译预处理语句序列的结束语句使用,使用#if 序列预处理语句构成常见程序段如下所示:

#if <条件$_1$>

```
    <程序段1>
#elif <条件2>
    <程序段2>
    ⋮
#elif <条件n>
    <程序段n>
#else
    <缺省程序段>
#endif
```

上面程序段的主要含义是:当条件表达式为非0("逻辑真")时,编译对应程序段,否则编译缺省程序段。

例4.28 编制程序实现功能:设置编译的条件,使程序在编译时能够根据条件编译成将从键盘上循环输入的字母全改为大写字母输出的程序执行代码,或将从键盘上循环输入的字母全改为小写字母输出的程序执行代码,程序执行时通过从键盘上输入#字符结束(为了方便讨论加上行号)。

```
1    /* Name: ex04-28.cpp */
2    #include <stdio.h>
3    #define LETTER 1
4    void main()
5    {   unsigned char ch;
6        while(1)
7        {   ch = getchar();
8            if(ch == '#')
9                break;
10           #if LETTER
11               if(ch >= 'a'&&ch <= 'z')
12                   ch -= 32;
13           #else
14               if(ch >= 'A'&&ch <= 'Z')
15                   ch += 32;
16           #endif
17           putchar(ch);
18       }
19   }
```

例4.28程序在编译的时候,对于由第10~16行所组成的程序块不会全部编译,而是会根据条件或者编译第11,12行的程序代码,或者编译14,15行的程序代码;由于在程序的第3行有宏定义:#define LETTER 1,预处理使得第10行#if后的条件表达式值为非0,故在本次编译中处理的是第11,12行构成的代码,程序实现的功能是将小写字母变为大写字母。如果需要将程序编译成为实现将大写字母变为小写字母的功能，只需将上面程序中的第 3 行改为：#define LETTER 0 即可。

2）#ifdef

#ifdef 预处理语句的基本使用格式是：#ifdef <标识符>，其基本意义是"如果定义有标识符"，#ifdef 预处理语句通常也和#elif，#else，#endif 预处理语句序列一起构成可以选择编译的程序段，其基本形式如下：

```
#ifdef 标识符
    <程序段1>
#else
    <程序段2>
#endif
```

上面预处理程序段的意思是：如果"标识符"已经被#define 命令定义过，则编译程序段 1，否则编译程序段 2。

例 4.29　编制程序实现功能：设置编译的条件使程序在编译时能够根据条件编译成将从键盘上循环输入的字母全改为大写字母输出的程序执行代码，或将从键盘上循环输入的字母全改为小写字母输出的程序执行代码，程序执行时通过从键盘上输入#字符结束。

```
/* Name: ex04-29.cpp */
#include <stdio.h>
#define TRANS
void main()
{   char ch;
    while(1)
    {   ch = getchar();
        if(ch == '#')
          break;
        #ifdef TRANS
          if(ch >= 'a'&&ch <= 'z')
             ch -= 32;
        #else
          if(ch >= 'A'&&ch <= 'Z')
             ch += 32;
        #endif
    putchar(ch);
    }
}
```

3）#ifndef

#ifndef 预处理语句的基本使用格式是：#ifndef <标识符>，其基本意义是"如果没有定

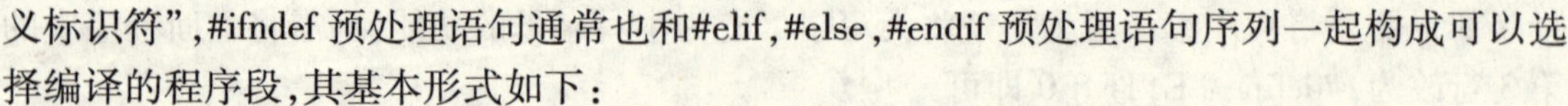

义标识符”,#ifndef 预处理语句通常也和#elif,#else,#endif 预处理语句序列一起构成可以选择编译的程序段,其基本形式如下:

```
#ifndef 标识符
    <程序段1>
#else
    <程序段2>
      #endif
```

上面预处理程序段的意思是:如果没有用#define 预处理语句定义过“标识符”,则编译程序段 1,否则编译程序段 2;可见#ifndef 的含义与#ifdef 刚好相反。

4.5 多源文件 C 程序的组织方法

C 程序是由函数组成的模块化结构程序。组成一个程序的所有函数模块可以放在同一个源程序文件中,也可以分别放在几个不同的源程序文件中。一般情况下,一个比较大的 C 程序可以分成若干个源文件,编译后生成若干个目标文件,在连接时将这些目标文件组装生成一个运行文件。除了这种组合多个 C 源程序文件的方法外,还可用“文件包含”和“工程文件”的方法。

4.5.1 使用文件包含的方法

文件包含的方法就是使用预编译语句#include 将其他 C 源程序文件包含到本源文件,将它们组合成为一个完整的 C 程序的方法。

例 4.30 使用文件包含组合多源程序文件 C 程序。

```
/* Name: ex04-30a.cpp */
#include <stdio.h>
#include "ex04-30b.cpp"
void main()
{   int n;
    printf("Input the n: ");
    scanf("%d",&n);
    printf("%d! = %ld\n",n,fac(n));
}
/* Name: ex04-30b.cpp */
long fac(long n)
{   if(n <= 1)
        return(1);
    else
```

```
    return(fac(n-1)*n);
}
```

例4.30 程序由两个 C 源程序文件 ex04-30a. cpp 和 ex04-30b. cpp 组成。在源程序文件 ex04-30a. cpp 中使用编译预处理语句#include "ex04-30b. cpp"将另一文件 ex04-30b. cpp 包含到本文件中一起构成一个完整的 C 程序后再进行后续的处理。由于文件 ex04-30b. cpp 逻辑上被嵌入在写#include "ex04-30b. cpp"语句处,使得被调函数 fac 出现在对其的调用点之前,所以主函数中不需要对其进行声明。

*4.5.2 使用工程文件的方法

如前所述,一个 C 程序可以分别存放在若干个不同的源程序文件中。除了使用文件包含的方法将这些属于同一个 C 程序的不同源程序文件组合在一起外,现代程序设计技术更提倡使用工程文件的方法。在工程中,可以通过使用 extern 关键字将一个源程序文件中定义的全局变量的作用域扩充到同一 C 程序的其他源程序文件中去。同样,可以通过使用 static 关键字对程序中使用的全局变量以及函数的作用范围进行限定。

1)使用工程文件组织 C 程序

使用工程文件的方法组合多个 C 源程序文件为一个 C 程序的过程和操作方法与所使用的环境有关。下面以在 VC ++ 6.0 集成环境(IDE)中使用工程文件组合多源程序文件为例进行讨论,使用其他集成环境或命令行环境的读者请参照相应程序设计环境中的方法。

在 VC ++ 6.0 IDE 中创建工程文件的步骤如下:

(1)在 VC ++6.0 IDE 中选择命令 File→New,出现 New 对话框。

(2)在 New 对话框中选择 Projects 页填入关于工程文件的 3 个信息:工程类型、工程名字以及工程文件的存储位置。信息填写完成后单击 OK 按钮,出现 Win32 Console Application step 1 of 1 对话框。

(3)在 Win32 Console Application step 1 of 1 对话框中选择 An empty project 选项,然后单击 Finish 按钮,出现 New Project Information 对话框。

(4)在 New Project Information 对话框中单击 OK 按钮,系统进入工程的开发环境。

(5)在开发环境中左边的 Workspace(工作区)窗口中选择 FileView 选单(注意如果 Workspace 窗口没有出现,可以在系统菜单 View 中选择(单击)命令 Workspace 将其打开)。

(6)在工作区的 FileView 窗口中单击(工程)files 左边的 + 号按钮展开工程中的文件目录。

(7)在 Source Files 文件夹上单击右键出现快捷菜单,在快捷菜单中选择 Add Files to Folder 命令,出现 Insert Files Into Project 对话框。

(8)在 Insert Files Into Project 对话框中选择需要加入工程的源程序文件。

(9)反复进行(7)、(8)两个步骤,直至需要加入工程的所有源程序文件全部选择完成为止。

创建好工程文件后即可编译、连接并运行该工程文件中的 C 程序。关于使用工程文件方法更详细的介绍,请参见与本书配套使用的实验教材。

2)使用 extern 在不同源程序文件之间扩充全局变量的作用域

如果在一个 C 程序的不同源程序文件中要使用同一个全局变量,显然不能考虑在每一个源程序文件中同时分别定义这个全局同名变量。如果每一个源文件中都有同一全局变量的定义,那么在将 C 程序连接生成执行文件时就会出现"变量重复定义"的错误。为了能够避免这种错误而达到在所有源程序文件中使用同一全局变量的目的,只能在一个源程序文件中定义这个全局变量,在其他源程序文件中对其进行扩充作用域的声明。如图 4.18 所示,在标示为②的源程序文件中定义有全局变量 y,其默认的作用范围只能在标示为②的源程序文件中,在标示为①的源文件中使用关键字 extern 对全局变量 y 进行了声明,将其作用范围扩充到标示为①的源文件中来。

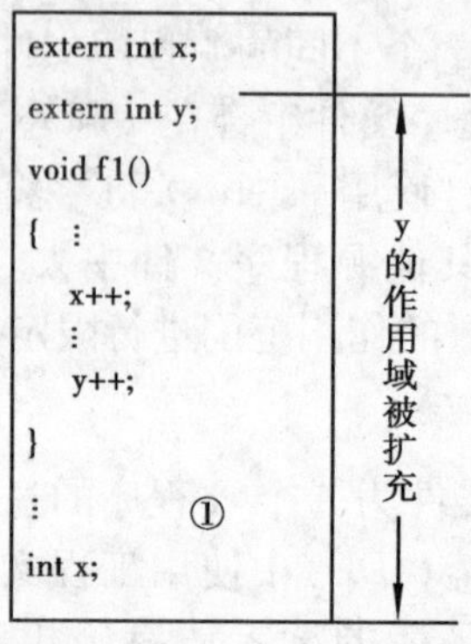

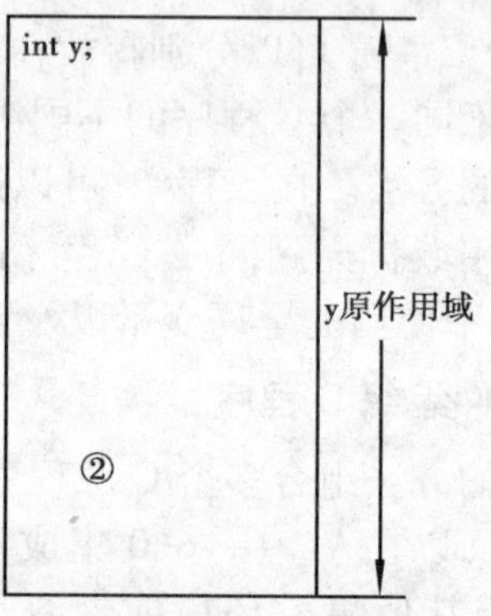

图 4.18 extern 关键字对全局变量的作用

例 4.31 C 程序中使用 extern 关键字扩充全局变量作用域示例。

设 C 程序由两个源文件 ex04-31a. cpp 和 ex04-31b. cpp 组成,两个文件内容如下所示:

```
/* Name: ex04-31a. cpp */
#include <stdio. h>
extern int y;
extern int x;
void main()
{   void f1();
    x++;
    y++;
    printf("主函数中:x=%d,y=%d\n",x,y);
    f1();
}
int y=100;
```

```
/* Name: ex04-31b. cpp */
#include <stdio. h>
int x=10;
void f1()
{   x++;
    printf("函数 f1 中:x=%d\n",x);
}
```

处理例 4.31 程序时,首先为其创建工程文件,然后将上面的两个源程序文件添加到工程中。创建好工程文件后即可编译、连接并运行该工程文件中的 C 程序。可以看到,在程序中使用语句 extern int y;将全局变量 y 的作用域扩充至覆盖了 y 的使用区域,使其可以被正确使用;同样使用语句 extern int x;将全局变量 x 的作用范围从原来的 ex04-31b. cpp 扩充到 ex04-31a. cpp 中,使其可以被正确使用。例 4.31 程序的执行结果为:

主函数中:x = 11,y = 101

函数 f1 中:x = 12

读者可以将源程序文件 ex04-31a. cpp 中的 extern int y;和 extern int x;两句去掉(可以用注释的方式实现),然后再编译该 C 程序就会出现如下错误信息:

error C2065: 'x' : undeclared identifier

error C2065: 'y' : undeclared identifier

上面错误信息指出:编译程序在处理文件 ex04-31a. cpp 主函数的 x ++;和 y ++;两条 C 语句时找不到变量'x'和'y'。出现错误的原因是 ex04-31a. cpp 主函数不在全局变量 x 和全局变量 y 的作用范围之内。

3)使用 static 关键字限制全局变量的作用域

static 关键字对全局变量的作用是作用域限制,当在定义全局变量时如果对其使用了 static 关键字进行限定,其意义是限制该全局变量的作用域只能在其所定义的源程序文件中,而不能被扩充到同一程序的其他源程序文件中去。对于全局变量而言,static 关键字的作用强于 extern 关键字,即对同一全局变量如果两种限定关键字都出现了,要以 static 关键字为准。

例 4.32 使用关键字限制全局变量的作用域示例。

在例 4.31 的基础上,将源程序文件 ex04-31b. cpp 文件按如下形式修改:

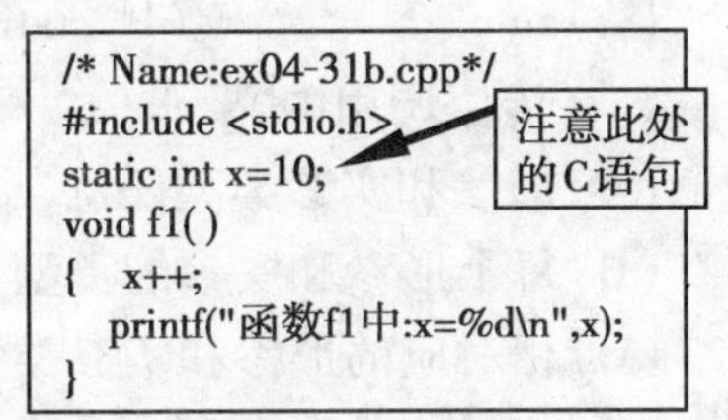

然后按照上面讲述的方法再一次对程序进行处理时也会出现编译错误:

error LNK2001: unresolved external symbol "int x"

其原因是在源程序文件 ex03-26b. cpp 中定义全局变量 x 时用关键字 static 限制了它的作用域,使得在源程序文件 ex03-26a. cpp 中的作用域扩充语句 extern int x;不能起任何扩充的作用。

4)使用 static 关键字限制函数的作用域

在 C 语言中,函数名与全局变量是同一个层次上的标识符,即可以认为函数的名字也是一个全局变量。与一般的全局变量不同的是函数名的默认作用域是整个 C 程序而不仅仅是函数定义所在的源程序文件。在 C 程序设计中如果需要限制某个函数的作用范围仅在其定义的源程序文件中,同样可以在定义该函数的时候用关键字 static 对函数的作用域进行限定,该函数亦可以被称为静态函数。定义作用域被限定函数的一般形式如下:

```
static  返回值类型说明符  函数名(形式参数表及其说明)
{  函数的操作对象(数据)定义和说明部分
   函数的执行语句部分
}
```

习题 4

一、单项选择

1. 一个 C 程序的执行是从(　　)。

(A)本程序的 main 函数开始,到 main 函数结束

(B)本程序文件的第一个函数开始,到本程序文件的最后一个函数结束

(C)本程序的 main 函数开始,到本程序文件的最后一个函数结束

(D)本程序文件的第一个函数开始,到本程序 main 函数结束

2. 以下对 C 语言函数的有关描述中,正确的是(　　)。

(A)在 C 中,调用函数时,只能把实参的值传递给形参,形参的值不能传送给实参

(B)C 函数不可嵌套定义,但可以递归调用

(C)函数必须有返回值,否则就无法使用

(D)C 程序中有调用关系的所有函数必须放在同一个源程序文件中

3. C 语言中,局部变量的隐含储存类型是(　　)。

(A)auto　　(B)static　　(C)extern　　(D)无存储类别

4. 在传值调用中,要求(　　)。

(A)形参和实参类型任意,个数相等

(B)每个形参和实参的类型都必须一致,个数相等

(C)相对应的形参和实参类型一致,个数相等

(D)相对应的形参和实参类型一致,个数任意

5. 下面关于变量的可见性和存在性描述正确的是(　　)。

(A)一个变量是可见的,那么它一定是存在的

(B)一个变量是存在的,那么它一定是可见的

(C)主函数中定义的变量比子函数中定义的变量作用域大

(D)函数内定义的静态变量比函数内定义的动态变量作用域大

6. 指向某变量的指针,其含义是指该变量的(　　)。

(A)值　　(B)地址　　(C)名称　　(D)数据类型

7. 若有说明 int ＊ptr1, ＊ptr2, m=5,n;,下面正确的语句组是(　　)。

(A)ptr1 = &m; ptr2 = &ptr1;　　(B)ptr1 = &m; ptr2 = &n; ＊ptr2 = ＊ptr1;

(C)ptr1 = &m; ptr2 = ptr1;　　(D)ptr1 = &m; ＊ptr2 = ＊ptr1;

8. 宏定义为:#define fun (x, y) 2＊x+1/y 按 fun((2+1), 1+4) 调用该宏后,得到的值为(　　)。

(A)10　　(B)11　　(C)5.2　　(D)6.2

9. 非静态的全局变量和静态全局变量的区别正确的是(　　)。

(A)非静态的全局变量的存储空间是内存的动态存储区,而静态全局变量是静态存

储区

(B)非静态的全局变量可以用关键字 extern 进行作用域扩充,而静态全局变量不能

(C)静态全局变量可以用关键字 extern 进行作用域扩充, 而非静态全局变量不能

(D)静态全局变量只能在本文件中进行扩充,非静态全局变量可以在其他源文件中扩充

10. 下列宏定义在任何情况下计算平方数都不会引起歧义的是(　　)。

(A)#define Power(x) x * x　　(B)#define Power(x) (x) * (x)

(C)#define Power(x * x)　　(D)#define Power(x) ((x) * (x))

二、填空题

1. 在 C 语言中,一个完整的程序必须有一个＿＿①＿＿函数,可以有多个其他函数,程序运行时总是从＿＿②＿＿开始,结束时也是从＿＿③＿＿。

2. 函数调用时,要求实参与形参＿＿④＿＿相同,＿＿⑤＿＿相同,＿＿⑥＿＿一致,如果 return 语句后面表达式类型与函数类型不一致,应按＿＿⑦＿＿强制转换。

3. 下面程序的功能是用递归方式完成求 x 的 n 次方(n > =0),请填空完成程序。

```
#include <stdio.h>
void main( )
{   ____⑧____;
    int n;
    float result;
    scanf("%d",&n);
    result = ____⑨____ ;
    printf("result = %f",result)
}
float f(float x,int n)
{   if(n ==0)
        return 1.0;
    else
        return ____⑩____ ;
}
```

三、阅读程序题

1. 写出下面程序执行后的输出结果。

```
#include <stdio.h>
int x = 0, y = 0, a = 15, b = 10;
void fun ( )
{   x = a - b ;
    y = a + b ;
}
```

```
void main ( )
{ int a = 7, b = 5;
  x = x + a ;
  y = y - b ;
  fun ( );
  printf ( " x =%d, y =%d \n " , x, y );
}
```

2. 写出下面程序当输入数据是5时的执行结果。

```
#include <stdio.h>
float f(int n)
{ float x;
  if(n<0)
    printf("n<0,data error! \n");
  else if(n==0||n==1)
    x=1;
  else
    x=f(n-1)*n;
  return x;
}
void main( )
{ int i,n;
  float y=0;
  printf("input a integer number: ");
  scanf("%d",&n);
  for (i=n;i>=1;i--)
    y=y+f(i);
  printf("y=%5.1f\n",y);
}
```

3. 写出下面程序当输入数据是1,1时的执行结果。

```
#include <stdio.h>
#define PI 3.14
#define S(r) PI*r*r
void main( )
{ float a,b,s1,s2;
  printf("Input the a,b: ");
  scanf("%f,%f",&a,&b);
  s1=S(a);
  s2=S(a+b);
```

```
    printf("s1 = %f, s2 = %f\n",s1,s2);
}
```

4. 写出下面程序当输入数据是 2005 时的执行结果。

```
#include <stdio.h>
void main( )
{   void printd(int n);
    int num;
    printf("Input the number");
    scanf("%d",&num);
    printd(num);
}
void printd(int n)
{   if(n<0)
      {   putchar('-');
          n = -n;
      }
    if(n/10)
      printd(n/10);
    putchar(n%10 + '0');
}
```

5. 写出下面程序执行后的输出结果。

```
#include <stdio.h>
void f(int *a,int *b)
{   int temp;
    temp = *a, *a = *b, *b = temp;
}
void main( )
{   int x = 3,y = 5;
    f(&x,&y);
    printf("%d,%d",x,y);
}
```

6. 写出下面程序执行后的输出结果。

```
#define SQ1(x) x*x
#define SQ2(x) (x)*(x)
#define SQ3(x) ((x)*(x))
#include <stdio.h>
void main()
{   printf("%.2f,%.2f,%.2f",
```

```
    1.0/SQ1(1.0+1.0),1.0/SQ2(1.0+1.0),1.0/ SQ3(1.0+1.0));
}
```

四、编程题

1. 编写一个函数将任意一个正整数 n 的立方分解成 n 个连续的奇数之和，并编写主函数进行测试。例如:输入 4 ，输出 13,15,17,19。即 $4^3=13+15+17+19$

2. 编写一个递归函数计算 Hermite 多项式，并编写主函数进行测试，$Hn(x,n)$定义为:

$H(x,n)=1 \quad n=0$

$H(x,n)=2x \quad n=1$

$H(x,n)=2xH(x,n-1)-2(n-1)H(x,n-2) \quad n>1$

3. 编写函数判断守形数(若某数的平方，其低位与该数本身相同，则称该数为守形数，例如 25，$25^2=625$，625 的低位 25 与原数相同，则 25 即是守形数)，并编写主函数在 2～1 000之内进行测试。

4. 编写函数计算 $kkkkk\cdots kk$(共 n 个 k，n 和 k 都由键盘输入)，并编写主函数由此计算:

$S_n=a+aa+aaa+\cdots+aaaa\cdots aa$(最后一个为 n 个 a)

比如，当 $n=4$，$k=3$ 的时候，则为计算:$S_4=3+33+333+3333$

5. 编写一个判断素数的函数，并编写主函数用它验证歌德巴赫猜想。

6. 数列 $a(x,n)=\dfrac{x^n}{n!}(n>0)$，采用递归方法编程求 $a(x,n)$，并编写主函数进行测试，x，n 在主函数中由键盘输入。

7. 编写函数求 x 的 n 次方，要求利用静态变量实现 x^n，并编写主函数进行测试。

8. 编写一个函数将一个正整数的各位数字从低位到高位分解开，比如 123，分解为 3,2,1，并编写主函数进行测试。

9. 编写一个函数将一个正整数的各位数字从高位到低位分解开，比如 123，分解为 1,2,3，并编写主函数进行测试。

10. 编写判断一个正整数是否是完数的函数，完数是该数的各因子之和是它自身的整数，如 6 的因子是 1,2,3，而 $6=1+2+3$，故 6 是完数。编写主函数，用它求 2～1 000 的所有完数。

5 指针与函数

本章概要和学习目标

指针在C语言中是一种非常重要的数据类型,使用指针可以非常方便地在程序中实现数据共享、建立通用功能处理等等。本章主要讨论两个方面的问题,一是指向函数数据对象指针的使用方法;二是返回地址值函数的设计。本章主要学习目标如下:

- 理解指向函数指针变量的意义
- 掌握使用指针方式在主调函数和被调函数之间传递函数的程序设计方法
- 掌握返回指针值函数的设计方法
- 理解动态变量的概念和C语言的动态存储分配机制
- 掌握常用C动态存储分配函数的使用方法

5.1 指向函数的指针

在C程序执行过程中,函数被调用时在系统内存中都占有一片连续的存储区域,被调用函数的名字则表示了该存储区域的首地址,这个地址称为函数的入口地址,也称为函数的指针。例如,在程序中如果定义了函数 float fun( ),则函数的名字 fun 就是函数的入口地址,在程序中如果调用这个函数,那么程序的控制流程转移的位置就是与函数名相对应的这个入口地址。

5.1.1 指向函数指针变量的定义

C程序中,函数的名字代表了函数的入口地址,操作函数时可以通过函数的名字进行,也可以通过直接将控制流程转移到其入口地址(指针)执行这个函数。为了能够表示出函数的指针(入口地址),可以使用指向函数的指针变量来存放函数在系统存储区域中的首地址。

当定义一个指针变量并且使它指向函数的入口地址时,就称这个指针变量为指向函数的指针变量。指向函数的指针变量定义的一般形式是：

[存储类别符] 数据类型名 (*指针变量名)(形参表)；

式中,存储类别符指的是函数指针变量本身的存储特性;数据类型是被指针变量指向函数的返回值类型,而形参表则是被指针变量指向函数的形式参数表。例如若有函数的原型为:

void swap(int x, int y)；则相应指向该函数的指针变量应该定义为:

void (*fp)(int x, int y)； /* 变量 fp 是指向函数的指针变量 */

若函数的原型为:double add_mul(double x,double y,double *z)；

则相应的指针变量应定义为:double (*fptr)(double x, double y, double *z)；

5.1.2 用指向函数的指针变量来调用函数

对于指向函数的指针变量,有意义的运算只有两种:①将指针变量指向一个合适类型的函数;②对指针变量实施取指针运算符。

正确定义了指向函数的指针变量后,就可以将相应函数的指针(入口地址)赋值给指向函数的指针变量。函数的指针(入口地址)可以用函数名来表示,所以将函数的指针赋值给指向函数的指针变量即是将函数的名字赋给对应的指向函数的指针变量。注意在为指向函数的指针变量赋值时,只需要给出函数名而不必给出函数的参数。例如:

函数的原型为:

void swap(int x, int y)；

指向函数的指针变量定义为:void (*fp)(int x, int y)；则将函数 swap 的指针(入口地址)赋值给指针变量 fptr 的表达式为:

fptr = swap

对于有了确定指向的指向函数指针变量施以指针运算(星号运算)时,就是使程序控制转移到指针指向的地址去执行该函数的函数体。例如在上面所述的例子中,有了 fptr = swap 后,调用 swap 函数既可以用它的函数名来实现,也可以对 fptr 的指针运算来实现,即函数调用表达式可以是 swap(a,b)或者(*fptr)(a,b)。

例 5.1 编程序计算下面公式,其中 n 从键盘输入,并要求在程序中使用指向函数的指针变量。

$$s=\begin{cases}1+\dfrac{1}{2^2}+\dfrac{1}{4^2}+\cdots+\dfrac{1}{n^2}, & n \text{ 为偶数}\\[2ex] 1+\dfrac{1}{3^2}+\dfrac{1}{5^2}+\cdots+\dfrac{1}{n^2}, & n \text{ 为奇数}\end{cases}$$

```
/* Name: ex05-01.cpp */
#include <stdio.h>
double f1(int x);
double f2(int x);
void main()
```

```
{   double (*fp)(int x);
    int n;
    printf("Input n: ");
    scanf("%d",&n);
    if(n>=1)
    {   if(n%2==0)
            fp=f1;
        else
            fp=f2;
        printf("value=%9.4f\n",(*fp)(n));
    }
    else
        printf("Data Error! \n");
}
double f1(int x)
{   int k;
    double value=1.0;
    for(k=2;k<=x;k=k+2)
        value+=(1.0/k)*(1.0/k);
    return value;
}
double f2(int x)
{   int k;
    double value=1.0;
    for(k=3;k<=x;k=k+2)
        value+=(1.0/k)*(1.0/k);
    return value;
}
```

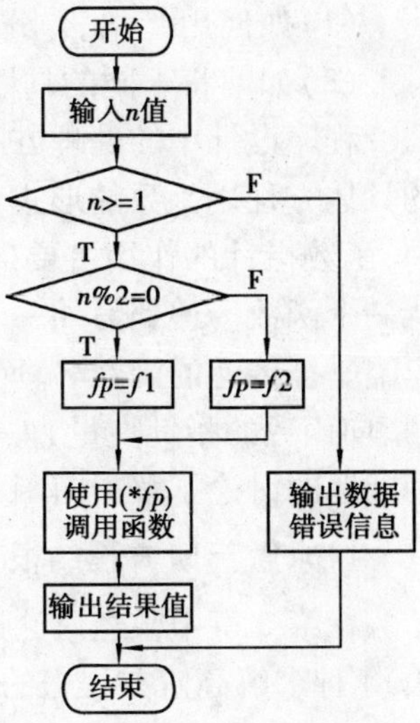

图 5.1　例 5.1 程序流程图

下面例 5.1 程序两次执行时输入输出的结果：

Input n：6（第一次执行输入 n 为偶数）

value = 1.3403

Input n：7（第二次执行输入 n 为奇数）

value = 1.1715

5.1.3　指向函数的指针变量作函数参数

程序设计中，许多问题的处理都有通用的方法，例如求解高阶方程的根、求多元方程组的解、求函数的定积分等等。实现这类程序设计必须要解决下面两个主要问题：

(1)如何用 C 语言来描述解决某种问题的通用方法。

(2)如何将不同的具体问题与解决问题的通用方法联系起来。

程序设计中的处理方法一般是将通用的方法编制成为单独的函数,然后将实际问题中的具体方程用函数的形式作为实际参数传递到通用函数中去求取相应的结果。在 C 语言中,函数指针的作用主要体现在程序的函数之间传递函数,即把一个函数的地址作为参数从一个函数传递到另外一个函数。当函数在两个函数之间传递时,主调函数的实参数一般应当是被传递的函数名,而被调函数的形式参数应该是一个能接收函数地址的指针变量(指向函数的指针变量)。下面通过对求解高阶方程的根和求函数的定积分两类常见的应用问题的讨论了解指向函数指针变量的实际使用方法。

1)求解高阶方程的根

在第 2 章中曾经讨论过牛顿迭代法(切线法)、二分迭代法(对分法)和弦截法(割线法)3 种求解高阶方程根的方法,在当时的讨论中限于语言知识均只讨论了对于某一个确定的函数求解的方法。在对高阶方程的讨论中知道,高阶方程都是类似的,其形式可以用 $f(x)=0$ 来表示,也就是说被求根的函数用 C 语言都可表示成为如下所示结构 C 函数:

```
double f(double x)
{  …
}
```

因而指向被求根函数的指针变量的一般形式为:

```
double (*fp)(double x);
```

对于使用牛顿迭代法的通用求根函数而言,在函数的参数表中应该包含 3 个形式参数:一个是求根时指定的根的初始值,另外两个是用于接受外界传递进来的函数实参以及导函数实参的指向函数的指针变量。对于二分迭代法和弦截法而言,在函数的参数表中也应该包含 3 个形式参数:一个是用于接受外界传递进来的函数实参的指向函数的指针变量,另外两个是求根时指定的根的区间。下面以二分迭代法为例,讨论求高阶方程根的通用函数问题,另外两种求高阶方程根通用函数的设计留给读者作为练习,读者可以参照本小节方法自行设计。

例 5.2 二分法求高阶方程根的通用函数。

```
/* Name: ex05-02.cpp
   二分法求高阶方程根通用函数 */
#include <math.h>
#define ESP   1e-7
double dichotomy_root(double (*p)(double x),double x1,double x2)
{  double x0,fx0,fx1,fx2;
   do
   {  x0=(x1+x2)/2;
      fx0=(*p)(x0);   /* 用指针变量的方式求得函数在 x0 点的函数值 */
      fx1=(*p)(x1);   /* 用指针变量的方式求得函数在 x1 点的函数值 */
      if((fx0*fx1)<0)
```

```
        {   x2 = x0;
            fx2 = fx0;
        }
        else
        {   x1 = x0;
            fx1 = fx0;
        }
    } while(fabs(fx0) >= ESP);
    return x0;
}
```

在上面的二分法求高阶方程根通用函数中，参数表中的指针变量参数 double (* p)(double x)用于接受从外界传递进来的函数指针(入口地址)，传递参数后函数内部用指针指向的对象来表示被传递进来的函数，如语句 fx0 = (* p)(x0)；表示的意思是：求函数在 x0 点的函数值。函数的具体实现方法与第 2 章中讨论的相同，请读者参考第 2 章相关内容。下面用简单示例展示如何使用已有的通用函数求解具体高阶方程的根。

例 5.3 利用已有的通用函数按给定条件求下面高阶方程的根。

(1)求方程 $2x^3 - 4x^2 + 3x - 6 = 0$ 在(-10,10)之间的根。

(2)求方程 $x^4 - 4x^3 + 6x^2 - 8x - 8 = 0$ 在(-1,1)之间的根。

```
/* Name: ex05-03.cpp */
#include <stdio.h>
#include "ex05-02.cpp"/* 将通用求根函数包含到本源程序文件中来 */
double f1(double x);    /* 被求根函数的原型声明 */
double f2(double x);
void main()
{   double y1,y2;
    y1 = dichotomy_root(f1, -10,10);   /* 函数调用时用被求根函数名作为实参 */
    y2 = dichotomy_root(f2, -1,1);
    printf("y1 = %f\n",y1);
    printf("y2 = %f\n",y2);
}
double f1(double x)   /* 方程 2x³ -4x² +3x -6 =0 的 C 语言描述 */
{   double f;
    f = 2 * x * x * x - 4 * x * x + 3 * x - 6;
    return f;
}
double f2(double x)   /* 方程 x⁴ -4x³ +6x² -8x -8 =0 的 C 语言描述 */
{   double f;
    f = x * x * x * x - 4 * x * x * x + 6 * x * x - 8 * x - 8;
```

```
    return f;
}
```

在上面程序中，用文件包含预处理语句将含有通用求根函数的源程序文件包含进来(即将两个源程序文件组合在一起构成完整的 C 程序)。对被求根函数按照其形式定义好被求函数(如上面程序中的 f1 和 f2 函数)并进行相应的声明。在求根函数调用时将被求根函数的名字、被求根的初始区间的两个端点作为实际参数，此时被求根函数指针(入口地址)赋值给指向函数的指针变量(通用函数中的指针型形式参数)，使得被求根函数从逻辑上被带入到通用求根函数中去。所以在使用已经定义好的求根通用函数求任何高阶方程的根时，只需要像例 5.3 程序中一样，描述好被求根函数并用指定的区间端点进行求根函数的调用即可。本程序执行的结果如下所示，读者可以与第 2 章中的结果进行比较：

```
y1 =2.000000
y2 = -0.602272
```

2) 求函数的定积分

根据数学知识，求函数定积分的问题实际上就是求函数 $f(x)$ 当 x 在区间 $[a,b]$ 时由 $x=a,x=b,y=0$ 和 $y=f(x)$ 围成的曲边四边形的面积。使用计算机解决这类问题的方法有矩形法、梯形法、辛普生法等。以梯形法为例，求定积分有如下几个步骤，如图 5.2 所示：

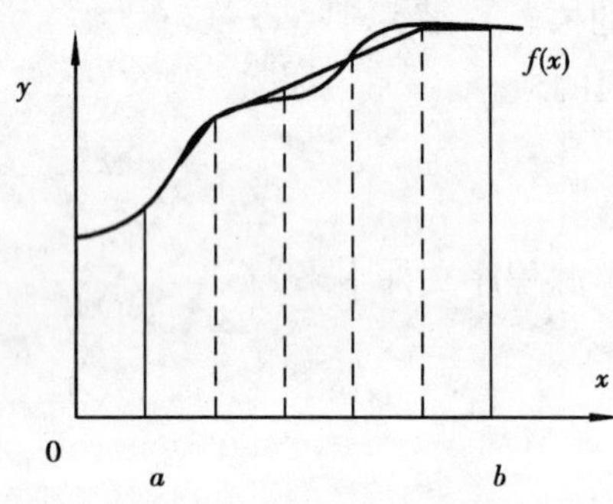

图 5.2　求定积分梯形法示意图

(1)将区间 $[a,b]$ 划分为若干等分，等分数取决于要求的精度。

(2)计算出所有等分点的函数值 $f(x_i)$。

(3)连接相邻两个等分点的函数值，将所求曲边四边形区域用若干个小的梯形代替。此时相邻两等分点函数值之间的曲线和连接的直线之间的区域即为误差。

(4)按公式求出所有小的梯形面积，然后求和得到曲边四边形面积的近似值，当积分区间的等分数趋近于无穷等分时，梯形面积之和无限趋近于真实的积分值。注意用计算机求解时只能求出满足精度要求的近似值。

因为被积函数的形式均为有一个实型自变量且所积结果是实型数据，所以在求定积分的通用函数的返回值数据类型应为 double，通用函数的参数有下面 4 个：

(1)与被积函数对应的指向函数的指针：double (*p)(double x)。

(2)积分区间的下限：double a。

(3)积分区间的上限：double b。

(4)按精度所需的积分区间等分数：int n

例 5.4　梯形法求定积分的通用函数。

```
/* Name: ex05-04.cpp
   梯形法求函数定积分的通用函数 */
double collect(double ( *p)(double x),double a,double b,int n)
{   int i;
```

```
    double h,area;
    h = (b - a)/n;
    area = ((*p)(a) + (*p)(b))/2.0;
    for(i = 1;i < n;i ++)
        area += (*p)(a + i * h);
    return area * h;
}
```

参照图 5.2,在上面通用函数中,小梯形的上底和下底都是在各点函数的值,由于在梯形法中除区间端点上的两点以外,其余点的函数值都应该被使用两次,一次作为某一小梯形的下底,而另外一次则作为下一个小梯形的上底。根据求梯形面积公式的要求,函数中使用 C 表达式((*p)(a) + (*p)(b))/2.0 将两个端点处函数值之和除以 2,其余的各个点函数值在循环中只取用一次。下面用简单示例展示如何使用已有的通用函数求给定函数和区间的定积分。

例 5.5 利用已有的通用函数按给定条件定积分,其中确定精度的等分数从键盘输入。

(1)求$f_1(x) = \int_0^2 (1 + x)dx$

(2)求$f_2(x) = \int_{-1}^1 \frac{1}{1 + 4x^2}dx$

```
/* Name: ex05-05.cpp */
#include <stdio.h>
#include "ex05-04.cpp"/* 将通用求定积分函数包含到本源程序文件中来 */
double f1(double x);    /* 被积函数的原型声明 */
double f2(double x);
void main()
{   double y1,y2;
    int n;
    printf("Input number of sections:");
    scanf("%d",&n);
    y1 = collect(f1,0,2,n);
    y2 = collect(f2,-1,1,n);
    printf("y1 = %f\n",y1);
    printf("y2 = %f\n",y2);
}
double f1(double x)  /* 被积函数的 C 语言描述 */
{   double f;
    f = 1 + x;
    return f;
}
```

```
double f2(double x)/* 被积函数的 C 语言描述 */
{   double f;
    f=1/(1+4*x*x);
    return f;
}
```

在上面程序中,用文件包含预处理语句将含有通用求定积分函数的源程序文件包含进来(即将两个源程序文件组合在一起构成完整的 C 程序)。对被积函数按照其形式定义好被积函数(如上面程序中的 f1 和 f2 函数)并进行相应的声明。在求定积分函数调用时将被积函数的名字、积分区间的两个端点以及确定精度的等分数作为实际参数,此时被积函数指针(入口地址)赋值给指向函数的指针变量(通用函数中的指针型形式参数),使得被积函数从逻辑上被带入到通用求定积分函数中去。所以在使用已经定义好的求定积分通用函数求任何函数在某个区间的定积分时,只需要像例 5.5 程序中一样,描述好被积函数并用指定的区间端点和等分数进行求定积分函数的调用即可。本程序执行结果如下:

```
Input number of sections:100
y1 =4.000000
y2 =1.107127
```

5.2 返回指针值的函数

在 C 程序中,任何一个函数都要返回一个值,这个返回值的数据类型可以是整型、实型、字符型等基本数据类型,也可以是空类型(void)或其他的用户自定义数据类型。除此之外,C 语言还支持在函数调用后返回一个指针型数据(地址),这种函数称为返回指针值的函数。在系统的标准库中存在许多返回的指针值的标准库函数,例如存储分配标准库函数等。

5.2.1 返回指针值函数的定义和调用

所谓返回指针值的函数亦简称为返回指针的函数。其特点是函数的定义中,返回值类型是某种数据类型的地址类型。返回指针值函数定义的首部形式如下:

[存储类别符] 数据类型符 *函数名(形式参数表及定义)

其中,存储类别符表示函数的存储类别,函数的返回值数据类型由数据类型符 * 表示。例如有函数定义的头部为:float *function(float x,float y),则 function 是函数名,实型变量 x 和 y 是函数的形式参数,函数名前面的星号表示函数 function 是一个返回指针值的函数,其返回的值是指向实型数据的指针值(或者直接理解为返回值类型为:float *)。

例 5.6 求 $sum = \sum_{i=1}^{n} i!$,要求使用静态局部变量和返回指针的函数方式。

```
/* Name: ex05-06.cpp */
#include <stdio.h>
long *fac(long n); // 函数的声明
void main()
{   long n,i,sum=0,*pi;
    printf("Input n: ");
    scanf("%ld",&n);
    for(i=1;i<=n;i++)
    {   pi=fac(i); // 函数的调用
        sum=sum+*pi;
    }
    printf("sum=%ld\n",sum);
}
long *fac(long n) // 函数的定义
{   static long p=1;
    p*=n;
    return &p;
}
```

在熟练使用返回指针函数的基础上，此段程序可以写为如下形式，请读者自行分析：

```
for(i=1;i<=n;i++)
    sum+=*fac(i);
```

上面程序中，函数 fac 是一个返回长整型指针值的函数，每次执行后返回函数中定义的静态变量 p 的地址给主调函数中的指针变量 pi，然后在主调函数中使用指针变量的指针运算形式 *pi 取出指针变量所指向数据对象（fac 函数中的 p）的值进行累加。函数执行的情况如下所示：

Input n: 6
sum=873

设计返回指针值函数时，注意不能将在函数内部说明的具有局部作用域的自动变量地址作为函数的返回值。例如，下面例 5.7 程序在较老的编译器中检查不出任何错误，但使用较新的编译系统能够检查出这种错误，编译系统的提示信息是：

warning C4172: returning address of local variable or temporary

例 5.7　返回自动变量地址值的错误程序。

```
/* Name: ex05-07.cpp */
#include <stdio.h>
void main()
{   int *fun();
    int num,*count;
    for(num=1234;num>=1;num--)
        if(num%3==0)
            count=fun();
    printf("count=%d\n",*count);
```

```
}
int * fun()
{   int i;   //i是自动变量
    i++;
    return &i;   //返回自动变量的地址值使得程序有潜在的错误
}
```

上面程序的返回指针值函数 fun 中,返回的是自动变量 i 的地址。从前面函数调用的知识我们知道,当函数调用返回后其内部定义的局部变量被系统自动撤销,所以返回一个已经被撤销变量的地址是毫无意义的。

5.2.2 存储分配标准库函数和动态变量

C 程序设计中,所谓"动态变量"指的是不需要事先对使用到的数据对象定义命名,而是在程序运行过程中按照实际需要动态向系统提出存储分配要求,然后通过指针运算方式使用从系统中分配到的存储空间。

为了能够在 C 程序中使用动态变量,就必须解决动态分配内存的问题。C 语言中提供了一系列用于存储分配的函数。存储分配函数的原型在头文件 stdlib. h 和 alloc. h 中均有声明,使用动态存储分配的应用程序中需要包含两个头文件之一。在关于存储分配的函数中,malloc 和 free 是最常用的两个函数。

(1)存储分配函数 malloc

原型:void * malloc(size_t size);

功能:在主存储器中的动态存储区分配由 size 所指定大小的存储块,返回所分配存储块在存储器中起始位置(指针)。返回指针类型为 void(空类型),在应用程序中应根据需要进行相应的类型转换。如果存储器中没有足够的空间分配,即当存储分配失败时返回 NULL。

(2)存储释放函数 free

原型:void free(void * memblock);

功能:释放由指针变量 memblock 指明首地址的由 malloc 类库函数分配的存储块,即将该块归还操作系统。

需要注意的是,使用 free 函数只能释放有 malloc 类函数动态分配的存储块,不能用 free 函数试图去释放数组等存储块。

例 5.8 使用 malloc 和 free 函数的例子。

```
/* Name: ex05-08.cpp */
#include <stdio.h>
#include <stdlib.h>
void main()
{   int * p1;
    double * p2;
```

```
    char *p3;
    p1 = (int *)malloc(sizeof(int));
    p2 = (double *)malloc(sizeof(double));
    p3 = (char *)malloc(sizeof(char));
    printf("请依次输入整型、实型和字符数据:\n");
    scanf("%d,%lf,%c",p1,p2,p3);
    printf("整型数据为:%d\n",*p1);
    printf("实型数据为:%f\n",*p2);
    printf("字符型数据为:%c\n",*p3);
    free(p1);
    free(p2);
    free(p3);
}
```

在例5.8程序中,通过存储分配标准库函数malloc分别按照所要求的长度分配存储空间,并将它们的起始地址转换为相应数据类型的指针赋值给对应的指针变量。然后将指针变量和对它们的指针运算分别作为数据的地址和数据本身进行操作。

习题5

一、单项选择题

1. C语句int (*ptr)();的含义是(　　)。

(A)ptr是指向函数的指针,该函数返回一个int型数据

(B)ptr是指向整型数据的指针变量

(C)ptr是一个函数名,该函数返回值是指向整型数据的指针

(D)ptr没有什么意义

2. 对函数add(x,y),为了让函数指针变量ptr指向函数add,正确赋值方法是(　　)。

(A)ptr = max　　(B)*ptr = max

(C)ptr = max(a,b)　　(D)*ptr = max(a,b)

3. 有函数min(a,b),已经使函数指针变量ptr指向它,调用该函数的正确方法为(　　)。

(A)(*ptr)min(a,b)　　(B)*ptr min(a,b)

(C)(*ptr)(a,b)　　(D)*ptr(a,b)

4. C语句int *func(int a,int b);的含义是(　　)。

(A)func是指向函数的指针,该函数返回一个int型数据

(B)func是指向整型数据的指针变量

(C)func是一个函数名,该函数返回值是指向整型数据的指针

(D)func没有什么意义

5. 关于返回指针值的函数,以下说法正确的是(　　)。

(A)在返回指针值的函数中,函数返回的是一个地址值或NULL值

(B)在返回指针值的函数中,函数返回值是任意的

(C)定义返回指针值的函数时,可以不指出形参的类型

(D)以上说法都不正确

6. 关于指向函数的指针变量,以下说法正确的是(　　)。

(A)一个指向函数的指针变量指向的函数返回值类型为整型,则它可以指向整型变量

(B)指向函数的指针变量的值是它所指的函数所占有的存储单元的地址

(C)指向函数的指针变量只能指向一个函数

(D)以上说法都不正确

7. 有定义语句char ＊pptr(int a,int b),＊f;以下操作正确的是(　　)。

(A)pptr++　　　　(B)＊pptr="how are you"

(C)pptr--　　　　(D)f= pptr(5,4)

8. 设有语句序列:char (＊ptr)(int);char fun(int a);,则下面操作正确的是(　　)。

(A)ptr= fun;　　　　(B)ptr=fun(int a);

(C)ptr=fun(5)　　　　(D)＊ptr=fun;

9. 下面程序要实现的功能是进行两个整型变量值的交换,则以下说法正确的是(　　)。

```
include"stdio.h"
void main()
{   void swap(int *p, int *q);
        int a=10,b=20;
        void (*p)(int *x,int *y);
        printf("a=%d,b=%d",a,b);
        p=swap(&a,&b);
        (*p)(&a,&b);
        printf("a=%d,b=%d\n",a,b);
}
void swap(int *p, int *q)
{   int t;
        t=*p, *p=*q, *q=t;
}
```

(A)该程序完全正确

(B)该程序有错,只要将语句p=swap(&a,&b);中的参数改为a,b即可

(C)该程序有错,只要将语句p=swap(&a,&b);改为p=swap;即可

(D)以上说法都不正确

10. 下面程序执行后输出的结果是(　　)。

```
#include "stdio.h"
```

```
int *a;
int *f(int *x,int *y)
{   if(*x>*y)
            a=x;
        else
            a=y;
        return a;
}
void main()
{   int x=5,y=8,*p;
        p=f(&x,&y);
        printf("%d\n",*p);
}
```

(A)0　　　　　　　　　　　　(B)8

(C)5　　　　　　　　　　　　(D)一个地址值

二、填空题

1. 语句:char *func1();和 char(*func2)();的区别是______①______。

2. 在说明语句:float * fun();中,标识符 fun 代表的是______②______。

3. 有函数 max(a,b,c),已经使函数指针变量 p 指向它,使用函数指针变量 p 调用函数的语句是______③______。

4. 函数 findmin 的功能是求 3 个数中的最小值,下面程序利用函数指针对 findmin 函数进行调用,请填空完成程序。

```
#include "stdio.h"
void main()
{   int findmin(int,int,int);
    int (*f)(int,int,int),x,y,z,min;
    f=______④______;
    scanf("%d%d%d",&x,&y,&z);
    min=______⑤______;
    printf("min=%d\n",min);
}
int findmin(int a,int b,int c)
{   int min;
    if(a<b)
        min=a;
    else
        min=b;
    if(min>c)
```

```
        min = c;
    return min;
}
```

三、阅读程序题

1. 写出下面程序当输入数据是 6 时的执行结果。

```
#include "stdio.h"
long fac(int x)
{   int i;
    long result = 1;
    for(i = 1;i <= x;i ++ )
    result = result * i;
    return result;
}
void main( )
{   long m,( *p)(int);
    int n;
    scanf("%d",&n);
    p = fac;
    m = ( *p)(n);
    printf("%d! =%ld",n,m);
}
```

2. 写出下面程序执行后的输出结果。

```
#include "stdio.h"
int f1(int x,int y)
{   return x > y? x:y;
}
int f2(int x,int y)
{   return x > y? y:x;
}
void main( )
{   int a =4,b =3,c =5,d,e,f;
    int ( *p)(int,int);
    p = f1;
    d = ( *p)(a,b);
    d = ( *p)(d,c);
    p = f2;
    e = ( *p)(a,b);
    e = ( *p)(e,c);
```

```
    f = a + b + c - d - e;
    printf("%d,%d,%d\n",d,f,e);
}
```

3. 写出下面程序执行后的输出结果。

```
#include "stdio.h"
int f1(int x)
{   return x * x;
}
int f2(int y)
{   return y * y * y;
}
int f(int (*f3)(int),int (*f4)(int),int z)
{   return (*f4)(z) - (*f3)(z);
}
void main()
{   int result;
    result = f(f1,f2,2);
    printf("%d\n",result);
}
```

4. 写出下面程序当输入数据是 30 和 15 时的执行结果。

```
#include "stdio.h"
void main()
{   void input(int *p,int *q);
    void sub(int *p,int *q);
    int x,y;
    void (*f)(int *p,int *q);
    f = input;
    (*f)(&x,&y);
    f = sub;
    (*f)(&x,&y);
}
void input(int *p,int *q)
{   printf("Please input x and y:\n");
    scanf("%d%d",p,q);
}
void sub(int *p,int *q)
{   printf("The result is:%d\n",*p - *q);
}
```

5. 写出下面程序执行后的输出结果。

```
#include "stdio.h"
int funca(int x,int y)
{   return x * x + y * y;
}
int funcb(int x,int y)
{   return x * x - y * y;
}
int sub(int (*t)(int,int),int x,int y)
{   return (*t)(x,y);
}
void main()
{   int a,(*p)(int,int);
    p = funca;
    a = sub(p,6,2);
    p = funcb;
    a += sub(p,9,3);
    printf("%d\n",a);
}
```

6. 写出下面程序执行后的输出结果。

```
#include "stdio.h"
int *f(int p[])
{   int j;
    for(j = 0;j <= 4;j ++)
        p[j] = p[j] * 2 + 1;
    return p;
}
void main()
{   int a[5] = {24,5,56,6,7},i,*k;
    k = f(a);
    for(i = 0;i <= 4;i ++)
        printf("%d\n",k[i]);
}
```

四、程序设计题

1. 用函数指针变量调用函数，输入 3 个正整数，按由大到小的顺序输出。

2. 用函数指针变量调用函数，求两个整数的最大值。

3. 输入两个正整数 a,b；如果 a 大于 b，求它们的最大公约数；否则，求它们的最小公倍数。

4. 用函数指针变量作参数，求两个整数的和、差以及乘积。

5. 从键盘输入一个大于 1 的正整数 n，当 n 为偶数时，计算

$$1+1/2+1/4+\cdots+1/n$$

当 n 为奇数时计算

$$1+1/3+1/5+\cdots+1/n$$

6. 输入一个正整数 x，打印其所有因子(重复因子不计)，并判断 x 是否素数。

7. 用梯形法编写积分通用函数，计算下面 3 个积分：

$$\int_1^2 x^2 \ln x\mathrm{d}x,(n=1\ 000),\int_0^{3.0} x\sin x\mathrm{d}x,(n=500),\int_0^1 \frac{x}{\mathrm{e}^x}\mathrm{d}x,(n=1\ 000)$$

8. 用迭代法求下列方程的实根：

(1) $x-\arctan(x)=0$;

(2) $x-0.5\cos(x)=0$;

(3) $x^2+x-6=0$

其中迭代次数为 50 次，精度为 0.000 01。

9. 用返回指针值的函数实现将数组 $a[6]=\{1,2,3,4,5,6\}$ 中元素平方后存入数组 $b[6]$。

10. 使用 malloc 函数为整型指针变量 ptr1 分配存储空间，输入一个整数存入该地址空间，并判断该数是否为完数。

6 指针与数组

本章概要和学习目标

指针本质上是一个无符号的整数,但并不是整数能够进行的运算对指针数据都有效。指针的加减、自增/自减等运算都与数组有着密切的联系。本章主要讨论地址运算、使用指针方式操作数组的方法、指针数组的使用、C 程序的命令行参数以及动态数组的建立和使用。本章主要学习目标如下:

- 多级指针的概念和使用方法
- 一维数组元素的指针表示及引用
- 二维数组元素的指针表示及引用
- 指针数组的概念和使用方法
- 命令行参数的概念和应用
- 动态数组的概念以及一二维动态数组的建立和使用

6.1 指针与数组的关系

C 程序设计中,指针和数组有着十分密切的关系。对于指针的某些运算来说,只有与数组这类占有连续存储区域的数据结构联系起来才有确定的意义。一般来说,任何能够在程序中通过使用数组下标变量处理的问题同样可以通过使用指针来处理。本小节主要讨论数组、数组元素的地址表示方式,以及使用指针变量处理数组元素地址问题的常见方法。

6.1.1 多级指针

在第 4 章中讨论指针概念时仅讨论了指针变量与其所指向的普通变量的关系。对于普通变量而言,可以用取地址运算符取出其在系统存储器中存放的起始地址,但这些地址都是一级地址,即概念上表示的是一个线性区域的始址,对应于一级地址的指针变量称为一级指针变量。就程序设计而言,某些应用所处理的数据对象在存储概念上不是一个线性区域,其存储始地址不能用前面讨论的一级指针变量进行处理,这就需要考虑多级指针变量的问题。

1)多级指针的概念

在计算机程序设计语言中,许多占用连续空间的数据对象都与其所占存储区域的起始地址相关,即这些数据对象的名字都表示其所占存储区域的起始地址。这些数据对象有可能表示由多个同类型元素构成的线性序列的概念,如一维数组;也有可能表示由多个同类型元素构成的平面和立体的概念,如二维数组和三维数组;当然也可以表示多维空间的概念。无论它们表示的是线性的概念、平面的概念还是多维空间的概念,在计算机存储系统中对应的都是线性的连续空间区域,现在的问题是如何用表明存储系统中线性连续区域的起始地址表示的到底是几维空间的起始地址。为了能够在程序设计中区分连续存储区域首地址所代表的到底是一维空间还是多维空间的起始地址,使用地址的不同级别来描述这些表示不同空间数据对象在存储上的首地址,其中用一级地址描述线性空间在存储上的首地址,例如一维数组的起始地址;用二级地址描述平面空间在存储上的首地址,例如二维数组的起始地址;用三级地址描述立体(三维)空间在存储上的首地址,例如三维数组的起始地址等等。在本书的第四章中曾经讨论过,地址就是指针,所以一级地址、二级地址、三级地址、多级地址又分别称为一级指针、二级指针、三级指针和多级指针。

2)多级指针变量的定义

为了能够在程序中对这些描述一级或多级指针(地址)的数据进行处理,也需要定义能够容纳它们的指针类型变量,分别称为一级指针变量、二级指针变量、三级指针变量和多级指针变量。所谓二级指针变量,即是其值可以是二级地址(指针)的变量;所谓三级指针变量, 即是其值可以是三级地址(指针)的变量;同理多级指针变量就是其值可以是多级地址(指针)的变量。一级指针变量的定义形式和使用方法在第4章中已经讨论过,下面讨论二级指针变量、三级指针变量和多级指针变量的定义方法和引用规则。常用的二级指针变量的定义形式如下:

[存储类别符] 数据类型符 ** 指针变量名;

按照类似的方式可以定义三级指针变量,其形式为:

[存储类别符] 数据类型符 *** 指针变量名;

更多级的指针变量的定义形式按照上述形式类推,只需增加更多的星号即可。

例如有如下所示的C语句序列,为描述方便假设变量x存储的首地址为10000,一级指针变量y存储的首地址为10300,二级指针变量z存储的首地址为10500,则语句序列中描述的变量x、y和z之间的关系以及它们在存储系统中的关系如图6.1和图6.2所示:

```
int x = 100, * y, ** z;    /* 定义整型变量、整型的一级指针变量和二级指针变量 */
y = &x;                    /* 指针变量 y 指向整型变量 x */
z = &y;                    /* 二级指针变量 z 指向一级指针变量 y */
```

3)多级指针变量的引用

对于指针变量而言,其内容是另外一个同类型数据对象在存储上的起始地址,称为指针变量指向这个数据对象,如图6.1和图6.2所示,一级指针变量y指向普通变量x,二级

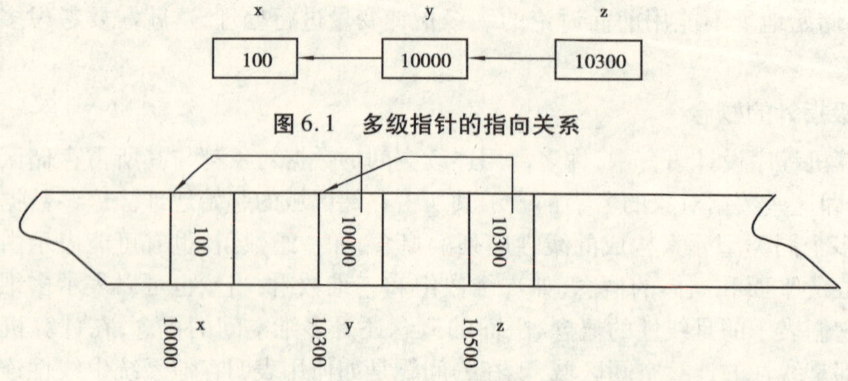

图 6.1　多级指针的指向关系

图 6.2　多级指针在存储系统中的关系

指针变量 z 指向一级指针变量 y。对于指针变量施加指针运算(＊)则表示指针变量所指向的数据对象,例如对于图 6.1 和图 6.2 所表示的指向关系可以得到下面的等价关系:

＊y 等价于 x

＊z 等价于 y

＊＊z 等价于 ＊y 等价于 x

例 6.1　多级指针变量的引用示例。

```
/* Name: ex06-01.cpp */
#include <stdio.h>
void main()
{   int x=100, *y, **z;
    y=&x;
    z=&y;
    printf("*y就是x: *y=%d,x=%d\n", *y,x);
    printf("**z就是x: **z=%d,x=%d\n", **z,x);
}
```

程序的运行结果为:

```
*y就是x: *y=100,x=100
**z就是x: **z=100,x=100
```

6.1.2　一维数组与指针的关系

在 C 程序设计中,指针和数组有着十分密切的关系,任何能够在程序中使用数组下标完成的操作也可以通过使用指针来实现。从一般概念上说,指向数组的指针实质上是能够指向数组中任何一个元素的指针,所以指向数组的指针应该与它所指向数组的元素同类型。

定义合适的指针变量后,例如 int a[10], ＊p;,则可以使用指针变量 p 指向数组 a 中的任何一个数组元素。即对于数组中的 i 号元素而言,使用 p = &a[i]就表示指针变量 p 指向数组中的 i 号(下标为 i)数组元素,如图 6.3 所示。由于数组名表示数组的起始地址(即第一个数组元素的地址),所以 p = &a[0] 和 p = a 表示相同的意义:使指针变量 p 指向数组的第一个元素或称为指向数组,如图 6.4 所示。

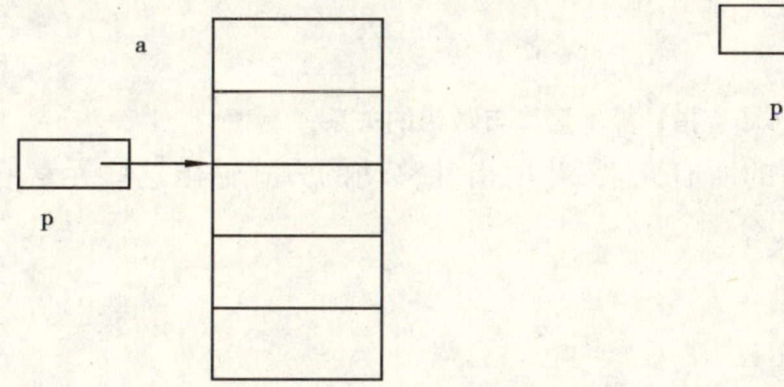

图 6.3　指针变量指向数组元素　　　　图 6.4　指针变量指向数组

当需要表示指针变量所指向的数组元素值时,使用星号(*)运算符。例如有 p = &a[i]时,则 * p 等价于 a[i],此时如果要向数组 i 号元素赋值,可以使用下面两种形式:

* p = <表达式>　　或者　　a[i] = <表达式>

对于指向数组的指针变量而言,当对指针变量进行加减一个整型常量以及自增/自减运算时,实质上就是将指针变量的指向沿着数组所占据的存储区域向前和向后移动多个或者是一个数组元素的位置。例如有如下语句序列,执行该序列后数组的内容如图 6.5 所示:

```
int a[10] = {0}, * p1 = a, * p2 = a;
p1 += 3;          //p1 向后移动 3 个元素位置,指向数组的 3 号元素
* p1 = 100;       //设置数组 3 号元素的值为 100
p2 = &a[9];       //p2 指向数组的最后一个元素(9 号元素)
p2 -= 3;          //P2 向前移动 3 个元素位置,指向数组的 6 号元素
* p2 = 200;       //设置数组 6 号元素的值为 200
p1 --;            //p1 向前移动 1 个元素的位置,指向数组的 2 号元素
p2 ++;            //p2 向后移动 1 个元素的位置,指向数组的 7 号元素
* p1 = 1000;      //设置数组 2 号元素的值为 1000
* p2 = 2000;      //设置数组 7 号元素的值为 2000
```

0	0	1000	100	0	0	200	2000	0	0

图 6.5　指针算术运算与数组的关系

对于两个同类型指针变量相减的操作,也只有在这两个指针变量指向同一连续的存储区域时才有实际意义。此时,两个指针变量差值的绝对值表示了两个指针之间存在着多少个它们所能够指向的数据对象,当然也可以由此计算出两个指针之间距离的字节数。如有如下语句,执行后两个指针的关系如图 6.6 所示:

```
int a[10] = {1,2,3,4,5,6,7,8,9,10}, * p1 = a, * p2 = a + 5;
```

此时表达式:p2 - p1 的结果值 5 表示了两个指针变量之间有 5 个整型数据对象(两个指针之间有 4 × 5 = 20 个字节的距离)。

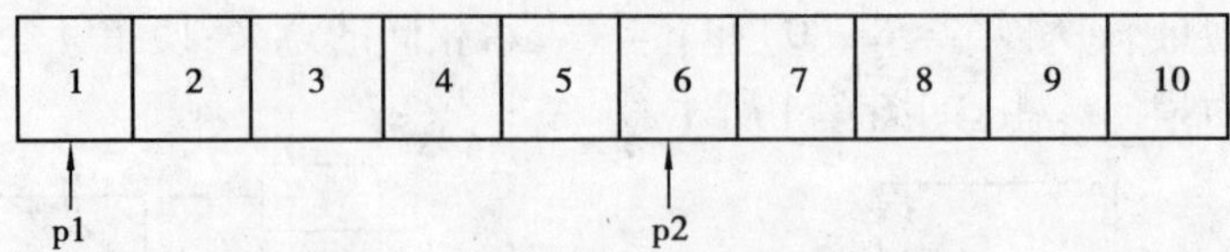

图 6.6　指针算术运算与数组的关系

例 6.2　随机生成一个数组的所有元素,并用指针移动的方式输出这些元素值。

```
/* Name: ex06-02.cpp */
#include <stdio.h>
#include <stdlib.h>
#include <time.h>
#define N 10
void main()
{   int    a[N],i,*p;
    srand(time(NULL));

    for(i=0;i<N;i++)
        a[i]=rand()%100;
    p=a;
    for(i=0;i<N;i++,p++)
        printf("%4d",*p);
    printf("\n");
}
```

上面程序中,使用表达式 p=a 使得指针变量 p 指向数组元素 a[0],在每一次循环体执行过程中输出用 *p 表示的指针变量 p 所指向的元素值;然后使用表达式 p++ 使得指针变量 p 指向数组中的下一个元素。反复进行上述操作直至所有数组元素全部输出为止。程序的一次执行结果为:

36　71　80　26　81　22　62　47　5　63

当定义指向数组的指针变量并使其指向了一个数组后,如 int a[10],*p=a;,在指针没有移动的情况下(即指针始终指向数组的 0 号元素),对该数组某个元素(如 i 号元素)的地址和元素值而言分别有 3 种等价的表示形式,如表 6.1 所示。

表 6.1　一维数组元素地址和元素值的等价表示形式

等价的地址表示形式	等价的元素表示形式
&a[i]	a[i]
a+i	*(a+i)
p+i	*(p+i)

例 6.3　使用不同的指针形式引用一维数组元素示例。

```
/* Name: ex06-03.cpp */
```

```
#include <stdio.h>
void main()
{   int a[5],i,*p;
    printf("第 1 次输入数据,使用指向数组的指针表示元素地址:\n");
    p=a;
    for(i=0;i<5;i++)
        scanf("%d",p+i);/* 使用指向数组的指针变量输入数组元素值 */
    for(i=0;i<5;i++)
        printf("%5d",a[i]);/* 使用数组元素形式输出数组值 */
    printf("\n");
    for(i=0;i<5;i++)
        printf("%5d",*(p+i));/* 使用指向数组的指针变量输出数组值 */
    printf("\n");
    printf("第 2 次输入数据,使用数组名表示元素地址:\n");
    for(i=0;i<5;i++)
        scanf("%d",a+i);/* 使用数组名输入数组元素值 */
    for(i=0;i<5;i++)
        printf("%5d",a[i]);/* 使用数组元素形式输出数组值 */
    printf("\n");
    for(i=0;i<5;i++)
        printf("%5d",*(a+i));/* 使用数组名输出数组值 */
    printf("\n");
}
```

程序执行时输入数据和输出结果为:

```
第 1 次输入数据,使用指向数组的指针表示元素地址:
1 2 3 4 5
    1    2    3    4    5
    1    2    3    4    5
第 2 次输入数据,使用数组名表示元素地址:
6 7 8 9 10
    6    7    8    9   10
    6    7    8    9   10
```

指向数组的指针变量也可以作为函数的参数进行传递。数组名和指向数组的指针变量都表示数组的起始地址,作为参数传递时都表示传递数组对象的起始地址,可以根据需要混合使用,表 6.2 描述了在函数的定义和调用过程中形式参数和实际参数分别使用指针变量形式和数组名形式的各种组合方式。特别需要注意的是,函数的形式参数无论使用的是数组名形式还是指针变量形式,本质上都是一个指针变量,在被调函数中既可以将它当作指针变量使用,也可以将它当作数组名使用。

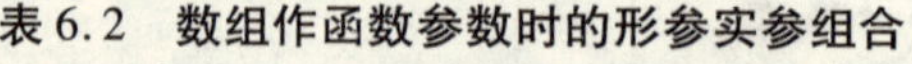

表6.2 数组作函数参数时的形参实参组合

组合种类	实际参数	形式参数
1	数组名	数组名
2	数组名	指针变量
3	指针变量	数组名
4	指针变量	指针变量

例6.4 使用选择排序法将一组数据按降序排列,要求被排序数组用随机函数生成,排序功能在自定义函数内进行实现,并且要求函数的数组类形式参数和函数中对数组的操作都使用指针变量形式。

```
/* Name: ex06-04.cpp */
#include <stdio.h>
#include <stdlib.h>
#include <time.h>
#define N 10
void sort(int *v,int n);              /* 排序函数 */
void MakeArray(int *v,int n);         /* 数组生成函数 */
void PrintArray(int *v,int n);        /* 数组输出函数 */
void swap(int *v,int x,int y);        /* 数组元素交换函数 */
void main()
{   int a[N];
    MakeArray(a,N);
    printf("Before Sort:\n");
    PrintArray(a,N);
    sort(a,N);
    printf("After Sort:\n");
    PrintArray(a,N);
}
void MakeArray(int *v,int n)
{   int i;
    srand(time(NULL));
    for(i=0;i<n;i++)
        *(v+i)=rand()%1000;
}
void PrintArray(int *v,int n)
{   int i;
    for(i=0;i<n;i++)
```

```
        printf("%5d", *(v+i));
    printf("\n");
}
void swap(int *v,int x,int y)
{   int t;
    t = *(v+x);
    *(v+x) = *(v+y);
    *(v+y) = t;
}
void sort(int *v,int n)
{   int i,j,k;
    for(i=0;i<n-1;i++)
    {   k=i;
        for(j=i+1;j<n;j++)
            if(*(v+j)>*(v+k))
                k=j;
        if(k!=i)
            swap(v,i,k);
    }
}
```

在 3.3.2 小节中详细讨论过选择排序算法,请参照分析例 6.4 程序,程序的一次执行结果为:

```
Before Sort:
  868 375 751 895 513 781 284 78 714 31
After Sort:
  895 868 781 751 714 513 375 284 78 31
```

*6.1.3 二维数组与指针的关系

C 语言中,二维数组 a 被认为是由若干个名字分别为:a[0],a[1],a[2],…,a[i],…的一维数组组成,这些一维数组即是对应二维数组的行。一维数组的名字代表了该一维数组在存储上的首地址,即该一维数组 0 号元素的地址。对应于二维数组 a 一行的一维数组存储首地址可以表示为 a[i]和 &a[i][0]两种等价形式。按照 C 语言地址加法的规则,一维数组 a[i]的 j 号元素地址可以表示为 a[i]+j 和 &a[i][j]两种等价形式。根据上一小节讨论的一维数组与指针的关系,a[i]等价于 *(a+i),所以有二维数组 a 的 i 行 j 列元素地址的等价表示形式:a[i]+j, *(a+i)+j 和 &a[i][j]。

在 C 语言的二维数组 a 中,a、a+i、a[i]、*(a+i)、*(a+i)+j、a[i]+j 和 &a[i][j]都是地址,其中 a[i]、a+i 和 *(a+i)都是数组 a 的 i 行首地址,但它们表示的意义是有区

别的。使用 a+i 的方式是将二维数组看成一个用一维数组作为元素的一维数组,其移动的方向是按每次移动过二维数组中一行(即 1 个一维数组);而使用 *(a+i)的方式则是将数组看成若干个简单变量元素组成的,其移动方向是每次移动二维数组中的一列(即一个元素)。图 6.7 展示的是一个 3 行 4 列数组 a 的存储示意图以及 a+i 和 *(a+i)两种不同指针形式移动跨距的比较。

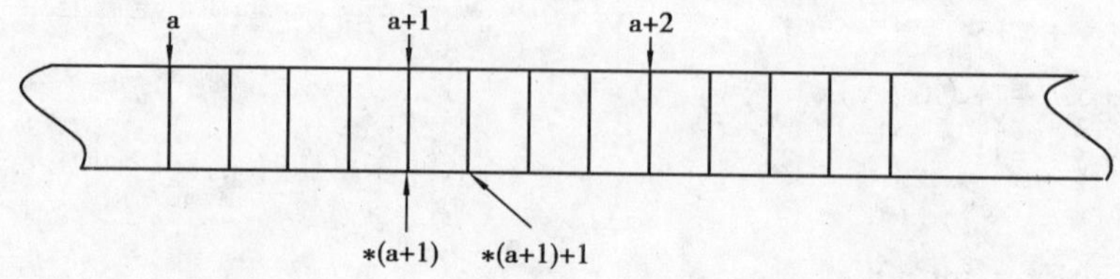

图 6.7　二维数组行指针和列指针移动比较

从图 6.7 中可以看出,a+i 和 *(a+i)都表示一行的起始地址,例如 a+1 和 *(a+1)都表示二维数组 a 中 1 行的首地址;对于行指针 a+i 而言,每次移动过的元素个数为二维数组一行所具有的元素个数,例如从 a+1 到 a+2 之间有 4 个数组元素;对于列指针 *(a+i)而言,每次移动过的元素为 1 个,例如从 *(a+1)到 *(a+1)+1 之间仅有一个数组元素(注意:*(a+1)也可以写为 *(a+1)+0)。

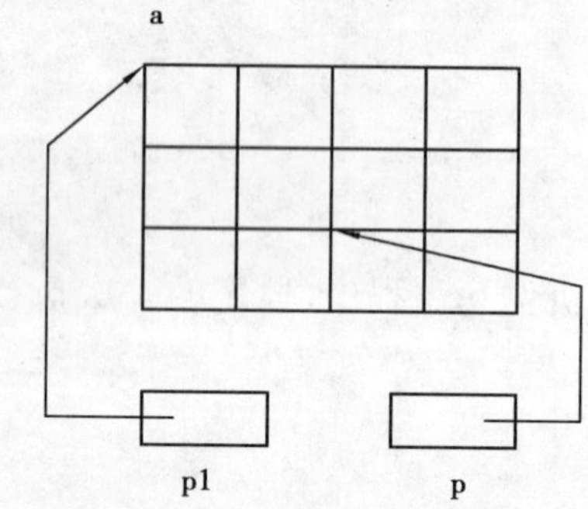

图 6.8　二维数组与指针的关系

对于一个二维数组 a,其所占存储区域的首地址有 4 种表示方式,它们是:a、a[0]、&a[0][0]和 *a。这 4 种地址表示形式的地址级别是不同的,其中 a 是二级地址,其移动方式是每次移动过一行数组元素,所以其地址单位是二维数组中一行数据所占据的存储单元字节数;其余 3 个都表示一级地址,其移动方式是每次移动过一个数组元素,所以其地址单位为一个数组元素所占据的存储单元字节数。程序设计中若要用指针来表示二维数组的地址关系,特别需要注意对应的地址级别。下面用一个 3 行 4 列的二维数组与指针的关系来进行讨论,如图 6.8 所示。

设有定义 int a[3][4], *p, *p1;则指针变量与二维数组的关系应从如下两个方面考虑:

(1)指针变量指向特定的数组元素。例如 p=&a[2][2]表示指针变量 p 指向二维数组 a 的 2 行 2 列元素,此时对指针变量取指针运算则表示数组元素本身,即:

*p 等价于 a[2][2]

(2)指针变量指向二维数组首地址且未移动。例如 p1=a[0]、p1=&a[0][0]或 p1=*a都表示指针 p1 指向二维数组 a,特别需要注意的是:不能使用 p1=a 的方式将指针 p1 指向数组 a,原因是 p1 是一级指针,只能用一级地址值作为其值,而 a 表示的是二级地址值。当 p1 指向二维数 a 且未移动时,数组 a 中的 i 行 j 列元素地址可以用指针 p1 表示为 p1+i*4+j。

综上所述,如果一个指针变量指向了一个二维数组首地址且指针没有移动时,对该数组某个元素（如 i 行 j 列元素）的地址和元素值而言分别有 4 种等价的表示形式，如表 6.3 所示。

表 6.3　二维数组元素地址和元素值的等价表示形式

等价的地址表示形式	等价的元素表示形式
&a[i][j]	a[i][j]
a[i]+j	*(a[i]+j)
*(a+i)+j	*(*(a+i)+j)
p1+i*列数+j	*(p1+i*列数+j)

例 6.5　使用不同的指针形式引用二维数组元素示例。

```
/* Name: ex06-05.cpp */
#include <stdio.h>
#include <stdlib.h>
#include <time.h>
#define ROW 5
#define COL 8
void main()
{   void MakeArray(int *v,int m,int n);
    int a[ROW][COL],i,j,*p;
    MakeArray(a[0],ROW,COL);
    for(p=a[0],i=0;i<ROW;i++)
    {   for(j=0;j<COL;j++)
            printf("%5d",*(p+i*COL+j));//使用指向数组的指针表示数组元素
        printf("\n");
    }
    printf("\n");
    for(i=0;i<ROW;i++)
    {   for(j=0;j<COL;j++)
            printf("%5d",*(*(a+i)+j)); //使用数组名表示数组元素
        printf("\n");
    }
    printf("\n");
    for(i=0;i<ROW;i++)
    {   for(j=0;j<COL;j++)
            printf("%5d",*(a[i]+j));         //使用数组每行的首地址表示数组元素
        printf("\n");
    }
```

```
}
void MakeArray(int *v,int m,int n)    //随机生成二维数组所有元素值
{   int i,j;
    srand(time(NULL));
    for(i=0;i<m;i++)
        for(j=0;j<n;j++)
            *(v+i*n+j)=rand()%1000;
}
```

上面程序用 3 种不同的指针方式实现了二维数组元素的输出，程序执行的输出结果为：

```
 13  999  755  640  544  479  839  264
635  179  812  485  123  531  527  282
 33  713  785  964  488  535  525  362
127  372  445  911  736  439  500  419
887  266  330  713  159  546  379  154

 13  999  755  640  544  479  839  264
635  179  812  485  123  531  527  282
 33  713  785  964  488  535  525  362
127  372  445  911  736  439  500  419
887  266  330  713  159  546  379  154

 13  999  755  640  544  479  839  264
635  179  812  485  123  531  527  282
 33  713  785  964  488  535  525  362
127  372  445  911  736  439  500  419
887  266  330  713  159  546  379  154
```

6.1.4 指向若干元素构成的数组的指针

在前面讨论的数组与指针的关系中，指向数组的指针变量移动的跨距要么是一个数组元素，要么是一行数组元素。在实际的程序设计中，可能需要按某个固定规律移动的指针，这个规定的移动长度有可能是二维数组中的一行元素，但也有可能既不是一个数组元素也不是一行数组元素。为了适应这种需要，C 语言中提供了指向由若干元素组成的 n-1 维数组的指针变量。对于指向若干元素构成的数组的指针来说，其指针的级别与它所指向的若干元素构成的数组结构相关，若这些元素构成的是一维数组，则相应的指针变量是二级指针变量；若这些元素构成的是二维数组，则相应的指针变量是三级指针变量；以此类推，若这些元素构成的是 n-1 维数组，则相应的指针变量是 n 级指针变量。为简单起见，只讨

论指向由若干个元素组成的一维数组指针变量的定义和使用方法，对于指向由若干元素组成的 n-1 维数组的指针变量，读者可参照对指向由若干个元素组成的一维数组指针变量的讨论自行推敲或参考其他资料。

在C程序设计中如果需要让指针的一次移动可以跨过所需要的数据对象个数，可以定义指向由若干个元素组成的一维数组的指针变量。定义指向由若干个元素组成的一维数组指针变量的一般形式为：

[存储类别符] 数据类型符 (*变量名)[常量表达式];

其中，常量表达式的值就是指针变量一次移动所跨过的元素个数（即该指针变量的单位）。例如 int (*p)[10]；表示定义了指针变量 p，指针 p 的一次移动即可以移动过 10 个整型数据所占用的连续存储区域。

对于指向由若干个元素组成的一维数组的指针变量，如果其定义中的常量表达式值与一个二维数组的列数相当，则该指针变量的单位就是二维数组中的一行元素所占的存储长度，即指针变量的一次增加 1 的操作就移动过二维数组的一行元素。同样也可以用指向由若干个元素组成的一维数组的指针变量来表示相应二维数组元素的地址和元素值。例如有语句序列：int a[4][5],(*p)[5];p=a;，则指针变量 p 与二维数组 a 的指向关系如图 6.9 所示，用指针变量 p 表示二维数组元素地址和元素值的方式如表 6.4 所示。

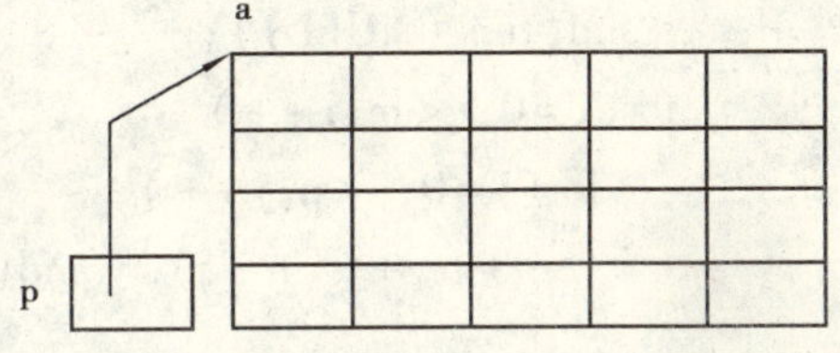

图 6.9 指向若干元素构成的一维数组指针变量与二维数组的指向关系

表 6.4 指向若干元素构成的一维数组指针变量表示二维数组元素

等价的地址表示形式	等价的元素表示形式
&a[i][j]	a[i][j]
*(p+i)+j	*(*(p+i)+j)
p[i]+j	*(p[i]+j)

例 6.6 使用指向由若干个元素组成的一维数组的指针处理二维数组。

```
/* Name: ex06-06.cpp */
#include <stdio.h>
#include <stdlib.h>
#include <time.h>
#define ROW 4
#define COL 5
void main()
{   void MakeArray(int *v,int m,int n);
    void PrintArray(int *v,int m,int n);
    int a[ROW][COL],i,j,(*p)[COL];
    MakeArray(a[0],ROW,COL);
```

```
    PrintArray(a[0],ROW,COL);
    printf("................................\n");
    for(p=a,i=0;i<ROW;i++)
    {   for(j=0;j<COL;j++)
            printf("%6d",*(*(p+i)+j));/* 也可以使用*(p[i]+j)表示方式 */
        printf("\n");
    }
}
void MakeArray(int *v,int m,int n)
{   int i,j;
    srand(time(NULL));
    for(i=0;i<m;i++)
        for(j=0;j<n;j++)
            *(v+i*n+j)=rand()%1000;
}
void PrintArray(int *v,int m,int n)
{   int i,j;
    for(i=0;i<m;i++)
    {   for(j=0;j<n;j++)
            printf("%6d",*(v+i*n+j));
        printf("\n");
    }
}
```

上面程序中用指向若干个元素组成一维数组的指针变量表示形式*(*(p+i)+j)输出二维数组元素(同样也可以用*(p[i]+j)表示形式输出),程序一次执行的输出结果如下所示,其中虚线上面的数据调用函数 PrintArray 输出的。

```
   972   693   362   763    28
   987   734   646   151   810
   245   453   366   621    56
   518   114   834    37     3
................................
   972   693   362   763    28
   987   734   646   151   810
   245   453   366   621    56
   518   114   834    37     3
```

例 6.7 指向若干个元素组成的一维数组指针变量作函数形式参数(求二维数组中全部元素之和)。

```
/* Name: ex06-07.cpp */
```

```
#include <stdio.h>
#define ROW 4
#define COL 3
void main()
{   int add(int (*a)[COL],int m,int n);
    int a[ROW][COL]={1,2,3,4,5,6,7,8,9,10,11,12};
    printf("sum=%d\n",add(a,ROW,COL));
}
int add(int (*a)[COL],int m,int n)
{   int i,j,sum=0;
    for(i=0;i<m;i++)
        for(j=0;j<n;j++)
            sum+= *(a[i]+j);
    return sum;
}
```

函数 add 的一个形式参数变量为指向若干个元素组成的一维数组指针变量,函数通过该形式参数接收从主函数中传递来的实际参数 a;在函数 add 中通过使用数组元素的表示方式*(a[i]+j)将所有数组元素累加到变量 sum 中;程序执行结果为:sum=78。

6.2 指针数组与命令行参数

处理一组相关的同类型数据时可以使用数组的概念,同样如果有一组指向同一类型数据的相关指针也可以对它们使用数组数据结构,每一个元素都是指针的数组称为指针数组。当需要程序启动运行的同时从外部向程序内部传递信息,可以通过程序执行的命令行向程序中带入命令行上的参数来实现。在设计可以带入命令行参数的 C 程序时,就需要使用到指针数组概念。

6.2.1 指针数组

指针数组是一组有序的指针的集合。指针数组的所有元素都必须是具有相同存储类型和指向相同数据类型的指针变量。指针数组定义的一般形式为:

[存储类别符] 数据类型符 *数组名[常量表达式];

例如,int *name[10];就定义了含有 10 个指针元素的指针数组,每一个指针数组元素都是一个整型的指针变量,即可以存放一个整型数据的地址(或者整型一维数组的始址)。例如下面的语句序列,则指针数组与被指向数据对象的关系如图 6.10(a)和图 6.10(b)所示:

```
int a[4],b[5],*p[2];/* 定义两个数组 a、b 和一个指针数组 p */
double x,y,*p1[2]; /* 定义两个普通变量和一个指针数组 p1 */
p[0]=a;          /* 指针数组 p 的 0 号元素 p[0](指针变量)指向一维数组 a */
p[1]=b;
p1[0]=&x;        /* 指针数组 p1 的 0 号元素 p1[0](指针变量)指向变量 x */
p1[1]=&y;
```

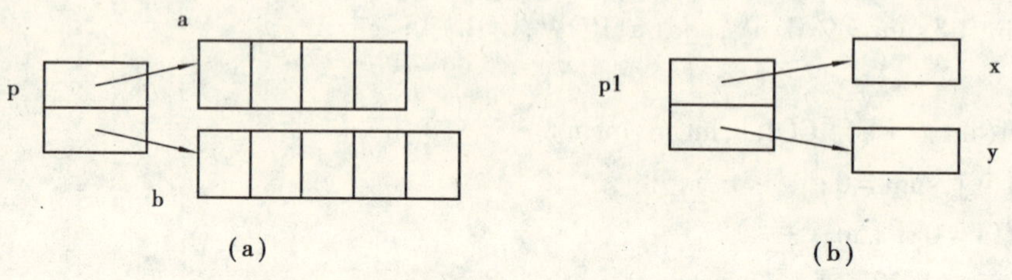

图 6.10 指针数组与被指向数据对象的关系示意图

(a)指针数组元素指向数组;(b)指针数组元素指向变量

指针数组也可以初始化,其形式如下:

[存储类别符] 数据类型符 *数组名[常量表达式]={地址量1,地址量2,…};

例如,int x,y,*add[]={&x,&y};和 double a[10],b[35],*p[]={a,b};等。

指针数组在C程序设计中常用于处理二维数组,此时指针数组中的每个元素被赋予二维数组每一行的首地址,因此也可理解为指向一个一维数组。

例6.8 用一维指针数组处理二维数组示例。

```
/* Name: ex06-08.cpp */
#include <stdio.h>
#include <stdlib.h>
#include <time.h>
#define ROW 3
#define COL 5
void main()
{   void MakeArray(int *v,int m,int n);
    int a[ROW][COL],i,*p[3];
    MakeArray(a[0],ROW,COL);
    for(i=0;i<ROW;i++)//指针数组 p 的各元素依次指向二维数组 a 的每一行始址
        p[i]=a[i];
    for(i=0;i<COL;i++)
        printf("%5d",*(p[1]+i));//指针 p[1]指向二维数组第 2 行 a[1]
    printf("\n");
}
void MakeArray(int *v,int m,int n)
{   int i,j;
```

```
    srand(time(NULL));
    for(i=0;i<m;i++)
        for(j=0;j<n;j++)
            *(v+i*n+j)=rand()%1000;
}
```

上面程序在调用函数 MakeArray 生成二维数组后,通过循环使用表达式 p[i]=a[i]将二维数组的每行首地址赋值给指针数组的元素,使得指针数组的每一个元素指向二维数组中的一行;最后通过用*(p[1]+i)表示的方法输出数组 a 第 2 行(1 号行)的元素值。程序一次运行的结果为:

```
412    96    693    951    810
```

指针数组在 C 程序设计中的还常用于处理若干个相关的一维数组。此时指针数组中的每个元素被赋予一个一维数组的首地址。

例 6.9 编制程序解决下述问题:5 个学生,每人所学课程门数不同(成绩存放在一维数组中,以 -1 表示结束),编写程序输出他们的各项成绩。

```
/* Name: ex06-09.cpp */
#include <stdio.h>
void main()
{   int stu1[]={78,98,73,-1},stu2[]={100,98,-1},stu3[]={88,-1},
        stu4[]={100,78,33,65,-1},stu5[]={99,88,-1};
    int *grad[]={stu1,stu2,stu3,stu4,stu5},**p=grad,i;
    for(i=1;i<=5;i++)
    {   printf("学生 %d 成绩:",i);
        while(**p>=0)        /* 当取出的数组元素值不是 -1 时 */
        {   printf("%4d",**p);
            (*p)++;   /* 指针变量*p 移动指向当前数组的下一个数组元素 */
        }
        p++;   /* 指针变量 p 移动指向下一个指针数组元素(即下一个一维数组) */
        printf("\n");
    }
}
```

上面程序综合使用了指针数组和二级指针变量,在数据对象的定义和初始化阶段完成后形成的处理结构如图 6.11 所示。

如图所示,二级指针变量 p 指向指针数组 grad,而 grad 的每一个元素分别指向一个一维数组,最初时*p 就等价于 grad[0],也就是数组 stu1 的首地址。注意二级指针变量每移动一步就指向 grad 的下一个数组元素,则*p 就等价于当前所指向的指针数组元素,也就是指针数组元素指向的一维数组的首地址;对于*p 而言,它仍然是一个指针变量,但它是一个一级指针变量,当其指向一个一维数组后,其每次移动就会指向下一个数组元素,程序中通过*p 指针的移动并取指针运算(**p)来操作数组元素。程序的执行结果为:

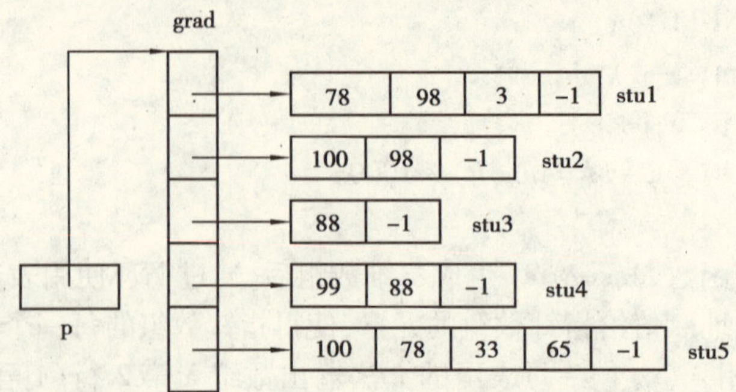

图 6.11　例 6.9 程序的数据结构

学生 1 成绩：78　98　73

学生 2 成绩:100　98

学生 3 成绩：88

学生 4 成绩:100　78　33　65

学生 5 成绩：99　88

6.2.2　命令行参数

在 C 程序设计中,有可能需要所设计的程序在启动运行时可以从外界向程序内部传递信息,即通过程序执行的命令行向程序中带入命令行上的参数。例如,DOS 操作系统中的文件拷贝命令的调用形式为：

copy Source_filename Target_filename

图 6.12　命令行参数

在视窗系统中,也可以如图 6.12 所示,在 Windows 系统的运行对话框中通过输入命令行“winword d: \ abc. doc”在启动字处理程序 WORD 的同时打开 D 盘根目录下 WORD 文档“d:\abc.doc”。

为了使程序运行时能从系统接收参数,C 语言提供了程序在主函数中接收从命令行上传递过来的实际参数的能力,这种参数称为命令行参数。为了接收命令行参数,在定义主函数时使其带上形式参数。主函数的形式参数有两个,一个整型参数用于记录命令行输入的参数个数,习惯上用标识符 argc 表示;另一个参数为字符类型的指针数组 argv,用于存放命令行上输入的各实参字符串的起始地址,即指针数组的每一个元素指向一个由命令行上传递而来的字符串。例如,若有 C 源程序文件 echo. cpp,程序中的主函数头为：

```
void main( int argc,char * argv[ ])
```

源程序文件编译连接后生成执行文件 echo. exe，执行程序时命令行为：

```
echo file1. txt file2. txt
```

则参数传递的结果为:argc = 3、argv[0]指向字符串“echo. exe”、argv[1]指向字符串“file1. txt”、argv[2]指向字符串“file2. txt”,如图 6.13 所示。

例 6.10　命令行参数的获取示例。

```
/* Name: ex06-10.cpp */
#include <stdio.h>
void main(int argc,char *argv[])
{   while(--argc>0)
        printf("%s%c",argv[argc],(argc>1?' ':'\n'));
}
```

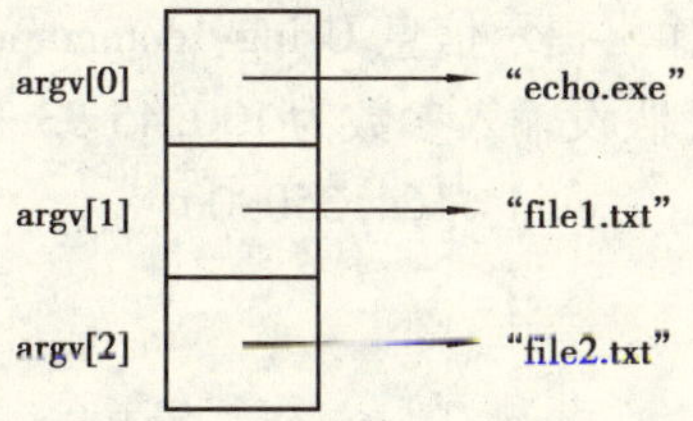

argv[0] → "echo.exe"
argv[1] → "file1.txt"
argv[2] → "file2.txt"

图 6.13　命令行参数结构示意图

上面程序的调试执行涉及命令行参数的输入问题，在VC++6集成环境中命令行参数处理的基本步骤为：

(1)编译(或编译连接)C源程序。

(2)选择执行IDE的菜单命令：Project→Settings，出现Project Settings对话框。

(3)在对话框中选择Debug选项卡。

(4)在Program arguments框中输入命令行参数(不含执行文件的名字)。

(5)单击OK按钮返回编辑环境后运行程序。

命令行参数处理更详细的操作方式参见与本书配套实验教材。例6.10程序执行时通过使用argv[argc]方式表示程序中获取的命令行参数，如果设置的命令行参数为abcdefg 1234 AGDGS，则程序执行的结果是：

AGDGS 1234 abcdefg

在使用命令行参数时特别需要注意的是通过命令行参数的处理只是从程序的外界向程序内部传递了若干个字符串，程序中用字符指针数组来组织这些字符串，至于这些字符串的物理含义(即传递这些字符串的目的)是什么需要由程序员自己解释。在程序中可以将这些字符串用于对应的实际目的，例如表示文件的名字、表示要处理的字符串等；如果应用目的不是使用字符串则需要按要求进行转换，下面的例6.11说明了这个问题。

例6.11　编程序实现功能：在执行程序时从命令行上带入两个实型数据，在程序中求两个实数之和并输出。

```
/* Name: ex06-11.cpp */
#include <stdio.h>
#include <math.h>
void main(int  argc, char *argv[])
{   double x,y;
    if(argc!=3)  //检测命令行上的参数个数是否满足程序要求
    {   printf("Using: command arg1 arg2 <CR> \n");
        return;
    }
    x=atof(argv[1]);      //将字符串argv[1]转换为实型数据
    y=atof(argv[2]);      //将字符串argv[2]转换为实型数据
    printf("sum=%f\n",x+y);
}
```

上面程序执行时如没有按要求正确输入命令行参数(即命令行上的参数不是3个)则

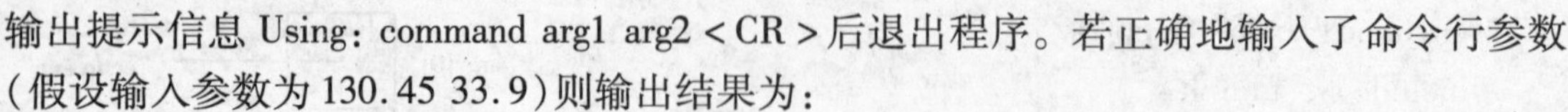

输出提示信息 Using: command arg1 arg2 <CR>后退出程序。若正确地输入了命令行参数(假设输入参数为 130.45 33.9)则输出结果为:

sum = 164.350000

*6.3 用指针构成动态数组

在 C99 标准之前,C 语言中的数组类数据对象与其他数据对象一样在使用前必须定义,而且在定义数组类对象是必须要指明其数组元素个数。要在程序设计中使用动态数组对象,只能通过使用指针概念和 C 标准库中提供的存储分配标准库函数实现。

6.3.1 动态数组的概念

所谓动态数组就是可以在程序的运行过程中根据需要创建的数组数据对象。C99 标准以前,在 C 程序中如果要使用数组必须在程序设计时就静态地定义数组,而且在定义数组时必须指明数组的长度,如在第 3 章中讨论的那样。C99 标准中,允许程序员根据在程序运行过程中提供的数组长度定义数组,亦即数组空间的分配在程序的运行过程中完成。下面的例 6.12 展示了如何在程序的运行过程中如何按照输入的长度定义数组。

例 6.12 程序运行过程中创建指定长度的数组。

```
/* Name: ex06-12.cpp */
#include <stdio.h>
#include <stdlib.h>
#include <time.h>
#include <conio.h>
int main()
{   void MakeArray(int v[],int n);
    void PrintArray(int v[],int n);
    int n;
    printf("输入数组长度:");
    scanf("%d",&n);   /* 输入需要的数组元素个数 */
    int a[n];   /* 按需要的长度定义数组 */
    MakeArray(a,n);
    PrintArray(a,n);
    printf("\n");
    getch();
    return 0;
}
```

```
void MakeArray(int v[],int n)
{   int i;
    srand(time(NULL));
    for(i=0;i<n;i++)
        v[i]=rand()%1000;
}
void PrintArray(int v[],int n)
{   int i;
    for(i=0;i<n;i++)
        printf("%5d",v[i]);
}
```

上面程序在执行中根据从键盘上输入的整型数据定义一维数组,然后调用函数 MakeArray 为一维数组随机生成元素值,最后调用函数 PrintArray 输出一维数组 a 的所有元素值。注意,目前许多流行的主流编译器(包括本书中使用的 VC++6 编译器)都没有对 C99 标准提供良好的支持。例如,在 VC++6IDE 中,对程序中的 C 语句 int a[n];就会给出出错信息:error C2057:expected constant expression(期望常量表达式),其意思是定义数组时必须用常量指定数组长度。

目前常见的支持 C99 标准的编译器有 UNIX 平台下的 GCC、视窗系统平台下的 Dev-C++、MinGW 等,下面是例 6.12 程序在 Dev-C++环境下一次运行的情况:

```
输入数组长度:10
945  209  360  661  368  224  75  488  435  474
```

从前面数组与指针关系的讨论中我们知道,指针可以指向数组,即将数组存储首地址赋值给指针变量,当指针变量指向数组后,通过指针就可以操作其所指向的数组。在通过指针变量操作数组的过程中,既可以将指针变量沿着数组所占存储区间移动指向不同的数组元素,进而操作所指向的数组元素,也可以将指针变量固定作为数组的名字使用,进而用下标变量的形式操作数组元素。通过使用 C 语言的动态存储分配标准库函数可以在程序运行的过程中分配一段连续的存储空间,并将该空间的起始地址赋值给指针变量,然后通过指针变量将所表示的存储空间作为数组进行操作。通过指针变量的这种应用方式,在不支持 C99 标准的 C 程序设计环境中也可以实现动态数组。

6.3.2 一维动态数组的建立和使用

在 C 程序设计中,使用指针的概念和 C 语言提供的存储分配类标准库函数可以非常容易地实现一维动态数组。实现一维动态数组的基本步骤为:

(1)定义合适数据类型的一级指针变量。

(2)调用 C 动态存储分配标准库函数按照指定的长度和数据类型分配存储。

(3)将动态分配存储区域的首地址转换为所需要的指针形式赋值给对应的指针变量。

(4)将指针变量名作为一维数组名操作。

例 6.13 编制程序实现冒泡排序功能,程序中假定事先并不知道排序元素的个数。为了模拟数据程序中仍然要求被排序数组用随机函数生成。

```
/* Name: ex06-13.cpp */
#include <stdio.h>
#include <stdlib.h>
#include <time.h>
void sort(int v[],int n);                /* 排序函数 */
void MakeArray(int v[],int n);           /* 数组生成函数 */
void PrintArray(int v[],int n);          /* 数组输出函数 */
void swap(int v[],int x,int y);          /* 数组元素交换函数 */
void main()
{   int n, *pArr;
    printf("请输入参加排序的元素个数:");
    scanf("%d",&n);
    pArr = (int *)malloc(sizeof(int) * n); //动态建立了一维数组 pArr
    MakeArray(pArr,n);   //使用动态建立的一维数组 pArr 作函数调用的实际参数
    printf("排序前数据序列:\n");
    PrintArray(pArr,n);
    sort(pArr,n);
    printf("排序后数据序列:\n");
    PrintArray(pArr,n);
}
void MakeArray(int v[],int n)
{   int i;
    srand(time(NULL));
    for(i=0;i<n;i++)
        v[i]=rand()%1000;
}
void PrintArray(int v[],int n)
{   int i;
    for(i=0;i<n;i++)
        printf("%5d",v[i]);
    printf("\n");
}
void sort(int v[],int n)
{   int i,j;
    for(i=0;i<n-1;i++)
        for(j=0;j<n-i-1;j++)
```

```
        if(v[j+1]<v[j])
            swap(v,j,j+1);
}
void swap(int v[],int x,int y)
{   int t;
    t=v[x];
    v[x]=v[y];
    v[y]=t;
}
```

例 6.13 程序中动态创建了一维数组,使用在 3.3.2 小节中详细讨论过冒泡排序算法利用动态数组实现排序操作,请参照 3.3.2 小节中对冒泡排序算法的讨论分析上面程序。程序的一次执行过程和结果如下所示:

```
请输入参加排序的元素个数:13
排序前数据序列:
142  442  114  234  277  326  718  878  221  5  737  713  775
排序后数据序列:
5  114  142  221  234  277  326  442  713  718  737  775  878
```

6.3.3 二维动态数组的建立和使用

在 C 程序设计中,使用指针的概念和 C 语言提供的存储分配类标准库函数可以非常容易地实现二维动态数组。动态二维数组的构成需要使用指针数组的概念,即构成的数据结构如图 6.14 所示,图中的变量 ptr 是二级指针变量,它指向的数组是动态生成的一维指针数组,一维指针数组的每个元素指向的是动态生成的一维数组。在 C 程序设计中实现二维动态数组的基本步骤为:

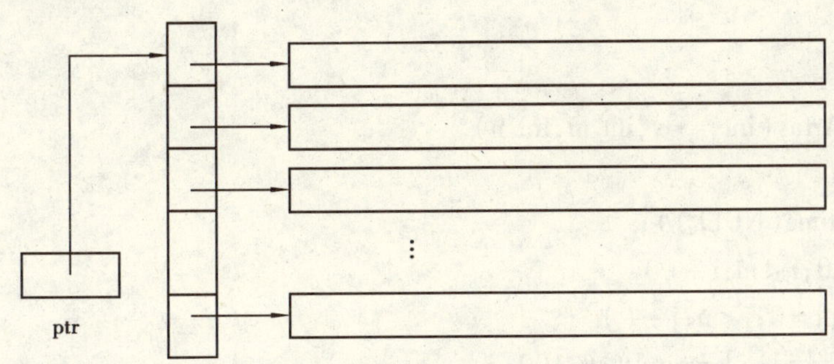

图 6.14 动态二维数组的结构

(1)定义合适数据类型的二级指针变量。

(2)按照指定的二维数组行数动态创建一维指针数组,并将其首地址赋值给二级指针变量。

(3)以二维数组的列数为长度动态创建若干个(由行数决定)一维数组,并将其首地址分别赋值给指针数组中的对应元素。

(4)将二级指针变量名作为二维数组名操作。

例 6.14 二维动态数组的创建和使用示例。

```
/* Name: ex06-14.cpp */
#include <stdio.h>
#include <stdlib.h>
#include <time.h>
void main()
{   void PrintArray(int **v,int m,int n);
    void MakeArray(int **v,int m,int n);
    int i,row,col,**pArr;
    printf("输入二维数组的行数和列数:");
    scanf("%d,%d",&row,&col);
    pArr=(int **)malloc(row*sizeof(int *));//动态建立一维指针数组 pArr
    for(i=0;i<row;i++)//建立若干个一维数组,依次用 pArr 的元素指向这些数组
        pArr[i]=(int *)malloc(col*sizeof(int));
    MakeArray(pArr,row,col);//用动态二维数组 pArr 作函数调用的实际参数
    PrintArray(pArr,row,col);
}
void PrintArray(int **v,int m,int n)
{   int i,j;
    for(i=0;i<m;i++)
    {   for(j=0;j<n;j++)
            printf("%5d",v[i][j]);
        printf("\n");
    }
}
void MakeArray(int **v,int m,int n)
{   int i,j;
    srand(time(NULL));
    for(i=0;i<m;i++)
        for(j=0;j<n;j++)
            v[i][j]=rand()%100;
}
```

上面程序中通过语句 pArr=(int **)malloc(row*sizeof(int *));创建了一维指针数组并建立了与二级指针变量之间的关系;反复使用 pArr[i]=(int *)malloc(col*sizeof(int));语句创建了若干个动态一维数组并建立了与指针数组中对应元素的关系,从而构成了如图 6.14 所示的动态二维数组结构。在此后的程序中,将二级指针变量 pArr 作为二

维数组的名字使用,程序的一次运行过程和输出结果为:

输入二维数组的行数和列数:5,6

```
36  97  43  61  13  75
10  70  25  41  69  86
45  74  86  19  32  53
80  96  31  34  17  54
 6  36  29  78  99  77
```

习题 6

一、单项选择题

1. 设有 C 语句 char s[100], *p=s;,则下面不正确的表达式是(　　)。

(A)p=s+5　　(B)s=p+s

(C)s[2]=p[5]　　(D)*p=s[3]

2. 设有 C 语句 int a[]={1,2,3,4,5,6,7,8,9,10}, *p=a;,则下面对 a 数组元素不能够正确引用的是(　　)。

(A)a[p-a]　　(B)*(&a[3])

(C)p[3]　　(D)*(*a(a+3))

3. 设有 C 语句 int b[5][4], (*p)[4];,则能使指针变量 p 正确指向数组 b 的是(　　)。

(A)p=b　　(B)p=*b

(C)p=&b[0][0]　　(D)p=b[0]

4. 设有 C 语句 int (*p)[5];,则 p 是(　　)。

(A)5 个指向整型变量的指针

(B)指向 5 个整型变量的函数指针

(C)指向具有 5 个整型元素的一维数组的指针变量

(D)具有 5 个指针元素的一维指针数组,每个元素只能指向整型变量

5. 设有 C 语句 int *p[5];,则 p 是(　　)。

(A)5 个指向整型变量的指针

(B)指向 5 个整型变量的函数指针

(C)指向具有 5 个整型元素的一维数组的指针变量

(D)具有 5 个指针元素的一维指针数组,每个元素只能指向整型变量

6. 设有 C 语句 double x, *y=&x, **z=&y;,则与变量 x 等价的是(　　)。

(A)z　　(B)*z

(C)**z　　(D)&z

7. 设有 C 语句 int a[10][5], *p;,则不能使指针变量 p 正确指向数组 a 的是(　　)。

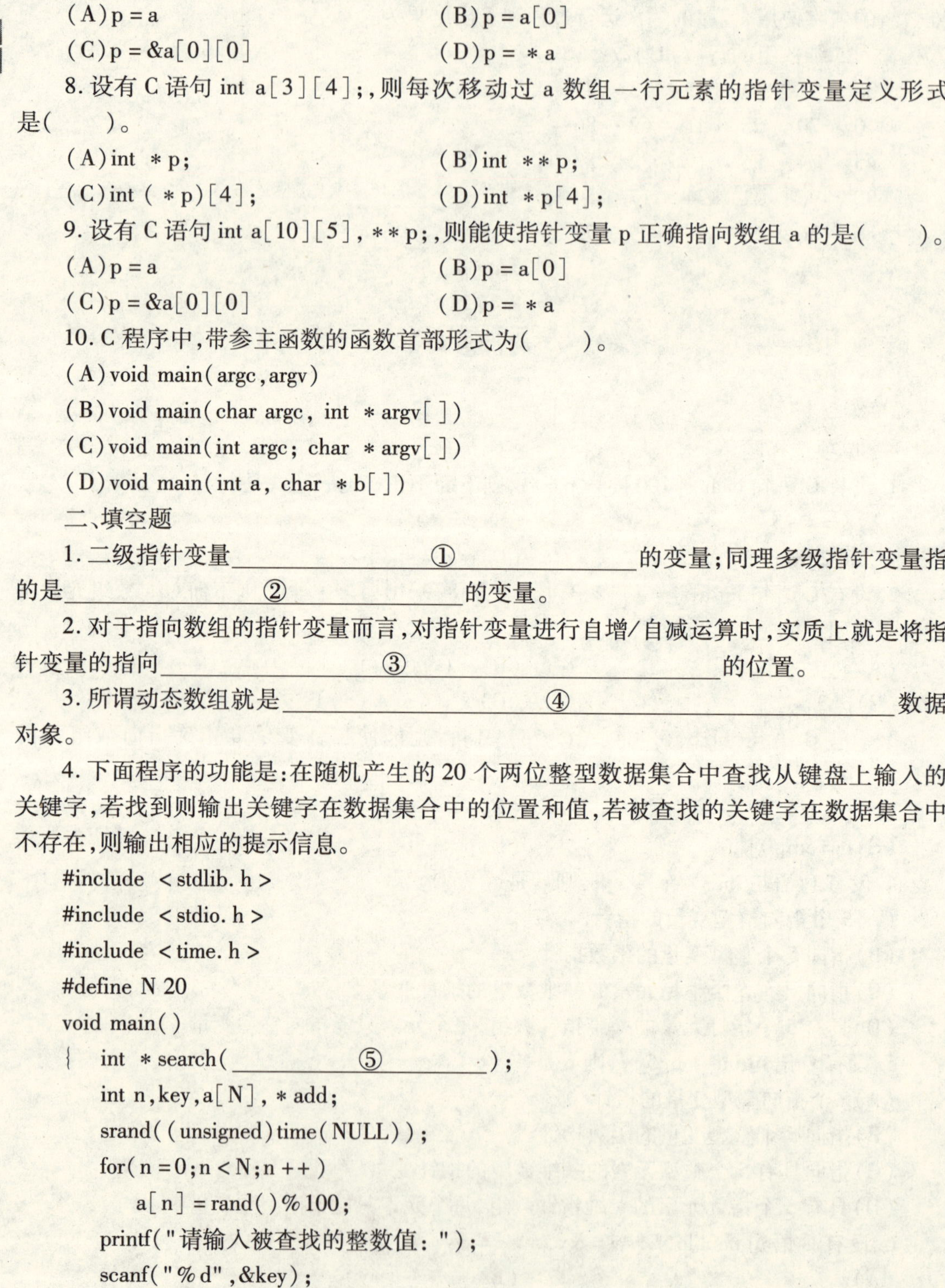

(A)p = a　　　　　　　　　　(B)p = a[0]

(C)p = &a[0][0]　　　　　　(D)p = ＊a

8. 设有C语句int a[3][4];,则每次移动过a数组一行元素的指针变量定义形式是(　　)。

(A)int ＊p;　　　　　　　　(B)int ＊＊p;

(C)int (＊p)[4];　　　　　(D)int ＊p[4];

9. 设有C语句int a[10][5],＊＊p;,则能使指针变量p正确指向数组a的是(　　)。

(A)p = a　　　　　　　　　　(B)p = a[0]

(C)p = &a[0][0]　　　　　　(D)p = ＊a

10. C程序中,带参主函数的函数首部形式为(　　)。

(A)void main(argc,argv)

(B)void main(char argc, int ＊argv[])

(C)void main(int argc; char ＊argv[])

(D)void main(int a, char ＊b[])

二、填空题

1. 二级指针变量＿＿＿＿①＿＿＿＿的变量;同理多级指针变量指的是＿＿＿＿②＿＿＿＿的变量。

2. 对于指向数组的指针变量而言,对指针变量进行自增/自减运算时,实质上就是将指针变量的指向＿＿＿＿③＿＿＿＿的位置。

3. 所谓动态数组就是＿＿＿＿④＿＿＿＿数据对象。

4. 下面程序的功能是:在随机产生的20个两位整型数据集合中查找从键盘上输入的关键字,若找到则输出关键字在数据集合中的位置和值,若被查找的关键字在数据集合中不存在,则输出相应的提示信息。

```
#include <stdlib.h>
#include <stdio.h>
#include <time.h>
#define N 20
void main()
{   int *search(______⑤______);
    int n,key,a[N],*add;
    srand((unsigned)time(NULL));
    for(n=0;n<N;n++)
        a[n]=rand()%100;
    printf("请输入被查找的整数值:");
    scanf("%d",&key);
    printf("被查找数据集合如下... \n");
      for(n=0;n<N;n++)
```

```
        printf("%d\t",a[n]);
    add = search(______⑥______);
    if(add! = NULL)
        printf("查找成功:a[%d] = %d。\n",______⑦______, * add);
    else
        printf("数据集合中不存在被查找数据。\n");
}
int * search(int * v,int * key)
{   int n,flag = 0;
    for(n = 0;n < N;n ++ )//在数据集合中寻找与 key 相同的第一个数
        if( * (v + n) == * key)//如果找到则设置查找成功标志并结束查找工作
        {   flag = 1;
            break;
        }
    return ______⑧______;
}
```

三、阅读程序题

1. 写出下面程序运行的结果。

```
#include <stdio.h>
void main()
{   int a[] = {1,2,3,4,5,6,7,8,9,10,11,12};
    int * p[4],i;
    for(i = 0;i < 4;i ++ )
        p[i] = &a[i * 3];
    printf("%d\n",p[3][1]);
}
```

2. 写出下面程序运行的结果。

```
#include <stdio.h>
void main()
{   int b[] = {2,4,6,8,10}, * p = b;
    printf("%d", * p ++ );
    printf("%d", * ++p);
    printf("%d",( * ++p) ++ );
    printf("%d\n",( * p ++ ));
}
```

3. 写出下面程序运行的结果。

```
#include <stdio.h>
void main()
```

```
{  int a[3][4] = {1,2,3,4,5,6,7,8,9,10,11,12},i, *p = *a;
   for(i=0;i<5;i++)
       printf("%4d", *p +=2);
   printf("\n");
}
```

4. 写出下面程序运行的结果。

```
#include <stdio.h>
void main()
{  float a[5][3] = {1,2,3,4,5,6,7,8,9,0,9,9,8,7,6}, *p[5], **pp=p;
   int i;
   for(i=0;i<5;i++)
       p[i]=a[i];
   for(i=0;i<5;i++)
       printf("%5.0f", **pp++);
   printf("\n");
}
```

5. 写出下面程序运行的结果。

```
#include <stdio.h>
#define M 5
void f(int *v);
void main()
{  int b[M][M] = {{13,12},{0},{3,5,8},{5,6}},i,j;
   f(b[1]);
   for(i=0;i<M;i++)
   {  for(j=0;j<M;j++)
          printf("%3d", *(*(b+i)+j));
      printf("\n");
   }
}
void f(int *v)
{  int i;
   for(i=0;i<M*(M-1);i++)
      *(v+i) +=3;
}
```

6. 写出下面程序运行的结果。

```
#include <stdio.h>
#define M 5
void f(int (*v)[M]);
```

```
void main()
{   int b[M][M] = {{0},{13,12},{0},{3,5,8},{5,6}},i,j,(*pp)[M] = b;
    f(pp);
    for(i = 0;i < M;i ++)
    {   for(j = 0;j < M;j ++)
            printf("%3d", *(*(b + i) + j));
        printf("\n");
    }
}
void f(int (*v)[M])
{   int i,j;
    for(i = 0;i < M;i ++)
        for(j = 0;j < M;j ++)
            *(v[i] + j) += 1;
}
```

四、程序设计题

1. 在第3章的例3.4中,通过使用一维数组处理了杨辉三角形的输出问题。请编制程序使用指针的方式实现杨辉三角形输出,并且要求将杨辉三角形按照等腰三角形的形式输出在屏幕中央。

2. 编程序实现功能:将一个10行5列数组a每一行中最大值取出存放到一个一维数组b中,输出数组a和数组b的值,要求所有数组操作通过两种以上的指针方式表示。

3. 函数delmem的原型为:int delmem(int *v,int n,int del);,其功能是在长度为n的数组v中删除所有的del值。请编制函数delmem并用相应主函数测试,测试数据的个数在程序运行过程中确定。

4. 某教学班有15个同学,每人学习了3门课程,现用一个13*4的二维数组来存放。其中最后一列存放总成绩。设每个同学的任何一门成绩都不低于50分,程序中用随机数模拟所有同学3门课程成绩,通过计算得到总成绩并输出成绩表。请编程序实现上述功能,要求数据求和和输出使用数组的指针方式进行。

5. 在第4题的基础上增加按照总成绩的降序输出成绩的功能,总成绩排序仍然要求使用数组的指针形式进行。

6. 函数ArrayCat的原型为:int *ArrayCat(int *s,int slen,int *t,int *tlen);,其功能是数组t连接在数组s的后面(数组的长度分别用slen和tlen表示)。请编写ArrayCat函数并用相应主函数进行测试。

7. 函数reverse的原型为:void reverse(int *v,int n);,其功能是将长度为n的整型数组元素在同一个数组中颠倒顺序存放,要求reverse功能用指针方式实现。请编制函数reverse并用相应的主函数进行测试。

8. 函数ArrayCopy的原型为:int *ArrayCopy(int *source,int n);,其功能是将source表示的数组进行拷贝,ArrayCopy的返回值为拷贝生成数组的首地址。请编制函数Array-

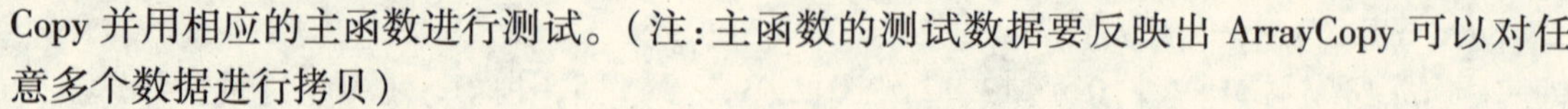

Copy 并用相应的主函数进行测试。（注：主函数的测试数据要反映出 ArrayCopy 可以对任意多个数据进行拷贝）

9. 函数 sort 的原型为：void sort(int ＊v, int n);，其功能是实现一个线性序列的升序排序。现有一批个数未知的整数需要进行按降序排序，请利用函数 sort 实现所求功能。

提示：1）数据的个数在程序运行过程中输入；2）使用动态数组作为数据结构；3）使用随机产生的数据模拟处理数据。

10. 现需要设计一个处理二维平面整型数据的程序，平面的行数和列数不可预知（需要在程序运行过程中输入）。要求处理的方式是其奇数行按降序排序，偶数行按升序排序。请编制实现上述功能的程序，使用随机数据检验程序的正确性。

7 字符串及其应用

本章概要和学习目标

C 程序设计中,对字符串的表示和处理本质上都是通过数组的形式实现的。在 C 程序设计中不但可以直接用数组的概念来处理字符数组,同时也可以利用系统标准库中提供的字符串处理标准库函数,提高字符串处理类程序的设计效率。本章主要讨论字符串在 C 程序中的表示方法、字符串数据在程序中的输入输出以及常用的字符串数据处理技术,如复制、插入、删除等。本章的主要学习目标如下:

- 掌握使用数组表示字符串数据的方法
- 掌握使用字符指针变量表示字符串数据的方法
- 理解两种字符串数据表示方法的异同,并学会在程序设计中合理地进行选择
- 理解字符串数据常用处理方法的原理
- 掌握字符串处理常用标准库函数的使用方法

7.1 C 语言的字符串表示方法

C 程序设计中,字符串是一种常用的处理数据,由于 C 语言中并没有字符串数据类型,对字符串的表示和处理都是通过字符数组的形式实现的,第 3 章和第 6 章中讨论的关于数组的所有概念对于字符数组来说都是适合的。C 语言中有字符串常量的概念,系统会在字符串常量的尾部添加字符串结尾符号。无论是字符数组还是字符串常量在系统存储器中都占用连续的存储区域,所以字符串数据对象在 C 程序设计中往往只需要知道其起始位置即可进行字符串处理。对于字符串的起始位置,除了可以用数组的名字来表示外,同样也可以用字符类型的指针变量来表示。

7.1.1 字符串的表示方法

在 C 语言程序设计中,主要有两种方式来表示字符串,这两种方式是:

(1)使用指向字符类型变量的指针。在这种方式下,通过定义字符类型指针变量,并将字符串或字符串常量的首地址赋给该指针,此后可以用该指向字符串的指针变量来表示其所指向的字符串数据,例如有语句序列,char *sPtr; *sPtr = "This is C String.";,则在此后的程序代码中,可以使用字符指针变量 sPtr 表示字符串数据"This is C String.";

(2)使用字符数组。在这种方式下,首先定义字符类型的数组,然后将字符串数据的每一个字符依次存放到指定的字符数组中,此后的程序代码中可以使用该字符数组的名字表示其所存放的字符串数据。

虽然在 C 语言中使用字符类型指针变量或使用字符类型数组都可以表示字符串数据,但这两种字符串数据表示方式有着下面所述的根本区别。

定义一个字符类型指针变量表示字符串时,例如语句 char *sPtr = "abcd",系统处理的方法是首先在系统的内存储器中分配一段连续的存储区域并存放指定的字符串常量,然后将该存储区域的起始地址(字符串常量的首地址)赋值给字符类型指针变量 sPtr,字符指针变量与其所指向的字符串常量之间的关系如图7.1(a)所示。由于 sPtr 是指针变量,可以根据需要指向任意合法的字符数据对象,所以在此后的程序代码中任何修改其指向的操作都是合法的,例如使用语句 sPtr = "1234"使得指针变量 sPtr 改变指向从表示字符串数据"abcd"转变成为表示字符串数据"1234",sPtr 与其所指向的字符串常量之间的关系如图 7.1(b)所示。

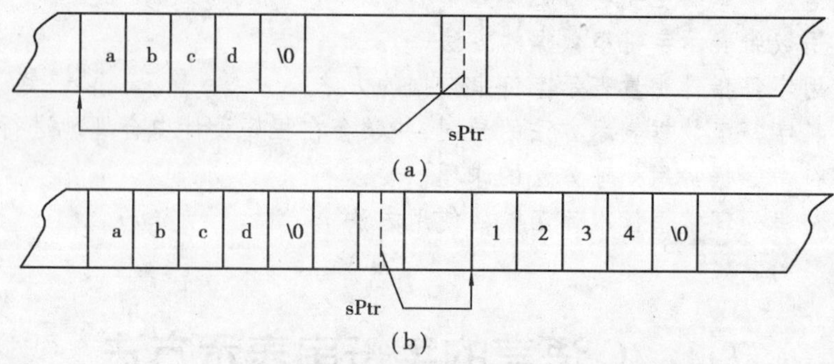

图 7.1　指针变量与字符串数据对象的关系示意图

(a)指针变量指向字符串常量;(b)指针变量指向另一字符串

定义字符类型数组表示字符串时,例如语句 char str[7] = "abcd",其本质意义是首先为字符数组 str 按指定长度在系统的内存储器中分配连续的存储区域,字符数组的名字 str 表示这段连续存储区域的起始地址,然后将该存储区域的内容初始化为字符串数据"abcd",字符数组 str 与其初始值之间的关系如图 7.2 所示。

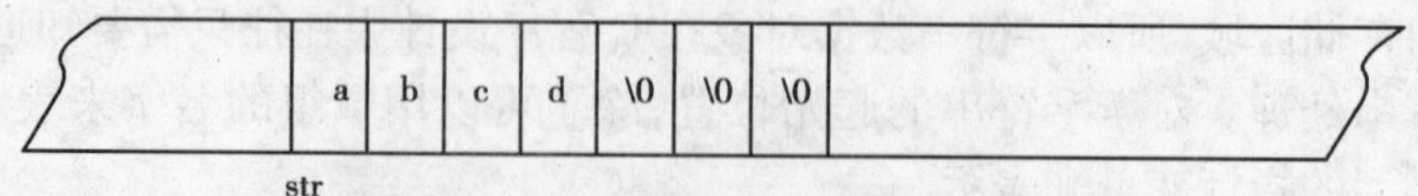

图 7.2　数组名与其初始化值之间的对应关系

由于字符数组名 str 是地址常量,在前面第 3 章的讨论中已经知道数组在一般情况下不能作为整体操作,所以在此后的程序代码中任何试图修改数组名 str 值的操作或者试图为数组整体赋值的操作都是错误的，请比较下面的两段代码：

```
/* 正确的程序代码段 */
char * sPtr = "abcd";
    …
sPtr = "123456";       /* 改变指针变量 sPtr 的指向 */
/* 错误的程序代码段 */
char str[7] = "abcd";
    …
str = "123456";        /* 错误赋值操作，试图将数组作为整体操作 */
```

在 C 程序设计的过程中，虽然在字符串数据表示方法的选择上有上述两种方式，但是在选择使用字符类型指针变量方式还是选择字符类型数组来表示字符串数据时还应该特别注意两种表示方法下字符串数据隐含着的不同意义。使用字符类型数组表示字符串数据时，字符串数据是字符数组中存放的内容（可以认为是数组变量的值），只要需要均可以通过合法的语句对数组中的内容进行修改；而使用字符类型指针变量来表示字符串数据时，字符串数据是常量，任何试图修改常量数据的操作都是非法的，亦即字符类型指针指向的常量字符串内容在程序中是不能被修改的。

字符数组同样有全局的字符数组、局部的字符数组以及静态的字符数组，同样也可以初始化操作。对于全局的和静态的字符数组，当没有显式初始化时系统会自动将其初始化为全'\0'字符（全 0）；而局部的非静态数组没有显式初始化时，其值是不确定的。字符数组初始化的方法主要有两种：使用单个字符常量序列和使用字符串常量数据。

（1）使用单个字符常量。单个字符初始化时，将常量表中的字符依次赋值给对应的字符数组元素。在初始化时应注意以下几点：

①常量表中的最后一个字符应该是字符串结尾符号'\0'字符。

②部分初始化时未赋值部分仍然是'\0'字符。

③如果常量表中提供了所有的字符（包含'\0'），可以省略数组的长度。

下面是几个单个字符常量初始化字符数组的示例：

```
char s1[9] = {'N','e','w',' ','Y','e','a','r','\0'};
char s2[9] = {'H','e','a','d','\0'};
char s3[ ] = {'N','e','w',' ','Y','e','a','r','\0'};
```

（2）使用字符串常量。使用字符串常量对字符数组进行初始化时，系统会自动在末尾加上字符串结尾符号'\0'，但定义的字符数组必须提供足够的长度。在初始化时应该注意以下几点：

①字符串常量只需要提供有效字符数据。

②字符串常量不足以填满整个字符数组空间时仍然使用'\0'字符填充。

③字符串常量数据可以使用花括号括住，也可以不使用花括号。

④如果没有指定字符数组的长度，系统自动指定为字符串常量中有效字符的个数 +1。

下面是几个字符串常量初始化字符数组的示例：

```
char s1[80] = { "New Year"};
```

```
char s2[80] = "New Year";
char s3[] = "New Year";    //此时字符数组的长度为9
```

7.1.2 字符串的输入输出

C语言中,由于语言本身并没有提供任何的输入输出语句,所以程序中字符串数据的输入输出都是通过标准函数库中的输入输出函数实现。

1)字符串数据的输入

C程序设计中字符串数据的输入通过调用标准库函数 scanf 或者 gets 来实现。在使用标准库函数 scanf 时,既可以用一般处理数组的方式循环为字符数组的每一个数组元素赋值(此时需要使用格式控制项%c),也可以将字符串数据作为整体一次性地送入字符数组(此时需要格式控制项%s),例如,下面两个程序段都可以实现将字符串数据“123456789”送入字符数组 str。

```
/* 使用格式控制项%c */
char str[10];
int j;
⋮
for(j=0;j<9;j++)
    scanf("%c",&str[j]);
str[j]='\0';    /* 为了保证字符串数据的完整性,自行处理字符串结尾符号 */
⋮
/* 使用格式控制项%s */
char str[10];
⋮
scanf("%s",str);    /* 字符串数据作为整体处理,系统会自动处理结尾符号 */
⋮
```

在使用标准库函数 gets 时,将字符串数据作为一个整体来看待,用于输入字符串数据的程序段如下所示:

```
/* 使用标准库函数 gets */
char str[10];
⋮
gets(str);    /* 字符串数据作为整体处理,系统会自动处理结尾符号 */
⋮
```

虽然在C程序中通过调用标准库函数 scanf 或 gets 都可以在程序的运行过程中从程序外界获得所需要的字符串数据,但这两个标准库函数在使用时有以下两个不同之处:

(1)一次函数调用可以输入的字符串数据个数不同。使用标准库函数 scanf 一次可以输入两个以上的字符串数据,每两个字符串数据之间用空格分隔;而使用标准库函数 gets 一次只能输入一个字符串数据。试比较下面两个程序段:

```
/* 使用标准库函数 scanf */
char str1[80], str2[80];
  ⋮
scanf("%s%s",str1, str2);   /* 一次调用可以输入多个用空格分隔的字符串 */
  ⋮
/* 使用标准库函数 gets */
char str1[80], str2[80];
  ⋮
gets(str1);   /* 一次调用之能够输入一个字符串 */
gets( str2);
```

(2)空格字符的处理不同。使用标准库函数 scanf 时,由于空格字符作为两个字符串数据的分隔符出现,所以在输入的字符串数据中不能含有空格字符;而使用标准库函数 gets 时,输入的字符串数据中可以含有空格字符。

2)字符串数据的输出

C 程序中字符串数据的输出通过调用标准库函数 printf 或 puts 来完成。在使用标准库函数 printf 输出字符串数据时,同样既可以使用格式控制项%c 将其按一个一个的字符对待,也可以使用格式控制项%s 将字符串数据作为整体对待,试比较下面两个程序段:

```
/* 使用格式控制项%c */
int j=0;
  ⋮
while(str[j]!='\0')   /* 用处理一般数组的概念处理字符串数据 */
    printf("%c",str[j++]);
  ⋮
/* 使用格式控制项%s */
  ⋮
printf("%s",str);   /* 将字符串数据作为整体看待 */
  ⋮
```

在使用标准库函数 puts 时,将字符串数据作为一个整体来看待,用于输出字符串数据的程序段如下所示:

```
/* 使用标准库函数 puts */
  ⋮
puts(str);   /* 将字符串数据作为整体看待 */
  ⋮
```

虽然在 C 程序中使用标准函数 printf 或 puts 都可以在程序的运行过程中输出字符串数据,但这两个标准库函数在使用时有下面两个不同之处:

(1)一次调用能够输出的字符串个数不同。使用标准库函数 printf 一次可以输出两个以上的字符串数据;使用标准库函数 puts 一次只能输出一个字符串数据。试比较下面两个程序段:

```
/* 使用标准库函数 printf */
 ⋮
printf("%s\n%s",str1, str2);  /* 一次调用输出两个以上的字符串数据 */
 ⋮
/* 使用标准库函数 puts */
 ⋮
puts(str1);  /* 一次调用只能输出一个字符串数据 */
puts(str2);
 ⋮
```

(2)输出数据换行处理方式不同。使用标准库函数 puts 输出字符串数据时,输出完成后会自动进行换行;而使用标准库函数 printf 时,一个字符串数据输出完成后不会自动换行,若需实现换行功能,需要在格式控制字符串中的适当位置插入换行字符'\n'。

例 7.1 字符串数据的输入输出示例。

```
/* Name: ex07-01.cpp */
#include <stdio.h>
#define N 100
void main()
{   char s1[N],s2[N],s3[N],s4[N];
    int i;
    printf("单个字符输入方式1:\n");
    for(i=0;i<N;i++)          /* 用字符方式输入字符串 */
    {   scanf("%c",&s1[i]);
        if(s1[i]=='\n')
            break;
    }
    s1[i]='\0';  /* 作字符串结尾符号并覆盖不需要的换行符 */
    printf("单个字符输入方式2:\n");
    for(i=0;i<N;i++)  /* 用字符方式输入字符串 */
        if((s2[i]=getchar())=='\n')
            break;
    s2[i]='\0';  /* 作字符串结尾符号并覆盖不需要的换行符 */
    printf("字符串整体输入方式1:\n");
    gets(s3);  /* 字符串作为整体输入,系统会自动添加结尾符号 */
    printf("字符串整体输入方式2:\n");
    scanf("%s",s4);/* 字符串作为整体输入,系统会自动添加结尾符号 */
    printf("\n");
    for(i=0;s4[i]!='\0';i++)  /* 用单个字符处理形式输出字符串 */
        putchar(s4[i]);
```

```
    printf("\n");   /* 上面的输出处理没有换行 */
    printf("%s\n%s\n",s3,s2);   /* 输出两个字符串,自行处理换行 */
    puts(s1);   /* 输出一个字符串,系统自动换行 */
}
```

上面程序各部分功能参见程序中C语句后面的注释语句,程序执行时输入数据和输出结果如下所示,请读者对照输出结果理解程序中字符串数据的输入输出方法:

```
单个字符输入方式1:
123456789
单个字符输入方式2:
987654321
字符串整体输入方式1:
abcdefghi
字符串整体输入方式2:
ABCDEFGHI

ABCDEFGHI
abcdefghi
987654321
123456789
```

例7.2 将字符串中小写字母转变成大写字母。

```
/* Name: ex07-02.cpp */
#include <stdio.h>
void main()
{   char string[100], *p;
    printf("Please input a string:");
    gets(string);
    p = string;
    while(*p!='\0')
    {   if(*p>='a'&&*p<='z')
            *p -= 32;
        p++;
    }
    printf("The new string is: ");
    puts(string);
}
```

例7.2程序中,使用标准函数gets输入字符串string内容,并用指针变量p指向字符串string的首字符,在while循环中,通过指针变量p的移动依次对串中的字符进行处理,当*p的值为'\0'时结束处理过程。程序一次执行的情况为:

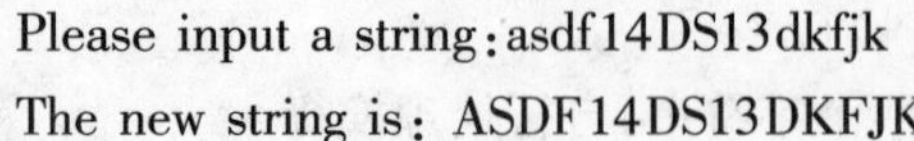

```
Please input a string:asdf14DS13dkfjk
The new string is: ASDF14DS13DKFJK
```


7.2 字符串的常用处理方法及标准库函数

字符串是C程序设计中经常处理的数据对象之一,本节讨论字符串处理中最常使用的处理技术。对于常用的字符串处理技术都给出处理的基本思路以及对应的C函数或程序。由于字符串处理在C程序设计中的特殊性,往往需要在程序设计中将字符串作为整体操作,所以C标准库中包含了许多字符串处理的标准库函数,这些标准库函数的原型都在string.h中声明,所以在需要使用C字符串处理标准库函数的程序中应该用编译预处理语句#include <string.h>将头文件string.h包含到源程序文件中来。

7.2.1 字符串中有效字符的统计

在字符串数据处理的C程序中,测试字符串的长度是最常见的操作之一。所谓测试字符串的长度就是统计字符串中包含的有效字符个数。统计字符串中有效字符个数的基本思想非常简单,只需要从字符串数据的第一个字符位置开始,依次向后判断该位置的字符是否是系统规定的字符串数据结尾字符,当不是字符串数据结尾字符时则予以统计,直到遇到系统规定的字符串数据结尾符号为止。

例7.3 字符串长度测试函数的原型为:int strlength(char s[]);,编制该函数并用相应主函数进行测试。

```
/* Name: ex07-03.cpp */
#include <stdio.h>
void main()
{   int strlength(char s[]);
    char str[100];
    printf("Input the string:");
    gets(str);
    printf("The length of string is %d\n",strlength(str));
}
int strlength(char s[])
{   int i;
    for(i=0;s[i]!='\0';i++)
        ;
    return i;
}
```

上面程序的 strlength 函数中,用循环依次取出字符串 s 中的所有字符,只要当前所取出的字符不是字符串结尾符号则取下一个字符,如此反复直至遇到字符串结尾符号时结束循环,退出循环时循环控制变量 i 的值就是字符串的有效字符个数(即字符串的长度)。程序一次执行时输入数据和输出结果如下所示:

```
Input the string:This is a test string.
The length of string is 22
```

同样,可以使用指针方式统计字符串长度,下面的函数展示了这种方法,读者可以对照例 7.3 程序中的 strlength 函数自行分析。

```
int strlength(char *s)   //统计字符串长度函数的指针版本
{   int i=0;
    while(*s)
        i++,s++;
    return i;
}
```

在 C 标准库中提供了测试字符串长度的标准库函数 strlen,函数的原型为:

```
size_t strlen( const char *string );
```

函数原型中的 size_t 是系统定义好的用于统计存储单元个数和重复次数的数据类型,实质上就是整型数据类型。函数的功能是:返回(获取)由 string 表示的字符串数据中的有效字符个数,统计在遇到字符串数据中的第一个系统字符串结尾字符'\0'时结束。

例 7.4 颠倒字符串函数的原型为:void reverse(char s[ ]);,请编制该函数并用相应主函数测试。

```
/* Name: ex07-04.cpp */
#include <stdio.h>
#include <string.h>
void main()
{   void reverse(char *s);
    char s[100];
    printf("Input the string: ");
    gets(s);
    reverse(s);
    puts(s);
}
void reverse(char *s)
{   int i=0,j=strlen(s)-1,t;
    for(;i<j;i++,j--)
    {   t=s[i];
        s[i]=s[j];
        s[j]=t;
```

```
    }
}
```

在字符串颠倒函数 reverse 中,使用两个下标:一个的初始值为字符串的第一个字符(0号元素)的位置;另一个的初始值为字符串中最后一个有效字符(结尾符号前)位置,该字符的下标位置为字符串的长度减1(程序中用表达式:strlen(s) - 1 计算出)。函数在执行时交换两个下标位置的字符,每交换一次后两个下标变量向字符串的中间移动 1 个位置;重复交换字符和移动下标操作直至两个表示下标的变量相遇为止。程序一次执行输入数据和数据结果如下:

```
Input the string: abcdefg
gfedcba
```

例 7.5 一个从左读或从右读都是相同的单词称为回文,例如 level 是回文。编程序实现功能:判断输入一个字符串是否回文。

```
/* Name: ex07-05.cpp */
#include <stdio.h>
#include <string.h>
void main()
{   char word[80], *head, *end;
    int len, flag = 1;
    puts("请输入一个单词:");
    gets(word);
    len = strlen(word); //获取字符串的长度
    head = word;    //初始时,head 指针指向字符串的首字符
    end = head + len - 1;    //初始时,end 指针指向字符串的最后一个有效字符
    while( *head == ' ') //移动头指针跳过字符串的前导空格
        head++;
    if(head > end)
    {   printf("所输入的单词是一个空串! \n");
        return;
    }
    while( *end == ' ') //移动尾指针跳过字符串的后续空格
        end--;
    for( ;head < end;head++,end--)
    {   if( *head != *end)   //遇到对应位置字符不同则停止比较
        {   flag = 0;
            break;
        }
    }
    if(flag)
```

```
        printf("单词'%s'是回文! \n",word);
    else
        printf("单词'%s'不是回文! \n",word);
}
```

7.2.2 字符串的复制

字符串复制(拷贝)就是复制已经存在字符串的所有字符到指定目标位置,其基本思想是:从源字符串数据的第一个字符开始依次取出源字符串中的每一个字符,只要该字符不是系统规定的字符串结尾符号就将其赋值到指定的目标位置,直到源字符串中的所有有效字符取完为止。

例7.6 函数的原型为:void strcopy(char s[], char t[]);,其功能是将t所表示的字符串复制到s中去,请编制该函数并用相应主函数测试。

```
/* Name: ex07-06.cpp */
#include <stdio.h>
void main()
{   void strcopy(char s[],char t[]);
    char s1[80],s2[80];
    printf("Input the string str1:");
    gets(s1);
    strcopy(s2,s1);
    puts(s2);
}
void strcopy(char s[],char t[])
{   int i;
    for(i=0;t[i]!='\0';i++)
        s[i]=t[i];
    s[i]='\0';
}
```

函数strcopy在执行时从头依次取出源字符串t的字符,只要该字符不是字符串结尾符号则将该字符赋值到目标字符串s的当前位置,然后双双移动两个字符串中的下标位置处理下一个字符,上述操作反复进行直至遇到源串中的结尾符号为止,最后为目标串加上结尾符号。程序一次执行的输入数据和输出结果为:

```
Input the string str1:This is a test string for copy.
This is a test string for copy.
```

使用指针方式处理字符串拷贝的函数如下所示,读者可以对照例7.6程序中的strcopy函数自行分析。

```
char *strcopy(char *s,char *t) //字符串拷贝的指针版本
```

```
{   char  *p=s;
    while((*s++=*t++)!='\0')
          ;
    return s;
}
```

在C语言的标准函数库中提供了相应的字符串拷贝函数 strcpy,函数的原型为:

char *strcpy(char *strDestination, const char *strSource);

函数的功能是:将由 strSource 表示的源字符串拷贝到由 strDestination 指定的目标地址中,然后返回 strDestination;strDestination 所代表目标字符串的字节长度必须满足 strSource 所代表字符串的长度要求。

例 7.7 使用C标准库函数 strcpy 实现字符串的拷贝。

```
/* Name: ex07-07.cpp */
#include <stdio.h>
#include <string.h>
void main()
{   char s1[80],s2[80];
    printf("Input the string str1:");
    gets(s1);
    strcpy(s2,s1);
    puts(s2);
}
```

上面程序执行时为字符数组 s1 输入数据后调用标准库函数 strcpy 完成从 s1 到 s2 的拷贝工作。程序一次运行时输入数据和输出结果为:

```
Input the string str1:This is test string.
This is test string.
```

在实际的程序设计中,有可能存在着将源字符串从某一位置开始的字符拷贝到目标字符串的要求,对于这种要求可以通过调用函数时使用合适的实际参数予以满足,注意到下面3个重要事实:

(1)字符串处理函数中使用的字符数组样式形式参数本质上是一个指针量(地址量),对应的实际参数只需要地址量即可。

(2)在第4章中讨论过数组作参数的部分共享问题,可以将实参字符串的部分提供给形参数组共享。

(3)C语言中的字符串在存储时系统会为其添加字符串结尾符号,程序中处理字符串时只需要指出开始位置即可。

基于这3点,在解决将源字符串从某一位置开始的字符拷贝到目标字符串问题时只要能够将实参表示成为源字符串中某一指定位置即可。下面的例7.8演示了这种方法。

例 7.8 编程序实现将源字符串从指定位置开始拷贝到目标字符串的功能。

```
/* Name: ex07-08.cpp */
```

```
#include  <stdio.h>
#include  <string.h>
void main()
{   char s1[80],s2[80];
    int pos;
    printf("Input the string s1:");
    gets(s1);
    printf("Input the pos: ");
    scanf("%d",&pos);
    strcpy(s2,&s1[pos]);      //也可以使用 strcpy(s2,s1+pos);语句
    puts(s2);
}
```

在上面程序执行过程中,在调用标准库函数时对源字符串的表示使用了表达式 &s1[pos](或者 s1+pos)指出要处理的字符串的开始位置。程序一次执行时输入数据和输出结果为:

```
Input the string str1:abcdefg
Input the pos: 2
cdefg
```

例 7.9 编程序实现将字符串的某部分删除的功能,删除的起点和长度从键盘输入。如果字符串中从起点开始剩余的字符数据不能满足长度要求则删去从起点开始的所有字符。

```
/* Name: ex07-09.cpp */
#include  <stdio.h>
#include  <string.h>
void main()
{   char s[100];
    int start,len,length;
    printf("请输入被处理的字符串:");
    gets(s);
    printf("请输入删除的起始点位置:");
    scanf("%d",&start);   //从键盘上获取删除的起点位置
    printf("请输入欲删除的字符个数:");
    scanf("%d",&length);//从键盘上获取欲删去的字符个数
    len=strlen(&s[start]);//获取自删除起始点开始至串尾的字符个数
    if(len<length)
        strcpy(s+start,s+strlen(s));//剩余部分不能满足删除要求时
    else
        strcpy(s+start,s+start+length); //剩余部分能够满足删除要求时
```

```
    puts(s);
}
```

上面程序中用表达式 strlen(&s[start])获取指定的删除开始点后剩余的字符串长度并将其赋值给变量 len,通过变量 len 与指定的删除长度比较可以确定字符串从指定删除点开始的剩余部分是否能够满足删除要求,当不能满足要求时应该将剩余部分全部删除,程序中使用 strcpy(s + start,s + strlen(s))完成这个功能,请注意 s + strlen(s)就是由字符串结尾符号'\0'构成的空串;当能够满足要求时则用 strcpy(s + start,s + start + length)删除指定长度的字符序列。程序执行时输入数据和输出结果如下所示:

请输入被处理的字符串: ajslkdfjlkb
请输入删除的起始点位置: 3
请输入欲删除的字符个数: 5
ajslkb

7.2.3 字符串的连接

所谓字符串的连接本质上也是字符串拷贝,与字符串复制不同的是需要将指定的源字符串数据中的每一个字符依次拷贝到指定的目标字符串最后一个有效字符的后面而不是目标串中的第一个位置。实现字符串连接的基本思想是:首先找到目标字符串的结尾处,然后从源字符串的第一个字符开始依次取出每一个有效字符并依次赋值到指定目标位置,直到源字符串中的字符处理完成为止。

例 7.10 函数原型为:void strjoin(char s[],char t[]);,其功能是将 t 所表示的字符串连接到 s 所表示的字符串末尾,请编制该函数并用相应主函数测试。

```
/* Name: ex07-10.cpp */
#include <stdio.h>
void main()
{   void strjoin(char s[], char t[]);
    char s1[80],s2[80];
    printf("Input s1 & s2:\n");
    gets(s1);
    gets(s2);
    strjoin(s1,s2);
    puts(s1);
}
void strjoin(char s[],char t[])
{   int i,j=0;
    for(i=0;s[i]!='\0';i++)  //寻找前串的末尾
        ;
    for(j=0;t[j]!='\0';j++,i++)//实现字符串连接
```

```
        s[i] = t[j];
    s[i] = '\0';
}
```

在上面程序的函数 strjoin 中，首先找到目标串的末尾（即目标串的字符串结尾符号'\0'），然后依次将源串中的字符取出复制到目标串当前位置，每复制一个字符源串和目标串的下标位置依次向后移动一个字符位置；反复进行复制和移动下标位置操作直至源串处理完成为止。程序一次执行时输入数据和输出结果为：

```
Input s1 & s2:
abcdefg
12345
abcdefg12345
```

使用指针方式处理字符串拷贝的函数如下所示，读者可以对照例 7.10 程序中的 strjoin 函数自行分析。

```
char *strjoin(char *s,char *t)
{   char *s1 = s;
    while( *s)    //寻找前串的末尾
        s++;
    while(( *s++= *t++)!='\0')//实现字符串连接
        ;
    return s1;
}
```

在 C 语言的标准函数库中提供了相应的字符串连接函数 strcat，函数的原型为：

```
char *strcat( char *strDestination, const char *strSource );
```

函数的功能是：将由 strSource 表示的源字符串拷贝到由 strDestination 表示的目标字符串的末尾（即连接到 strDestination 所表示的字符串后），然后返回 strDestination；strDestination 所代表目标字符串的字节长度必须满足两个字符串连接后的长度要求。

例 7.11 使用 C 标准库函数 strcat 实现字符串的连接。

```
/* Name: ex07-11.cpp */
#include <stdio.h>
#include <string.h>
void main()
{   char s1[80],s2[80];
    printf("Input s1 & s2:\n");
    gets(s1);
    gets(s2);
    strcat(s1,s2);
    puts(s1);
}
```

程序一次执行时输入数据和输出结果为:

Input s1 & s2:
ABCDEFG
abcdefg
ABCDEFGabcdefg

与字符串复制类似,也可以通过标准库函数调用时对实际参数的处理实现将源串某一位置开始的部分连接到目标串,下面的例 7.12 程序演示了这种情况。

例 7.12　编程序实现将源字符串从指定位置开始连接到目标字符串的功能。

```
/* Name: ex07-12.cpp */
#include <stdio.h>
#include <string.h>
void main()
{   char s1[80],s2[80];
    int pos;
    printf("Input s1 and s2:\n");
    gets(s1);
    gets(s2);
    printf("Input the pos:");
    scanf("%d",&pos);
    strcat(s1,&s2[pos]);
    puts(s1);
}
```

程序一次执行时输入数据和输出结果为:

Input s1 and s2:
ABCDEFG
abcdefg
Input the pos:3
ABCDEFGdefg

7.2.4　字符串中字符的查找

所谓字符串中字符的查找就是按照指定的方向寻找指定字符第一次在字符串中出现的位置。在字符串中查找指定的字符从查找方向上可以分为正向查找(从串首部至串尾)和反向查找(从串尾部至串首),从获取被查找字符位置信息上可以分为返回下标序号方式和返回字符存放地址方式。

1)在字符串中正向查找指定字符

在字符串中正向查找指定字符第一次出现位置的基本思想是:从被操作字符串的第一个字符开始循环依次取出被操作字符串当前位置的字符与指定的字符相比较,若比较相符合则返回该字符的位置;否则进行下一轮比较直到被处理的字符串中所有字符取完为止。

例 7.13 编制函数实现功能:在字符串中正向查找指定的字符,若被查找字符存在则返回字符在字符串中的下标序号;若指定的字符在被查找的字符串中不存在,则返回 -1;并用相应主函数进行测试。

```
/* Name: ex07-13.cpp */
#include <stdio.h>
void main()
{   int search_chr(char s[], char c);
    char s1[80],ch;
    int pos;
    printf("Input the string:");
    gets(s1);
    printf("Input the character:");
    ch = getchar();
    pos = search_chr(s1,ch);
    if(pos! = -1)
        printf("The position is s1[%d].\n",pos);
    else
        printf("'%c' is not in '%s'.\n",ch,s1);
}
int search_chr(char s[],char c)
{   int i;
    for(i =0;s[i]! ='\0';i ++)
        if(s[i] == c)
            return i;
    return -1;
}
```

在上面程序的字符查找函数 search_chr 中,依次取出字符串 s 中的每一个字符与指定的字符 c 比较,若相同则返回此时字符串中字符的位置,否则取出下一个字符比较;当字符串中所有字符都比较完成但没有所查找的字符时函数返回 -1。

返回被查找字符在字符串中存放地址的函数如下所示,该函数在串中没有所查找的字符时函数返回 NULL,读者可以对照例 7.13 程序中的 search_chr 函数自行分析。

```
char *search_chr(char s[],char c)   //返回被查找字符在串中存放地址的函数
{   int i =0;
    for(;s[i]! ='\0';i ++)
        if(s[i] == c)
            return &s[i];
    return ;
```

```
}
```

例 7.14　编程序实现功能:利用上面设计的字符查找函数求两个字符串中共同具有的字符并将这些字符组成第 3 个字符串,注意相同字符只能取一次。

```
/* Name: ex07-14.cpp */
#include <stdio.h>
#include <string.h>
void main()
{   char *search_chr(char s[], char c);
    char s1[80],s2[80],s3[80]="", *pos;
    int i,j;
    printf("输入字符串 s1:");
    gets(s1);
    printf("输入字符串 s2:");
    gets(s2);
    for(i=0,j=0;s1[i]!='\0';i++)
    {   pos=search_chr(s2,s1[i]);
        if(pos!=NULL&&search_chr(s3,s1[i])==NULL)
        {   s3[j++]=s1[i];
            s3[j]='\0';
        }
    }
    s3[j]='\0';
    if(strlen(s3)!=0)
    {   printf("两个串中共有的字符串构成的字符串是:");
        puts(s3);
    }
    else
        printf("两个字符串 s1 和 s2 没有共同的字符存在!\n");
}
char *search_chr(char s[],char c)
{   int i=0;
    for(;s[i]!='\0';i++)
        if(s[i]==c)
            return &s[i];
    return NULL;
}
```

例 7.14 程序运行时,依次取出第 1 个字符串中的字符并且在第 2 个字符串中对其进行查找,若这个字符在第 2 个字符串中也存在则将其保存到第 3 个字符数组中;反复进行上面操作直到依次将第 1 个字符串中的所有字符取完为止。程序一次执行时输入数据和输出结果如下所示：

输入字符串 s1：shgiwyvknhuwy95348shdfk

输入字符串 s2：dhjkf479fshkfjhsk2

两个串中共有的字符串构成的字符串是：shk94df

在 C 语言的标准函数库中提供了相应的在字符串中查找指定字符函数 strchr，函数的原型为：

```
char * strchr( const char * string, int c );
```

函数的功能是：在由 string 表示的字符串中正向查找由 c 所表示的指定字符在字符串中首次出现的位置，若未找到则返回 NULL。

例 7.15 重写例 7.14 程序，要求使用标准库函数 strchr 在字符串中查找指定字符。

```
/* Name: ex07-15. cpp */
#include <stdio. h>
#include <string. h>
void main( )
{   char s1[80],s2[80],s3[80] = "", * pos;
    int i,j;
    printf("输入字符串 s1:");
    gets(s1);
    printf("输入字符串 s2:");
    gets(s2);
    for(i =0,j =0;s1[i]! ='\0';i ++)
    {   pos = strchr(s2,s1[i]);
        if(pos! = NULL&&strchr(s3,s1[i]) == NULL)
        {   s3[j ++] =s1[i];
            s3[j] ='\0';
        }
    }
    s3[j] ='\0';
    if(strlen(s3)! =0)
    {   printf("两个串中共有的字符串构成的字符串是:");
        puts(s3);
    }
    else
        printf("两个字符串 s1 和 s2 没有共同的字符存在! \n");
}
```

程序完成的功能与例 7.14 相同，请读者参照例 7.14 自行分析。

2)在字符串中反向查找指定字符

在字符串中反向查找指定字符第一次出现位置的基本思想是:从被操作字符串的最后一个字符开始循环依次取出被操作字符串当前位置的字符与指定的字符相比较,若比较相符合则返回该字符的位置;否则进行下一轮比较直到被处理的字符串中所有字符取完为止。

例 7.16 编制函数实现功能:在字符串中反向查找指定的字符,若被查找字符存在则返回字符在字符串中的下标序号;若指定的字符在被查找的字符串中不存在,则返回 -1;并用相应主函数进行测试。

```
/* Name: ex07-16.cpp */
#include <stdio.h>
#include <string.h>
void main()
{   int Rsearch_chr(char s[], char c);
    char s1[80],ch;
    int pos;
    printf("Input the string:");
    gets(s1);
    printf("Input the character:");
    ch=getchar();
    pos=Rsearch_chr(s1,ch);
    if(pos!=-1)
        printf("The position is s1[%d].\n",pos);
    else
        printf("'%c' is not in '%s'.\n",ch,s1);
}
int Rsearch_chr(char s[],char c)
{   int i;
    for(i=strlen(s)-1;i>=0;i--)
        if(s[i]==c)
            return i;
    return -1;
}
```

上面程序的函数 Rsearch_chr 实现方法与例 7.13 程序类似,唯一不同的地方是此时取出字符串中字符时是从字符串中的最后一个字符开始,字符串中最后一个字符的下标序号是:strlen(s)-1(字符串的长度减 1)。

返回被查找字符在字符串中存放地址的函数如下所示,该函数在串中没有所查找的字符时函数返回 NULL,读者可以对照例 7.16 程序中的 Rsearch_chr 函数自行分析。

```
char *Rsearch_chr(char *s,char c)
{   char *p=s+strlen(s);
```

```c
    while(p >= s&& *p! = c)
        p--;
    return *p == c? p:NULL;
}
```

7.2.5 字符串中字符的插入和删除

1)在字符串中指定位置插入字符

在字符串指定位置插入一个字符的基本思想是:首先在字符串中查找指定的位置,然后将字符串中从指定位置以后的所有字符由后向前依次向后移动一个字符位置以腾出所需要的字符插入空间;最后将指定的插入字符拷贝到该指定位置即可。

字符的插入包括前插(插入的字符在指定位置原字符之前)和后插(插入的字符在指定位置原字符之后)两种方式,这两种方式的基本思想完全一致,不同之处在于字符串部分字符后移时是否包括指定位置的原字符。

例 7.17 编制函数实现功能:在字符串的指定字符之前插入另外一个指定字符,若在字符串中找不到插入位置,则将被插入字符添加到字符串末尾,并用相应主函数进行测试。

```c
/* Name: ex07-17.cpp */
#include <stdio.h>
#include <string.h>
void main()
{   void insertchr(char s[], char pos,char c);
    char s1[80],pos,ch;
    printf("请输入被处理的字符串: ");
    gets(s1);
    printf("请输入被查找的字符: ");
    pos = getchar();
    getchar();
    printf("请输入被插入的字符: ");
    ch = getchar();
    puts(s1);
    insertchr(s1,pos,ch);
    puts(s1);
}
void insertchr(char s[],char pos,char c)
{   int last = strlen(s);
    char *p;
    p = strchr(s,pos); //使用标准库函数 strchr 在串 s 中寻找字符 pos
    if(p! = NULL) //如果找到插入点
```

```
    {   for( ;&s[last] >= p;last -- ) //所有字符由后向前依次向后移动一个字符位置
            s[last + 1] = s[last];
        * p = c;
    }
    else
    {   s[last + 1] = s[last];
        s[last] = c;
    }
}
```

在函数 insertchr 中,首先通过表达式 last = strlen(s)将字符串 s 的结尾符号位置存入到变量 last 中,然后调用标准库函数 strchr 搜索插入位置;当在字符串中找到插入位置时,通过循环由后向前依次将字符串中的字符向后移动一个字符位置,移动操作直到找到插入位置为止,然后将字符插入到指定位置;当在字符串中找不到插入位置时,将字符串的结尾字符向后移动一个位置,然后将字符添加到原字符串的尾部。程序一次执行时的输入数据和输出结果如下所示:

请输入被处理的字符串:Ths is a test string.
请输入被查找的字符:s
请输入被插入的字符:i
Ths is a test string.
This is a test string.

2)在字符串中删除指定的字符

在字符串中删除指定字符操作的基本思想是:首先在字符串中查找指定字符的位置,若找到则将字符串中自该位置以后所有字符依次向前移动一个字符位置即可。

例 7.18 函数原型为:void deletechr(char s[], char c);,其功能是在字符串中删除指定字符,若指定字符不存在则显示相应提示信息。请编制该函数并用相应主函数进行测试。

```
/* Name: ex07-18.cpp */
#include <stdio.h>
#include <string.h>
void main()
{   void deletechr(char s[], char c);
    char s1[80],ch;
    printf("请输入被处理的字符串:");
    gets(s1);
    printf("请输入要删除的字符:");
    ch = getchar();
    puts(s1);
    deletechr(s1,ch);
    puts(s1);
```

```
}
void deletechr(char s[],char c)
{   int search_chr(char s[],char c);
    int pos;
    pos = search_chr(s,c);    //在串 s 中查找字符 c
    if(pos! = -1)
        for(;s[pos]! = '\0';pos ++)//删除点后的所有字符依次向前移动一个字符位置
            s[pos] = s[pos +1];
    else
        printf("'%c' 不在 '%s'中. \n",c,s);
}
int search_chr(char s[],char c)
{   int i;
    for(i =0;s[i]! = '\0';i ++)
        if(s[i] == c)
            return i;
    return -1;
}
```

函数 deletechr 中,调用自定义函数 search_chr 查找字符 c 在字符串中的位置存放在变量 pos 中,若找到则通用循环使用表示式 s[pos] = s[pos +1];将该位置后的所有字符依次向前移动一个位置(将被删除的字符覆盖掉)。程序一次运行时输入数据和结果如下:

```
请输入被处理的字符串:abcdefg
请输入要删除的字符:c
abcdefg
abdefg
```

考虑到在对字符串的处理过程中,只要能够确定起始地址,可以从字符串的任一位置开始处理字符串。在串中删去某个字符可以通过将被删除字符后所形成的字符串拷贝到字符位置的方法实现。例如上面例程序的字符删除函数 deletechr 可以修改为如下形式:

```
void deletechr(char s[],char c)
{   char *p;
    p = strchr(s,c);    //找到被删除字符的位置
    if(p! = NULL)
        strcpy(p,p +1);//字符串(p +1 为起始地址)拷贝到删除点覆盖被删字符
    else
        printf("'%c'不在'%s'中. \n",c,s);
}
```

7.2.6 字符串的比较和子串的查找

1)字符串的比较

比较两个字符串的基本思想是:从参与比较操作的两个字符串的第一个字符开始依次比较相同位置的两个对应字符,在下列两种情况之下结束比较过程:

(1)两个字符串中对应位置字符的 ASCII 码不相同。

(2)遇到两字符串中任何一个字符串的串结尾字符'\0'。

比较结束时,用该时刻两个字符串中对应位置字符的 ASCII 码差值来确定两个字符串之间的关系。设参加比较操作的两个字符串分别用 $s1$ 和 $s2$ 表示(其中 $s1$ 表示前串,$s2$ 表示后串),则字符串比较结果的判断规则为:

$$s1[i]-s2[i]=\begin{cases}>0 & (s1>s2)\\ =0 & (s1=s2)\\ <0 & (s1<s2)\end{cases}$$

例 7.19 函数的原型为 int strcompare(char s[], char t[]);,其功能是比较两个字符串 s 和 t 的关系,比较规则如上所示,请编制函数 strcompare 并用相应主函数进行测试。

```
/* Name: ex07-19.cpp */
#include <stdio.h>
void main()
{   int strcompare(char s[], char t[]);
    char s1[80],s2[80];
    int result;
    printf("输入比较的前串 s1: ");
    gets(s1);
    printf("输入比较的后串 s2: ");
    gets(s2);
    result = strcompare(s1,s2);
    if(result >0)
        printf("s1 >s2(前串大于后串)\n");
    else if(result <0)
        printf("s1 <s2(前串小于后串)\n");
    else
        printf("s1 = s2(前串等于后串)\n");
}
int strcompare(char s[], char t[])
{   int i;
    for(i =0;s[i] ==t[i];i ++)
        if(s[i] =='\0')
```

```
        return 0;
    return s[i] - t[i];
}
```

比较函数 strcompare 中,循环执行的条件是 s[i] == t[i],即当遇到两个 ASCII 码值不相同的字符时循环结束,返回该位置两个字符 ASCII 码值之差(s[i] - t[i]);当循环条件成立时则判断是否两个字符串同时结束,若是同时结束则返回数值 0 表示两个字符串相同;当对应位置的两个字符既相同且又不是结尾符号时,则取出下一对字符进行比较。上面程序一次执行时的输入数据和输出结果如下所示:

```
输入比较的前串 s1:abcdkjsdk
输入比较的后串 s2:akdls
s1 < s2(前串小于后串)
```

同样可以使用指针操作的方式实现字符串的比较,下面函数展示了使用指针实现字符串比较功能的方法,请读者读对照例 7.19 程序中的 strcompare 函数自行分析:

```
int strcompare(char *s, char *t)
{   while(*s == *t)    //当对应位置字符相同时执行循环体
    {   if(*s == '\0')
            return 0;
        s++,t++;
    }
    return *s - *t;
}
```

在 C 语言的标准函数库中提供了相应的字符串比较函数 strcmp,函数的原型为:

```
int strcmp( const char *string1, const char *string2 );
```

函数的功能是:比较两个字符串 string1 和 string2 的关系,返回值确定规则为:如果 string1 大于 string2,则返回值大于 0;如果 string1 等于 string2,返回值等于 0;如果 string1 小于 string2,返回值小于 0。

例 7.20 使用标准库函数比较两个字符串。

```
/* Name: ex07-20.cpp */
#include <stdio.h>
#include <string.h>
void main()
{   char s1[80],s2[80];
    int result;
    printf("输入比较的前串 s1:");
    gets(s1);
    printf("输入比较的后串 s2:");
    gets(s2);
    result = strcmp(s1,s2);    //使用标准库函数比较字符串 s1 和 s2
```

```
    if(result >0)
        printf("s1 >s2(前串大于后串)\n");
    else if(result <0)
        printf("s1 <s2(前串小于后串)\n");
    else
        printf("s1 =s2(前串等于后串)\n");
}
```

程序执行时输入数据和输出结果与例 7.19 类似,请读者自行分析。特别需要提醒读者注意的是,由于字符串本质上是字符数组,不能直接作为整体进行操作,所以不能用类似 if(s1 > s2)的方式直接对字符串 s1 和 s2 进行比较,而应该使用串比较函数。

2)有长度限制的字符串比较

程序设计中,子串指的是字符串中从某一位置开始的连续若干个字符构成的一个字符序列,对应于子串将包含子串的字符串称之为主串。一个子串也可以和主串是完全相同的,即子串由主串所有的字符构成。因为子串有可能是主串的一个连续的局部,为了在串中查找子串就必须研究比较两个字符串中从某个位置开始的有限长连续字符序列的问题。为了简单起见,假设开始位置为字符串的首字符(如需要从字符串中的其他位置开始,只需用地址的方式表示出起始点),即讨论比较两个字符串前 n 个字符构成的字符序列的关系。比较两个字符串前 n 个字符关系的与比较两个字符串关系的基本思想完全一致,判断比较结果的规则也相同,所不同的是多了一个比较的长度限制。

例 7.21 函数的原型为 int strncompare (char s[ ], char t[ ], int n);,其功能是比较两个字符串 s 和 t 前 n 个字符构成的字符串的关系,比较规则如下所示,请编制函数 strncompare 并用相应主函数进行测试。

$$s1[i]-s2[i]=\begin{cases}>0 & (s1>s2)\\ =0 & (s1=s2)\\ <0 & (s1<s2)\end{cases}$$

```
/* Name: ex07-21.cpp */
#include <stdio.h>
void main()
{   int strncompare(char s[ ],char t[ ],int n);
    char s1[80],s2[80];
    int len,result;
    printf("输入比较的前串 s1: ");
    gets(s1);
    printf("输入比较的后串 s2: ");
    gets(s2);
    printf("输入欲比较长度: ");
    scanf("%d",&len);
    result = strncompare(s1,s2,len);
```

```
    if(result >0)
        printf("s1 >s2(前串大于后串)\n");
    else if(result <0)
        printf("s1 <s2(前串小于后串)\n");
    else
        printf("s1 =s2(前串等于后串)\n");
}
int strncompare(char s[],char t[],int n)
{   int i;
    for(i =0;s[i] ==t[i];i ++)
        if(s[i] =='\0'|| --n <=0)
            return 0;
    return s[i] -t[i];
}
```

在比较函数 strncompare 中,循环执行的条件是 s[i] == t[i],即当遇到两个 ASCII 码值不相同的字符时循环结束,返回该位置两个字符 ASCII 码值之差(s[i] - t[i]);当循环条件成立时则判断是否两个字符串同时结束或者是否已经比较过了指定的字符个数,在两个字符串同时结束或者已经比较过了指定的字符个数时返回数值 0 表示两个字符串前 n 个字符(或者两个字符串)相同;当对应位置的两个字符既相同,但该位置字符不是字符串结尾符号而且规定的字符比较次数又未完成时,则取出下一对字符进行比较。上面程序一次执行时的输入数据和输出结果如下所示:

输入比较的前串 s1: abcdefabcdef
输入比较的后串 s2: efa
输入欲比较长度: 3
s1 < s2(前串小于后串)

同样可以使用指针操作的方式实现字符串的比较,下面函数展示了使用指针实现字符串比较功能的方法,请读者读对照例 7.21 程序中的 strncompare 函数自行分析:

```
int strncompare(char *s,char *t,int n)
{   while(*s == *t)
    {   if(*s =='\0'|| --n <=0)
            return 0;
        s++,t++;
    }
    return *s - *t;
}
```

在 C 语言的标准函数库中提供了相应的字符串比较函数 strncmp,函数的原型为:

int strncmp(const char *string1, const char *string2, size_t count);

函数的功能是:比较连个字符串 string1 和 string2 中至多前 count 个字符的关系,返回值确定规则为:如果 string1 大于 string2,则返回值大于 0;如果 string1 等于 string2,返回值等于 0;如果 string1 小于 string2,返回值小于 0。

例 7.22 使用标准库函数比较两个字符串前 *n* 个字符。

```
/* Name: ex07-22. cpp */
#include <stdio. h>
#include <string. h>
void main( )
{   int strncompare( char s[ ],char t[ ],int n);
    char s1[80],s2[80];
    int len,result;
    printf("输入比较的前串 s1:");
    gets(s1);
    printf("输入比较的后串 s2:");
    gets(s2);
    printf("输入如比较长度:");
    scanf("%d",&len);
    result = strncmp(s1,s2,len); //使用标准库函数 strncmp 比较 s1 和 s2 的前 len 个字符
    if(result >0)
        printf("s1 >s2(前串大于后串)\n");
    else if(result <0)
        printf("s1 <s2(前串小于后串)\n");
    else
        printf("s1 =s2(前串等于后串)\n");
}
```

3)字符串中子串的查找

在字符串中查找指定子串的基本思想是:首先在主串中查找子串的首字符,如果找到则比较主串中其后连续的若干个字符是否与参与比较的子串相同。如果相同则返回子串首字符在主串中出现的位置(序号或地址);否则在主串中向后继续查找直到在主串中再也找不到子串的首字符为止;当指定查找的字串在主串中不存在时,函数则返回 -1(序号方式)或 NULL(地址方式)。

例 7.23 函数的原型为:int findsubstr(char s[ ], char t[ ]);,其功能是实现在 s 串中查找子串 t 第一次出现的起始位置,若 t 是 s 的子串返回 t 在 s 中第一次出现的下标序号,否则返回 -1。编制该函数并用相应主函数进行测试。

```
/* Name: ex07-23. cpp */
#include <stdio. h>
#include <string. h>
void main( )
{   int findsubstr( char s[ ], char t[ ]);
```

```
    char mstr[80],substr[80];
    int pos;
    printf("输入主串 mstr: ");
    gets(mstr);
    printf("输入被查找子串 substr: ");
    gets(substr);
    pos=findsubstr(mstr,substr);
    if(pos!=-1)
        printf("子串的起始位置为:mstr[%d].\n",pos);
    else
        printf("子串 substr 不在串 mstr 中。\n");
}
int findsubstr(char s[], char t[])    //子串查找函数
{   int search_chr(char s[],char c);
    int strncompare(char s[],char t[],int n);
    int i=0,len=strlen(t),k=0;
    while((i=search_chr(&s[k],t[0]))!=-1)
    {   if(strncompare(&s[k+i],t,len)==0)
            return k+i;
        else
            i++,k+=i;
    }
    return -1;
}
int search_chr(char s[],char c)    //串中查找字符函数
{   int i;
    for(i=0;s[i]!='\0';i++)
        if(s[i]==c)
            return i;
    return -1;
}
int strncompare(char s[],char t[],int n)    //比较字符串前 n 个字符函数
{   int i;
    for(i=0;s[i]==t[i];i++)
        if(s[i]=='\0'||--n<=0)
            return 0;
    return s[i]-t[i];
}
```

上面函数 findsubstr 中,对于字符串 s 和 t 首先调用函数 search_chr(在 7.2.4 中介绍)在以 &s[i]开始的字符串中查找 t 串的首字符 t[0];然后在 t 串首字符找到的情况下调用函数 strncompare(在 7.2.6 中介绍)比较两个字符串 &s[i]和 t 前 len(len 是 t 串长度)个字符构成的字符序列,若比较结果为 0 则返回此时的 i 值表示子串的起始地址,当比较结果不为 0 时在字符串 s 中向后移动一个位置继续进行比较;若某一次在以 &s[i]开始的字符串中查找 t 串的首字符 t[0]的结果为 -1,则表示字符串 t 不是字符串 s 的子串。程序执行时输入数据和输出结果如下所示:

输入主串 mstr:abcdefgabcdefg　/* 第 1 次执行输入数据 */

输入被查找子串 substr:cde

子串的起始位置为:mstr[2]

对于子串的查找还可以从另外一个方面去考虑,即从主串中的第一个字符开始,以后每次依次向后移动一个字符的位置,取出主串中与子串长度相等的前几个字符与子串比较。若相等则返回子串在主串中的起始位置,否则继续,直到主串查找完毕为止。若主串中不存在子串,返回 -1。

例 7.24　重写例 7.23 程序以实现上述基本思想。

```
/* Name: ex07-24.cpp
   主函数和 strncompare 函数同例 7.23 */
int findsubstr(char s[], char t[])
{   int strncompare(char s[],char t[],int n);
    int i = 0,len = strlen(t);
    while(strncompare(&s[i],t,len) != 0&&s[i] != '\0')
        i ++;
    return s[i] != '\0'? i: -1;
}
```

7.2.7　字符串中子串的插入和删除

1)字符串中子串的插入

在字符串中插入子串基本思想和在字符串中指定位置插入字符类似,仍然是首先在字符串中找到插入位置,然后移动插入点之后的所有字符以腾出插入位置,最后进行插入操作。与插入一个字符不同的是要按欲插入的子串长度腾出足够的插入位置,也就是说,在准备插入空位时需要将字符向后移动过足够的跨距而不是一个字符位置。

例 7.25　函数的原型为:void insertsubstr(char s[], char t[]);,其功能是实现子串插入功能,插入点为子串的首字符在主串中第一次出现的位置,若满足的要求的插入点不存在则给出相应提示信息。用相应主函数对子串插入函数进行测试。

```
/* Name: ex07-25.cpp */
#include <stdio.h>
#include <string.h>
```

```
void main( )
{  void insertsubstr( char s[ ], char t[ ]);
   char s1[80],s2[80];
   printf("输入字符串 s1:");
   gets(s1);
   printf("输入字符串 s2:");
   gets(s2);
   insertsubstr(s1,s2);
   puts(s1);
}
void insertsubstr(char s[ ],char t[ ])
{  int search_chr(char s[ ],char c);
   int i,j,len = strlen(t);   //len 中是欲插入子串的长度
   for(i =0;s[i]! ='\0';i ++ )   //寻找主串的结尾位置
      ;
   j = search_chr(s,t[0]);   //按条件在串中寻找插入点
   if(j! = -1)
   {  for( ;i >=j;i -- )   //插入点后的所有字符由后先前一次向后移动 len 距离
         s[i+len] =s[i];
      for(j =0;t[j]! ='\0';j ++ ,i ++ )//将子串的所有字符依次拷贝到腾出的空位
         s[i+1] =t[j];
   }
   else
        printf("字符'%c' 不在字符串'%s'中.\n",t[0],s);
}
   int search_chr(char s[ ],char c)
   {  int i;
      for(i =0;s[i]! ='\0';i ++ )
         if(s[i] ==c)
            return i;
      return -1;
}
```

上面程序的 insertsubstr 函数中,用变量 i 记住 s 串的结尾位置,调用字符查找函数用变量 jsearch_chr 查找 t 串首字符 t[0]在串 s 中第一次出现的位置并将该序号赋值给变量 j;在 t[0]在 s 中存在的情况下使用表达式 s[i+len] =s[i];从串 s 的结尾符号开始依次将字符向后移动插入 t 串所需要的长度,移动操作一直进行到移动插入点字符为止(用条件 i >=j 控制,如采用 i >j 则表示后插入);最后通过循环将字符串 t 的所有字符依次拷贝到所腾出的空间。程序执行时输入数据和输出结果如下所示:

```
输入字符串 s1:abcdefg
输入字符串 s2:c123
abc123cdefg
```

在例 7.25 中的 insertsubstr 是按照插入子串的基本思想编制的,如果充分利用 C 标准库函数则可以使得编程过程更加简洁而高效。现将子串插入函数 insertsubstr 重写如下,在重写的函数中充分利用了 C 标准库函数。

例 7.26 重写例 7.25 程序,其中子串插入函数 insertsubstr 的实现中要求充分利用 C 标准库函数。

```
/* Name: ex07-26.cpp
   主函数与例 7.25 类似 */
void insertsubstr(char *s,char *t)
{   char *p1;
    p1=strchr(s,*t); //在串 s 查找串 t 的首字符(*t)
    if(p1!=NULL)
    {   strcat(t,p1);//串 s 中自插入点开始的串连接到插入的字串后
        strcpy(p1,t);//将新的字符串 t 拷贝到插入点上
    }
    else
        printf("字符'%c'不在字符串'%s'中.\n",t[0],s);
}
```

2)字符串中子串的删除

字符串中删除子串的基本思想和在字符串删除字符类似,仍然是首先在主串中找到欲删除的子串,然后向前移动被删除子串之后的所有字符。与删除一个字符不同的是要将子串后的字符向前移动过足够的跨距而不是一个字符位置。

例 7.27 函数的原型为:void delsubstr(char s[], char t[]);,其功能是在一个主串中查找指定的子串,找到则将子串从主串中删除;若子串不存在则给出相应提示信息。

```
/* Name: ex07-27.cpp */
#include <stdio.h>
#include <string.h>
void main()
{   void delsubstr(char s[], char t[]);
    char s1[80],s2[80];
    printf("输入字符串 s1:");
    gets(s1);
    printf("输入字符串 s2:");
    gets(s2);
    delsubstr(s1,s2);
    puts(s1);
```

```
}
void delsubstr(char s[],char t[])
{   int findsubstr(char s[], char t[]);
    int pos,len;
    pos = findsubstr(s,t);
    if(pos != -1)
    {   len = strlen(t);
        for(;(s[pos] = s[pos + len]) != '\0';pos ++)
            ;
    }
    else
        printf("串'%s'不在串'%s'中.\n",t,s);
}
int findsubstr(char s[], char t[])
{   int strncompare(char s[],char t[],int n);
    int i = 0,len = strlen(t);
    while(strncompare(&s[i],t,len) != 0&&s[i] != '\0')
        i ++;
    return s[i] != '\0'? i: -1;
}
int strncompare(char s[],char t[],int n)
{   int i;
    for(i = 0;s[i] == t[i];i ++)
        if(s[i] == '\0'|| --n <= 0)
            return 0;
    return s[i] - t[i];
}
```

函数 delsubstr 中首先调用子串查找函数 findsubstr 判断串 t 是否是串 s 的子串，若是则使用表达式 s[pos] = s[pos + len]（其中 len 是字符串 t 的长度）将字符串 s 中自删区域后开始的字符向前移动 t 串的长度距离，移动操作反复进行直至串 s 中的字符移动完成为止。程序执行时输入数据和输出结果如下所示：

```
输入字符串 s1:abcdefg
输入字符串 s2:cde
abfg
```

利用 C 标准库函数可以使得编程过程更加简洁而高效。现将删除子串函数 delsubstr 重写如下，在重写的 delsubstr 函数中充分利用了 C 标准库函数。

例 7.28 重写例 7.27 程序，其中子串删除函数的实现中要求充分利用 C 标准库函数。

```
/* Name: ex07-28.cpp
```

```
主函数、findsubstr 函数和 strncompare 函数与例 7.27 同 */
void delsubstr( char s[ ], char t[ ])
{   int findsubstr( char s[ ], char t[ ]);
    int pos;
    pos = findsubstr( s,t) ;
    if( pos! = -1)
        strcpy( &s[ pos], &s[ pos + strlen( t) ]) ;
    else
        printf( " 串'%s'不在字符串'%s'中. \n" ,t,s) ;
}
```

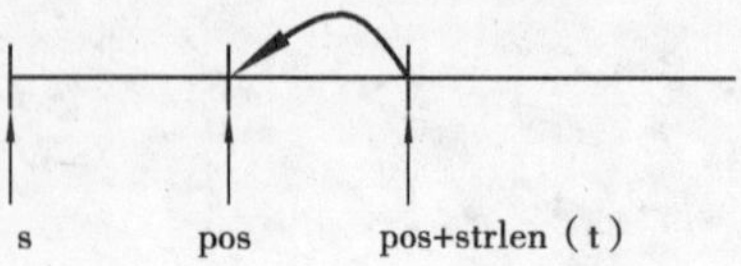

s　pos　pos+strlen（t）

图 7.3　用拷贝函数实现删除功能

函数 delsubstr 中首先调用子串查找函数 findsubstr 判断串 t 是否是串 s 的子串，若是则通过调用标准库函数 strcpy 将以 pos + strlen(t) 为起点的字符串拷贝到 pos 点处实现删除功能，其中 strcpy 函数调用时使用两个字符串参数如图 7.3 所示。

7.2.8　字符串与二维字符数组

程序设计中如果需要处理多个相关的字符串，既可以使用二维字符数组，也可以使用字符指针数组来组织多个被处理的字符串。

1) 使用二维字符数组组织多个字符串

二维字符数组的定义形式如下：

char 数组名[常量表达式 1][常量表达式 2];

式中：常量表达式 1 的值表示了行数(即字符串的个数)，常量表达式 2 的值表示了所处理的相关字符串中最长字符串所需要的存储长度。

二维字符数组也可以进行初始化，初始化之按照字符串常量的形式出现在初始化值列表中。例如有如下所示二维数组定义语句，其数据存储形式如图 7.4 所示：

char a[5][10] = {"C++","English","Computer","Physics","Maths."};

C	+	+	\0						
E	n	g	l	i	s	h	\0		
C	o	m	p	u	t	e	r	\0	
P	h	y	s	i	c	s	\0		
M	a	t	h	.	\0				

图 7.4　二维字符数组 a 的存储结构

对于二维字符而言，其每一行都是一个字符串，可以使用对字符串的输入和输出方法对其进行操作。

例 7.29　将若干个从键盘输入的字符串按升序排列并输出。

```
/* Name: ex07-29.cpp */
#include <stdio.h>
#include <string.h>
#define N 5
void main()
{   char book[N][80],temp[80];
    int i,j,k;
    printf("请输入欲处理的若干字符串:\n");
    for(i=0;i<N;i++)    //输入 N 个字符串
        gets(book[i]);
    for(i=0;i<N-1;i++)
    {   k=i;
        for(j=i+1;j<N;j++)
            if(strcmp(book[k],book[j])>0)    //比较两个字符串的关系
                k=j;
        if(k!=i)
        {   strcpy(temp,book[k]);    //注意交换字符串的方法
            strcpy(book[k],book[i]);
            strcpy(book[i],temp);
        }
    }
    for(i=0;i<N;i++)    //输出 N 个字符串
        puts(book[i]);
}
```

第 3 章中已经讨论过选择排序方法,在此不再赘述。本例程序中值得注意的是:输入和输出二维数组中各字符串的方法、比较字符串的方法以及交换字符串的方法。

2)使用字符指针数组组织多个字符串

实际应用中,被处理的若干字符串长度一般是不相等的,使用二维字符数组来存放这些字符串时,必须按照最长的字符串确定二维字符数组的列数(如图 7.4 所示),所以必然会浪费许多存储空间。为了避免存储空间的浪费,在 C 程序设计中常用指针数组处理多个字符串。

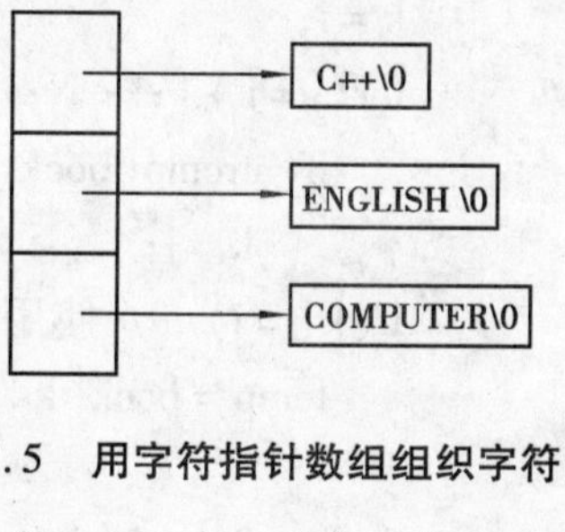

C++\0

ENGLISH \0

COMPUTER\0

图 7.5 用字符指针数组组织字符串

定义一个字符指针数组就相当于同时定义了多个字符指针变量,字符型指针数组定义的一般形式是:

char *数组名[常量表达式]

字符指针数组也可以进行初始化,其初始化值应该是字符串数据(或字符数组)的起始地址值,例如 C 语句:char *p[]={"C++","ENGLISH","COMPUTER"};表示定义了 3 个元素的字符指针数组,其数组元素是字符指

针变量,分别指向对应的字符串,其关系如图7.5所示。

在使用字符指针数组组织字符串时需要特别注意的是:由于定义非全局、非静态的字符指针数组后,就相当于同时定义了若干个字符指针变量。在没有对这些指针变量赋予地址值之前,它们都是空指针,这时除了将字符串常量的起始地址或NULL赋值给字符指针数组元素外,其他直接使用这些指针变量(字符指针数组元素)来接受字符串数据的方式都是错误的。例如:

```
char *p[10];
p[0] = "English";  //正确的赋值语句,使得p[0]指向字符串"English"
p[2] = NULL;  //正确的赋值语句,使得p[2]的值为空(NULL)
gets(p[1]);  //错误的输入字符串方法,p[1]是空指针
scanf("%s", p[5]);  //错误的输入字符串方法,p[5]是空指针
```

正确为用字符指针数组组织起来的若干字符串数据结构赋值的方法请参见下面例7.30程序中的方法。

例7.30 重写例7.29程序,要求使用字符指针数组组织欲处理的多个字符串数据。

```
/* Name: ex07-30.cpp */
#include <stdio.h>
#include <string.h>
#include <stdlib.h>
#define N 5
void main()
{   char *book[N], *temp,inbuf[100];
    int i,j,k;
    printf("请输入欲处理的若干字符串:\n");
    for(i=0;i<N;i++)
    {   gets(inbuf);  //从键盘上获取一字符串
        book[i]=(char *)malloc(strlen(inbuf)+1);  //按照字符串的长度分配空间
        strcpy(book[i],inbuf);  //将字符串拷贝到book[i]指向的存储空间
    }
    for(i=0;i<N-1;i++)
    {   k=i;
        for(j=i+1;j<N;j++)
            if(strcmp(book[k],book[j])>0)  //比较两个字符串的关系
                k=j;
        if(k!=i)  //使用交换指针的方法实现字符串顺序的交换
            temp=book[k],book[k]=book[i],book[i]=temp;
    }
    for(i=0;i<N;i++)
        puts(book[i]);
```

}

本程序与例7.29程序处理排序的过程相同，重点在于理解掌握如何将从键盘上输入字符串数据组织成所需要的数据结构。程序中作了详细的注释，请读者参照注释进行分析。

本章讨论了字符串数据常用处理方法的基本原理以及实现方法，同时介绍了对应处理方法的标准库函数。由于字符串数据是程序设计中终常处理的数据之一，C标准库中提供了大量的字符串处理类标准函数，请参阅与本书配套使用的实验教材附录。

习题7

一、单项选择题

1. 不能正确为字符数组输入数据的是(　　)。

(A) char s[5]; scanf("%s",&s);　　(B) char s[5]; scanf("%s",s);

(C) char s[5]; scanf("%s",&s[0]);　　(D) char s[5]; gets(s);

2. 能正确进行字符串赋值的是(　　)。

(A) char *s;s="abcd";　　(B) char s[5]; s="good";

(C) char s[5]='abcd';　　(D) char s[5]; s[ ]="good";

3. 若有以下说明和语句，则输出结果是(　　)。

```
char s[12] = "a book!";
printf("%.4s",s);
```

(A) a book!　　(B) a bo;

(C) a book! xxxx　　(D) printf 函数中格式不正确，没有输出

4. 若有以下说明语句，则不能正确引用字符串中字符的是(　　)。

```
char *str = "china";
int k =3;
```

(A) *(str+k);　　(B) *str+k;　　(C) **(str+k)　　(D) str[k]

5. 若有以下说明和语句，则输出结果是(　　)。

```
char *sp = "\t\v\\\0will\n";
printf("%d",strlen(sp));
```

(A) 14　　(B) 3　　(C) 9　　(D) 10

6. 若有以下说明语句，错误使用 strcpy 函数的是(　　)。

```
char *str1 = "we",str2[8],str3[8] = "how", *str4,str5[3] = "you";
```

(A) strcpy(str2,str1)　　(B) strcpy(str3,str1)

(C) strcpy(str4,str5)　　(D) strcpy(str5,str1)

7. 下面程序输出结果是(　　)。

```
#include <stdio.h>
```

```
#include <string.h>
void main()
{ char s1[6],s2[6],s3[6],s4[6];
    scanf("%s%s",s1,s2);
    gets(s3);
    gets(s4);
    puts(s1);puts(s2);
    puts(s3);puts(s4);
}
```

程序运行时输入数据:

123 321

456 654

(A)123	(B)123	(C)123	(D)123 321
321	321	321	456
	456 654	654	
456 654	654		

8. 下面程序输出结果是(　　)。

```
#include <stdio.h>
main()
{ char a[2][10] = {"1234","5432"};
    int i,j,s = 0;
    for (i=0;i < 2;i++ )
        for ( j = 0;a[i][j] > '0' && a[i][j] <= '9';j += 2 )
            s = 10 * s + a[i][j] - '0';
    printf("%d\n",s);
}
```

(A)1234　　(B)1353　　(C)5432　　(D)3531

9. 下面程序输出结果是(　　)。

```
#include <stdio.h>
#include <string.h>
main( )
{ char b[30], *a = "HelloGood" ;
    strcpy (b,"VeryVery");
    strcpy(&b[4],"will");
    strcat (b,a +5);
    puts(b);
}
```

(A) VeryVery　　(B) VeryVerywillGood　　(C) Good　　(D) VerywillGood

10. 下面程序输出结果是(　　)。

```
#include <stdio.h>
#include <string.h>
void main( )
{   char p[20] = {'a','b','c','d'},a[ ] = "abc",b[ ] = "xyz123";
    strcpy(p + strlen(a),b);
    strcat(p,a);
    printf("%d %x",sizeof(p),strlen(p));
}
```

(A)20　10　　(B)12　c　　(C)20　12　　(D)20　c

二、填空题

1. 字符串的结束标志符是___①___,"a" 是一个___②___,'a'一个___③___。

2. 有语句 char a[ ] = "\"d:\\good.\"\n",则字符数组 a 中字符串的长度是___④___,字符数组 a 的长度是___⑤___。

3. ___⑥___指针变量可以指向一个字符串,也可以指向一个字符。字符串常量和字符数组都占用一段___⑦___的存储单元。

4. 请填空完善下面程序,使执行程序时能输出 abcdefg。

```
#include "stdio.h"
void delnum(char *s)
{   int i,j;
    for(i = 0; s[i] != '\0';)
    {   if(s[i] >= '0'&&s[i] <= '9')
        {   ______⑧______;
            do {
                s[j] = s[j + 1];
                j ++;
            }while(s[j]);
            ______⑨______;
        }
        ______⑩______;
    }
}
main()
{   char item[ ] = "abcde12f7g";
    delnum(item);
    printf("\n%s",item);
}
```

三、阅读程序题

1. 写出下面程序运行的结果。

```
#include  <stdio.h>
#include  <string.h>
void main()
{   char a[10] = "Hello";
    char *p;
    int  i;
    char *p1 = "WWorld";
    p = a;
    printf("%s ",p);
    *p = 'W';
    a[2] = 'x';
    printf("%s\n",a);
    for(i = 0;p[i];i ++)
        printf("%c",p[i]);
    p = a;
    p ++;
    while(*p)
        printf("%c",*p ++);
    puts(p1 +1);
}
```

2. 仔细阅读下面程序,给出程序执行后的输出结果。

```
#include  <stdio.h>
#include  <string.h>
void main()
{   char s1[20],s2[20];
    int p,x;
    scanf("%d%s",&p,s1);
    scanf("%s",s2);
    printf("%d %s % -8.2s",p,s1,s2);
    for(x = 0;x < 2;x ++)
        strcat(s1,s2 + x);
    printf("\n%s",s1);
}
```

执行程序时输入:123abcd xyz

3. 写出下面程序运行的结果。

```
#include  <stdio.h>
```

```
void main( )
{   void invert( char  * perv, char  * endp) ;
    char string[80] = "change" , * p1 , * p2;
    p1 = p2 = string;
    while( * p2) p2 ++ ;
    p2 -- ;
    invert( p1 ,p2) ;
    printf( " \n%s" ,p1) ;
}
void invert( char  * perv, char  * endp)
{   static char temp;
    printf( "%c" ,endp[0]) ;
    if(  perv < endp)
    {   temp = * perv;
        * perv = * endp;
        * endp = temp;
        invert( perv + 1 ,endp - 1) ;
    }
}
```

4. 写出下面程序运行的结果。

```
#include  < stdio. h >
#include  < string. h >
int fun( char s1[ ] ,int n)
{   static k = 3;
    s1[n] += k ++ ;
    return k;
}
void main( )
{   int p,x;
    char ss[10] = "ABCD" ;
    strcat( ss, "abc" ) ;
    x = 0;
    for( p = 0;p < 3;p ++ )
        x = fun( ss,x) ;
    printf( "%s\n" ,ss) ;
}
```

5. 写出下面程序运行的结果。

```
#include  < stdio. h >
```

```
#include <string.h>
#define N 4
void main( )
{   char str[100], *p[N], *tp;
    int n,k;
    tp = str;
    n = 0;
    printf("\nInput strings:");
    do {
            gets(tp);
            p[n] = tp;
            k = strlen(tp);
            tp = tp + k + 1;
            n++;
    } while(n < N);
    k = 0;
    for(n = 1;n < N;n++)
        if(strcmp(p[n],p[k]) < 0)
            k = n;
    puts(p[k]);
}
```

执行程序时输入：

```
aaaa
54321
123456
xyzt
```

6. 仔细阅读下面程序，给出程序执行后的输出结果。

```
#include <stdio.h>
char str[] = "SSSWILTCH2\2\223WALL";
void main()
{   char c;
    int k;
    for(k = 2;(c = str[k]) != '\0';k++)
    {   switch(c)
        {
            case'A' : putchar('a');
                      continue;
            case '2' : break;
```

```
            case 2 :  while((c = str[k ++ ])! = '\2'&&c! = '\0');
            case 'T' : putchar('*');
            case 'L' : continue;
            default :  putchar(c);
                       continue;
        }
        putchar('#');
    }
}
```

四、程序设计题

1. 编写函数统计某个字符在一个字符串中出现的次数。

2. 编写一个程序,比较两个字符串 s1 和 s2 的大小,如果 s1 > s2,输出一个正数,如果 s1 < s2,输出一个负数,如果 s1 = s2,输出 0。不要用 strcmp( ) 函数,用 gets( ) 函数读入字符串。

3. 编写函数将一个整数转换成等价的字符串,例如,把整数 123 转换成字符串"123",得到的字符串存放在 p 指向的内存空间,函数原型为:char * Myitoa(int n,char * p);

4. 编写函数判断一个字符串是否为回文。函数原型为:int IsAplidrome(char * str);如果字符串是回文,函数返回 1,否则函数返回 0。

5. 编程序实现功能:将键盘输入流上接收的字符串中的连续数字字符提取出来。例如输入的字符串是"sdjk2343djkdjjkls8990",则提取出的数据依次是:2343 和 8990。

6. 编写一个递归函数把字符串中字符按逆序存放。

7. 编写函数 void Myput(char * s),实现 puts 函数的功能。

8. 编写程序按以下规律将电文译成密码:将字母 A 变成字母 F,将字母 B 变成字母 G,即变成其后的第 5 个字母;遇到字母 V 变成字母 A, 字母 W 变成字母 B,字母 Z 变成字母 E,其他字符不变。

9. 编写函数统计字符串 s1 中子字符串 s2 的个数,统计时不区分字母的大小写。例如,在字符串"abc234xAbck8798ABC1234"中统计子字符串"abc"的个数,与字符串"abc"相匹配的子字符串有 3 个,它们是"abc"、"Abc"、"ABC"。

10. 编写程序实现:输入一句英文,单词之间用空格分开,查找包含字母个数最多的单词,并输出包含字母个数最多的第一个单词。

8 结构体类型和联合体类型

本章概要和学习目标

C 程序设计中,结构体类型描述了组织若干不同数据类型相关数据的方法,联合体类型则描述了分时复用同一存储区域的方法。本章主要讨论结构体类型和联合体类型的概念和使用方法、结构体数组的使用方法、结构体类型与指针的关系、联合体类型与结构体类型的异同以及链式存储结构的简单应用。本章的主要学习目标如下:

- 掌握结构体数据对象的定义和引用方法
- 掌握结构体数组定义和使用的方法
- 理解结构体数据与指针的关系
- 掌握使用指针表示结构体数据对象的方法
- 掌握联合体数据对象的定义和引用方法
- 理解结构体与联合体之间的异同
- 掌握单链表的基本操作方法

8.1 结构体数据类型的基本概念

在第 3 章中讨论的数组提供了组织相同数据类型数据对象的方法,但在实际的计算机应用中,常常存在着将不同类型的数据对象组合成为一个有机的整体以便于引用的需要。例如一个人的信息包括姓名、性别、年龄、身份证号码、民族、文化程度、家庭住址、邮政编码等,这些关于个人信息的数据显然不属于同种数据类型,但这些数据又相互关联,用以描述一个人的各种属性。如果使用若干个简单变量来表示各个属性,难以表示出这些数据之间的关联,若使用前面讨论的数组结构又不能存放这些不同类型的数据。由此可见,实际应用中需要一种既包含各种不同数据类型数据又能够表示出这些数据项之间关系的构造数据类型。C 语言中提供了构造这种数据类型的能力,称这种由一些属于不同数据类型的数据组合而成的构造数据类型为结构体类型。结构体类型不同于我们熟悉的基本类型,它有以下几个特点:

(1)结构体类型由若干个数据项组成,这些数据项都属于一种已经有定义数据类型(基本数据类型或构造数据类型),结构体类型中的数据项称为结构体成员。

(2)由于结构体类型的构成与应用相关,所以在程序设计语言中无法预先定义所有的结构体类型,在C程序设计中要使用结构体类型数据则需要在源程序文件中进行定义。

(3)根据不同应用的需要,在同一个源程序文件中可以定义若干个结构体类型。

(4)结构体类型在特定的C源程序文件中定义,所以这种自定义结构体数据类型只在其定义存在的源程序中起作用,在其他源程序中不能使用。

(5)结构体数据类型仍然是一类变量的抽象形式,不能直接对其进行存取操作,系统也不会为数据类型分配存储空间。要使用结构体类型数据,必须要定义结构体数据类型的变量。

8.1.1 结构体类型和变量的定义

C语言中使用关键字 struct 定义结构体类型,结构体类型定义的一般形式为:

struct 标识符

{ 数据类型名 结构体成员$_1$;

数据类型名 结构体成员$_2$;

⋮

数据类型名 结构体成员$_i$;

⋮

数据类型名 结构体成员$_n$;

};

其中:"struct 标识符"部分确定了所定义的结构体数据类型的类型名;"数据类型名结构体成员 i;"指定了结构体类型中的一个结构体成员,该成员的数据类型必须是系统内置的基本数据类型或者是在同一源程序文件中前面已经定义好的构造数据类型;由于结构体类型定义语句是一条完整的C语句,所以结构体类型定义最后的分号(;)是必不可少的。

例如下面程序段定义了具有6个结构体成员,名为 struct student 的结构体数据类型。

```
struct student
{      long id;
       char name[20];
       int age;
       char sex;
       char address[80];
       long tel;
};
```

当在C源程序文件中定义好一个结构体数据类型后,这种构造数据类型就存在于所定义的C源程序中,为了能够使用定义好的结构体数据类型,需要在同一个源程序中定义该结构体数据类型的变量。C语言中提供了3种定义结构体数据类型变量的方法,现分述如下。

(1)先定义结构体数据类型,然后定义该数据类型的变量。其定义形式与定义基本类型变量相同:

数据类型名 变量表;

例如,上面已经定义了结构体数据类型 struct student,则 C 语句:

```
struct student stu1,stu2;
```

定义了两个 struct student 结构体数据类型的变量 stu1 和 stu2。

(2)定义结构体数据类型的同时定义结构体类型变量。其形式为:

```
struct 标识符
{        结构体成员列表;
}结构体变量列表;
```

例如,下面的 C 语句序列在定义结构体数据类型 struct student 的同时定义了结构体变量 stu3 和 stu4。

```
struct student
{   long id;
    char name[20];
    int age;
    char sex;
    char address[80];
    long tel;
}stu3,stu4;
```

(3)直接定义结构体变量。其一般形式为:

```
struct
{        结构体成员列表;
}结构体变量列表;
```

例如,下面的 C 语句序列直接定义了结构体变量 stu5 和 stu6。

```
struct
{   long id;
    char name[20];
    int age;
    char sex;
    char address[80];
    long tel;
}stu5,stu6;
```

C 语言提供的 3 种定义结构体变量方式在具体程序设计中可以根据自己的需要和喜好选用。需要注意的是使用第 1 种和第 2 种定义结构体变量的方法时定义了完整的结构体数据类型(具有完整的结构体数据类型名),因而可以使用已经存在的结构体数据类型定义另外的结构体变量;而使用第 3 种定义结构体变量方式时,由于在定义时并没有给出完整的结构体数据类型名字,所以此后不能再定义该类型的结构体变量。

C 语言中允许嵌套定义结构体数据类型,所谓结构体数据类型的嵌套定义指的是在一个结构体数据类型中,某些结构体成员的数据类型是另外一个在同一 C 程序源文件中已经定义完成的结构体数据类型。例如,下面的 C 语句序列就在定义结构体数据类型 struct student 时定义了一个数据类型为结构体数据类型 struct datc 的成员 birthday;。

```
struct date
{    int year;
     int month;
     int day;
};
struct student
{    long number;
     struct date birthday;/ * birthday 的数据类型为 struct date  */
     char name[20];
     int age;
     char sex;
     char address[80];
     long tel;
};
```

8.1.2 typedef 关键字的简单应用

C 语言中提供了一个关键字 typedef,在程序设计中使用 typedef 关键字的主要目的有两个:其一是为已经存在的数据类型取一个新的名字(别名);其二是根据需要构造复杂的数据类型;现分述如下。

1) 使用 typedef 为已经存在的数据类型取别名

使用 typedef 可以为已经存在的数据类型取别名,定义别名后程序中既可以使用原数据类型名,又可以使用该数据类型的别名。定义别名的一般形式为:

typedef 数据类型名 别名;

例如,typedef int INTEGER;就为系统内置数据整型(int)类型取了另外一个名字 INTEGER。此后,int j,k;和 INTEGER j,k;的意义相同。

对于构造数据类型而言,由于是在 C 源程序中定义的数据类型,所以除了按照上面的标准形式为构造数据类型取别名外,还可以在定义这些构造数据类型的同时为这些构造数据类型取别名,以方便在 C 程序中的使用。例如,下面两种形式的 C 语句序列的含义都是为结构体数据类型 struct student 取别名为 STU。

```
typedef struct student       /*在定义构造数据类型的同时取别名*/
{    long number;
     struct date birthday;
```

```
    char name[20];
    int age;
    char sex;
    char address[80];
    long tel;
}STU;
```

或

```
struct student              /*先定义构造数据类型,然后再取别名*/
{   long number;
    struct date birthday;
    char name[20];
    int age;
    char sex;
    char address[80];
    long tel;
};
typedef struct student STU;
```

无论以上面哪种形式取别名后,下面两种定义结构体变量的意义相同:

```
STU stu1,stu2,stu3;
struct student stu1,stu2,stu3;
```

2)使用 typedef 构造复杂数据类型

使用 typedef 除了可以为存在的数据类型取别名外,还可以通过它构造结构比较复杂的数据类型。由于在不同的应用环境中对复杂结构数据的要求是不同的,所以使用 typedef 关键字构造复杂结构数据没有统一的形式,在应用程序中应该根据需要构造适合形式的数据类型。下面用几个示例演示复杂结构数据类型的构造方法。

例 8.1 用 typedef 构造指定长度的字符串数据类型。

```
/* Name: ex08-01.cpp */
#include <stdio.h>
#include <string.h>
typedef char String[100];     /*构造了长度为 100 的字符串数据类型 String */
void main()
{   String s1,s2;
    printf("Input string s1 & s2 :\n");
    gets(s1);
    gets(s2);
    puts(strcat(s1,s2));
}
```

上面程序通过语句 typedef char String[100];构造了字符串(字符数组)数据类型 String

后,String s1,s2;和 char s1[100],s2[100]意义相同。程序的运行过程和结果为:

```
Input string s1 & s2 :
ABCDDEFGFDG
sdjkfjdslf
ABCDDEFGFDGsdjkfjdslf
```

例 8.2 用 typedef 构造指定行数和列数的二维数组类型。

```
/* Name: ex08-02.cpp */
#include <stdio.h>
#include <stdlib.h>
#include <time.h>
#define N 5
#define M 6
typedef int arr[N];   /*构造了长度为 N 的一维数组类型,数据类型名为:arr */
typedef arr Array[M];  /*构造了长度为 M 的二维数组类型,数据类型名为:Array */
void main()
{     Array a;
      int i,j;
      srand(time(NULL));
      for(i=0;i<M;i++)
          for(j=0;j<N;j++)
              a[i][j]=rand()%100;
      for(i=0;i<M;i++)
      {   for(j=0;j<N;j++)
              printf("%5d",a[i][j]);
          printf("\n");
      }
}
```

程序中构造了二维数组类型后,语句 Array a;和 int a[M][N]意义相当。程序的执行结果为:

```
19   32   89   18    0
35   89   95   95   62
24   37    6   56   57
19   10   67   69   86
17   23   75   59   37
56   89   30   60   22
```

例 8.3 用 typedef 构造指针数据类型。

```
/* Name: ex08-03.cpp */
#include <stdio.h>
```

```
typedef int *IP;   /*构造了整型指针数据类型,类型名为 IP*/
void main()
{    int x=100;
     IP p=&x;
     printf("%x: %d,%d\n",p,x,*p);
}
```

程序中构造整型指针类型 IP 后,IP p;和 int *p;意义相同,程序执行结果为:

12ff7c: 100,100

例 8.4 用 typedef 构造指向函数的指针数据类型。

```
/* Name: ex08-04.cpp */
#include <stdio.h>
#include <stdlib.h>
#include <math.h>
/*FP 为指向有一个 double 形参且返回值类型为 double 函数的指针*/
typedef double (*FP)(double);
void main()
{    double root(FP p,double x1,double x2);
     double f1(double x);
     double f2(double x);
     double y1,y2;
     y1=root(f1,0,5);
     y2=root(f2,3,3.5);
     printf("y1=%.8g\n",y1);
     printf("y2=%.18g\n",y2);
}
double root(FP p,double x1,double x2)
{    double x0,fx0,fx1,fx2;
     fx1=(*p)(x1);
     fx2=(*p)(x2);
     if(fx1*fx2>0)
     {    printf("No root between x1 and x2! \n");
          exit(0);
     }
     do
     {    x0=(x1+x2)/2;
          fx0=(*p)(x0);
          if((fx0*fx1)<0)
          {    x2=x0;
```

```
            fx2 = fx0;
        }
        else
        {   x1 = x0;
            fx1 = fx0;
        }
    }while(fabs(fx0) >= 1e-7);
    return x0;
}
double f1(double x)
{
    return 2*x*x*x-4*x*x+3*x-6;
}
double f2(double x)
{
    return sin(x);
}
```

上面 root 函数是求高阶方程根的二分法通用函数，在函数中需要使用指向函数的指针作为 root 函数的形式参数。在语句 typedef double (*FP)(double);后，FP p 就表示定义了指向函数的指针变量 p，程序的执行结果为：

```
y1 =2
y2 =3.1415927410125732
```

8.1.3 结构体变量的引用和输入输出

一个结构体变量中包含了若干个数据项，因而结构体变量不但具有一些普通变量的特征，还具有一些类似数组的特征，结构体变量的这一独特性质在程序中使用时需要特别注意。在一般的情况下 C 语言不允许将结构体变量作为整体操作，只能通过操作它的成员分量实现操作结构体变量的目的。下面分别讨论结构体变量的初始化、结构体变量的引用以及结构体变量的输入输出操作。

1）结构体变量的初始化

在定义结构体变量的同时也可以进行结构体变量的初始化。结构体变量初始化的形式类似于一维数组，与一维数组初始化的不同之处在于结构体变量的成员值根据其所属类型可以是不同类型的数据。初始化的一般形式为：

struct 结构体名 变量名 = {结构体变量成员值列表}；

例如，如果已有结构体数据类型 struct student，则下面的 C 语句在定义结构体类型变量 stu1 的同时对其进行了初始化操作：

```
struct student stu1 =
```

{5001,1988,12,30,"Liwei",19,'m',"12 songlin",65102621};

2)结构体变量的引用

由于结构体变量是一个含有若干成员的整体,对结构体变量一般也不能进行整体操作。结构体变量的操作方法与操作数组类似,通过对其中的每一个数据项的操作达到操作结构体变量的目的。对于结构体变量中每一个数据项(成员分量)的引用要使用点运算符以构成结构体成员分量,结构体成员分量的一般形式为:

结构体变量名.成员分量名

例如,stu1.name、sut1.number、stu1.sex 等。

对于嵌套的结构体类型的变量,访问其成员时应采用逐级访问的方法,直到得到所需访问的成员为止。其形式为:

结构体变量名.一级成员分量名.二级成员分量名…

例如,stu1.birthday.year、stu1.birthday.month、stu1.birthday.day 等。

在使用结构体变量时还需要注意结构体变量成员分量的数据类型问题。C 语言规定,结构体变量成员分量的数据类型取决于最终的成员分量,即结构体变量成员分量的数据类型与在其连接组合过程中最后一个成员分量的数据类型一致,例如有定义如下所示:

```
struct student
{    long id;
     char name[20];
     int age;
     char sex;
     char address[80];
     long tel;
} stu3,stu4;
```

则 stu3.id 的数据类型为长整型(long),sut3.sex 的数据类型为字符型(char),stu3.name 的数据类型是字符数组类型。

当有两个同类型的结构体变量时,可以将一个结构体变量作为一个整体赋值给另外一个结构体变量。例如有程序段:

```
struct student
{    long id;
     char name[20];
     int age;
     char sex;
     char address[80];
     long tel;
} stu3,stu4 = {10001,"Liwei",19,'m',"12 songlin",65102621;
stu3 = stu4;   /*将结构体变量 stu4 赋值给同类型结构体变量 stu3 */
```

3)结构体变量的输入输出

由于结构体变量不是系统提供的简单数据类型,在输入输出函数使用的格式控制符集中没有提供对应的控制字符,所以C语言也不允许把一个结构体变量作为一个整体进行输入或输出的操作。在C程序设计中只能将结构体变量的成员分量作为输入输出的对象,而且在对结构体变量成员分量输入输出操作时应该特别注意对应成员分量的数据类型。例如下面的语句序列:

```
scanf("%s,%ld,%d",stu1.name,&stu1.number,&stu1.age);
printf("%s,%ld,%d\n",stu1.name,stu1.number,stu.age);
gets(stu1.name);
puts(stu1.name);
```

例8.5 结构体变量引用和输入输出示例。

```
/* Name: ex08-05.cpp */
#include <stdio.h>
typedef struct TEST
{    int x;
     double y;
     char ch;
}T;
void main()
{    struct TEST a1;
     T a2;
     printf("Input the values of a1:\n");
     scanf("%d,%lf,%c",&a1.x,&a1.y,&a1.ch);
     printf("a1.x=%d,a1.y=%f,a1.ch=%c\n",a1.x,a1.y,a1.ch);
     a2=a1;
     printf("a2.x=%d,a2.y=%f,a2.ch=%c\n",a2.x,a2.y,a2.ch);
}
```

上面程序中在定义结构体数据类型struct TEST的同时为它取了别名T,在程序中通过语句struct TEST a1;和T a2;定义两个同类型的结构体变量a1和a2。通过输入函数调用为变量a1的各个成员分量依次输入值,然后通过赋值语句a2=a1;将变量a1的值整体赋值给变量a1使得两个同类型结构体变量的值相同。程序的一次运行过程和结果为:

```
Input the values of a1:
100,234.38,C
a1.x=100,a1.y=234.380000,a1.ch=C
a2.x=100,a2.y=234.380000,a2.ch=C
```

8.1.4 结构体变量作函数的参数

结构体变量可以作为函数的参数在函数间进行传递,使用结构体变量作为函数参数时,数据的传递仍然是“值传递方式”,要求实参和形参的类型要完全一致。在函数调用

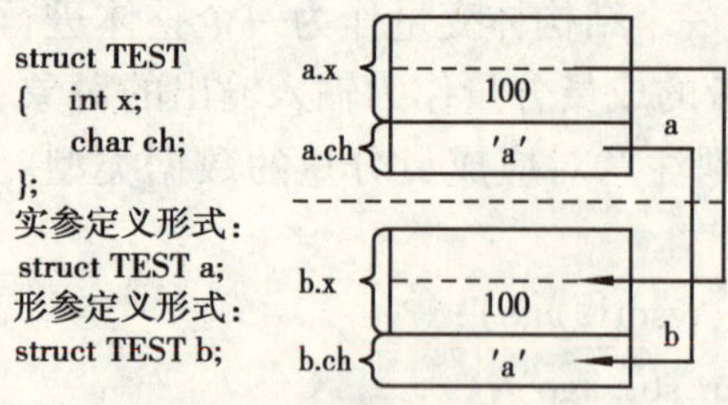

图 8.1 结构体变量作为参数的传递形式

时,系统为形参变量开辟一段内存单元,以存放从实参传递过去的各结构体变量成员的值,然后在被调函数中对形参变量进行操作。与前面讨论的普通变量类似,在被调函数中对形参的操作仍然与主调函数中的实际参数无关。设有结构体类型 struct TEST 定义如图 8.1 所示,函数调用中使用该结构体类型变量作为参数传递,则结构体变量作为函数参数时数据传递过程如图 8.1 所示。

例 8.6 结构体变量作为函数参数使用示例。

```
/* Name: ex08-06.cpp */
#include <stdio.h>
typedef struct TEST
{   int x;
    double y;
    char ch;
}T;
void main()
{   void printstru(T x);
    struct TEST a1;
    printf("Input the values of a1:\n");
    scanf("%d,%lf,%c",&a1.x,&a1.y,&a1.ch);
    printf("a1.x=%d,a1.y=%f,a1.ch=%c\n",a1.x,a1.y,a1.ch);
    printstru(a1);
}
void printstru(T x)
{   x.x+=10;
    x.y/=2;
    x.ch+=1;
    printf("x.x=%d,x.y=%f,x.ch=%c\n",x.x,x.y,x.ch);
}
```

例 8.6 程序中,在主函数中为结构体变量 a1 输入了各成员分量的值,然后通过函数调用语句 printstru(a1);将 a1 作为实参传递给函数 printstru 的形式参数 x,在被调函数 printstru 中对形参变量 x 的值作了修改。从下面显示的程序输出结果可以看出,主调函数中的实际参数 a1 和被调函数中的形式参数 x 除了传递参数值那一瞬间外没有任何关系,对形式参数变量 x 的操作与实参变量 a1 无关。程序的执行过程和输出结果如下所示:

```
Input the values of a1:
100,250.5,A
a1.x=100,a1.y=250.500000,a1.ch=A
```

```
x.x=110,x.y=125.250000,x.ch=B
```

8.1.5　结构体作函数的返回值类型

C 程序中，任何一个函数都具有确定的数据类型，函数的类型是由函数的返回值的类型决定的。结构体也是一种数据类型，在 C 程序设计中结构体变量也可以作为函数的返回值。当函数的返回值是一个结构体变量时，该函数就称为返回结构体类型的函数。其函数头形式为：

struct 标识符　函数名(形式参数表及其定义)

例 8.7　返回结构体类型函数的使用示例。

```
/* Name: ex08-07.cpp */
#include <stdio.h>
typedef struct TEST
{    int x;
     double y;
     char ch;
}T;
void main()
{    T inputstru();
     struct TEST a1;
     a1 = inputstru();
     printf("Print in main function:\n");
     printf("a1.x=%d,a1.y=%f,a1.ch=%c\n",a1.x,a1.y,a1.ch);
}
T inputstru()
{    T x;
     printf("Input int inputstru function:\n");
     scanf("%d,%lf,%c",&x.x,&x.y,&x.ch);
     return x;
}
```

上面程序中通过调用函数 inputstru 实现结构体变量 a1 值的输入，函数 inputstru 的返回值类型为结构体类型 struct TEST，此处使用的是其别名 T。在函数 inputstr 中，首先定义了局部结构体变量 x，然后为变量 x 赋值并将其作为函数执行结果返回赋值给主函数中的同类型结构体变量 a1。程序的执行过程和输出结果为：

```
Input int inputstru function:
100,389.8,Z
Print in main function:
a1.x=100,a1.y=389.800000,a1.ch=Z
```

8.2 结构体数组

在C程序设计中,一组具有相同数据类型的数据可以构成数组。一个结构体变量可以存放一组数据以描述一个对象的相关信息,如果存在若干个同类型的对象则需要使用多个具有相同结构的结构体变量。同样可以将这些相同类型的结构体变量组成结构体数组。结构体数组中的每一个数组元素都是结构体变量,结构体数组特别适合于处理具有若干相同关系的数据组成的集合体。与普通数组类似,结构体数组也有一维、二维和多维之分,本书仅讨论最常使用的一维结构体数组,由一维结构体数组和一般化的数组概念读者可以自行分析二维及其以上的结构体数组概念和使用方式。

8.2.1 结构体数组的定义和数组元素引用

定义结构体数组的方式与定义结构体变量相同,也有3种方法,分别是:先定义结构体类型然后定义结构体数组;在定义结构体类型的同时定义结构体数组;只定义某种结构体类型的数组,在定义结构体数组的同时还可以定义同类型的结构体变量。下面是这3种定义方式的示例:

```
struct student          /* 先定义结构体类型,然后定义结构体数组 */
{       long id;
        char name[20];
        int age;
        char sex;
        char address[80];
        long tel;
};
struct student stu1[30],stu2[100],t;
struct student          /* 定义结构体类型的同时定义结构体数组 */
{       long id;
        char name[20];
        int age;
        char sex;
        char address[80];
        long tel;
}stu1[30],stu2[100],t;
struct          /* 只定义结构体数组 */
{       long id;
```

```
        char name[20];
        int age;
        char sex;
        char address[80];
        long tel;
    }stu1[30],stu2[100],t;
```

结构体数组各元素在系统内存中连续存放,每一数组元素的成员分量也按类型定义中出现的顺序依次存放。同样,结构体数组在定义时也可以进行初始化。初始化的一般形式是:

struct 标识符 数组名[长度]={初始化数据列表};

在对结构体数组进行初始化时,由于结构体数组元素(结构体变量)一般总是由若干不同类型的数据组成的,而且结构体数组又由若干个结构体变量组成,所以结构体数组的初始化形式总与较它高一维的普通变量数组的初始化形式类似。例如对一维结构体数组的初始化就类似于对普通二维数组的初始化,初始化中的注意事项也与普通二维数组初始化时相同或类似。设有结构体类型定义如下:

```
typedef struct person
{    char name[20];
     int count;
}PER;
```

那么 PER stu[3]={"Zhang",0,"Wang",0,"Li",0};与 PER stu[3]={{"Zhang",0},{"Wang",0},{"Li",0}};意义相同。

对于结构体数组,一般情况下也不能作为整体操作,必须通过操作数组的每一个元素达到操作数组的目的。由于一个结构体数组元素就相当于一个结构体变量,结构体数组元素需要用下标变量的形式表示。只要将引用数组元素的方法和引用结构体变量的方法结合起来就形成了引用结构体数组元素成员分量的方法,其一般形式为:

数组名[下标].成员名

例如,stu[2].name,stu[2].count 等。

同样也不能将结构体数组元素作为一个整体直接进行输入输出,需要通过输入输出数组元素的每一个成员分量达到输入输出结构体数组元素的目的。对结构体数组元素操作的唯一例外是可以将结构体数组元素作为一个整体赋给同一结构体数组的另外一个元素,或赋给一个同类型的结构体变量。

例 8.8 结构体数组操作(数组元素引用、数组元素的输入输出)示例。

```
/* Name: ex08-08.cpp */
#include <stdio.h>
#define N 3
typedef struct person
{    char name[20];
     int count;
```

```
}PER;
void main()
{   PER per[N];
    int i;
    for(i=0;i<N;i++)
    {   printf("为数组元素 per[%d]输入数据:",i);
        scanf("%s%d",per[i].name,&per[i].count);
    }
    printf("以下是输出数据:\n");
    for(i=0;i<N;i++)
    {   printf("per[%d].name=%s, ",i,per[i].name);
        printf("per[%d].count=%d\n",i,per[i].count);
    }
}
```

程序一次运行过程和输出结果如下所示:

```
为数组元素 per[0]输入数据:zhang 30
为数组元素 per[1]输入数据:liu 38
为数组元素 per[2]输入数据:wang 88
以下是输出数据:
per[0].name=zhang, per[0].count=30
per[1].name=liu, per[1].count=38
per[2].name=wang, per[2].count=88
```

8.2.2 结构体数组作函数的参数

无论数组元素的构成情况如何,只要是数组在存储时就有序地占用一片连续的内存区域,数组的名字表示这段存储区域的首地址。用结构体数组作为函数参数的使用方法与第4章中讨论的数组作函数参数完全相同,其本质仍然是在函数调用期间实参结构体数组将它的全部存储区域或者部分存储区域提供给形参结构体数组共享,即形参结构体数组与实参结构体数组是同一连续的存储区域或者形参结构体数组是实参结构体数组存储区域的一部分。直观地说,就是同一个结构体数组在主调函数和被调函数中有两个不同(甚至相同)的名字,如果需要把整个实参结构体数组传递给被调函数中的形参结构体数组,可以使用实参结构体数组的名字或者实参结构体数组第一个元素(0号元素)的地址;如果需要把实参结构体数组中从某个元素值后的部分传递给被调函数中的形参结构体数组,则使用实参结构体数组某个元素的地址。同样,一维结构体数组作为函数的形式参数在描述上也不需要指定数组的长度,结构体数组作为函数参数时实参数组与形参数组之间的关系如图8.2所示。

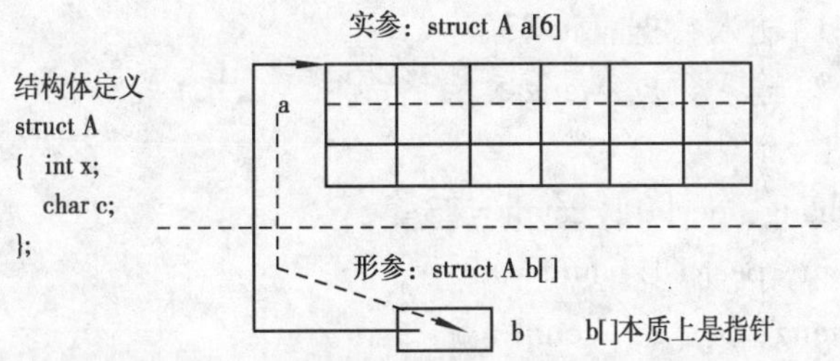

图 8.2　结构体数组作函数参数时实参与形参的关系

例 8.9　结构体数组作函数参数示例。

```
/* Name: ex08-09.cpp */
#include <stdio.h>
#define N 3
typedef struct person
{   char name[20];
    int count;
}PER;
void main()
{   void inputstru(PER v[],int n);
    PER per[N];
    int i;
    inputstru(per,N);
    printf("以下是输出数据:\n");
    for(i=0;i<N;i++)
    {   printf("per[%d].name=%s, ",i,per[i].name);
        printf("per[%d].count=%d\n",i,per[i].count);
    }
}
void inputstru(PER v[],int n)
{   int i;
    for(i=0;i<n;i++)
    {   printf("为数组元素 per[%d]输入数据:",i);
        scanf("%s%d",v[i].name,&v[i].count);
    }
}
```

程序在定义了 PER 类型的结构体数组后,通过函数调用语句 inputstru(per,N);将实参结构体数组的起始地址传递给形参结构体数组 v 形成了如图 8.2 所示的关系,在被调函数 inputstru 中通过形参数组 v 操作实参结构体数组 per。程序一次执行过程和输出结果为:

为数组元素 per[0]输入数据:zhang 23

为数组元素 per[1]输入数据：Liu 33
为数组元素 per[2]输入数据：wang 5
以下是输出数据：
per[0].name = zhang, per[0].count = 23
per[1].name = Liu, per[1].count = 33
per[2].name = wang, per[2].count = 5

8.3 结构体数据类型与指针的关系

在 C 程序中定义了某种类型的结构体数据类型后，也可以定义该结构体类型的指针变量用于存放同种结构体类型变量的存储起始地址。从一般概念上讲，与前面讨论的普通变量与指针变量之间的关系类似，一个结构体类型指针变量指向一个结构体类型变量后，通过对该指针变量取指针运算同样可以表示和操作被它指向的结构体变量。

8.3.1 结构体类型变量与指针的关系

结构体类型变量的指针就是该结构体类型变量所占内存区域的起始地址，同样也可以定义一个指针类型的变量来存放这个地址，即指向这个结构体类型变量。当定义完成某一结构体类型后，即可定义指向这种结构体类型变量的指针。与定义其他类型的指针类似，也可以对同类型的变量、数组、指针变量等混合定义。结构体类型指针变量定义形式为：

struct 标识符　*指针变量名；

例如：若已定义结构体类型 struct person 的定义如下：

```
struct person
{    char name[20];
     int count;
};
```

则 struct person　*p；定义了一个指向 struct person 类型的指针变量 p。

定义指向结构体的指针变量后，同样也要将它指向一个具体的结构体变量，即使用取地址运算符将一个结构体变量的地址赋给结构体指针变量。例如：有定义

struct person stu, *p;

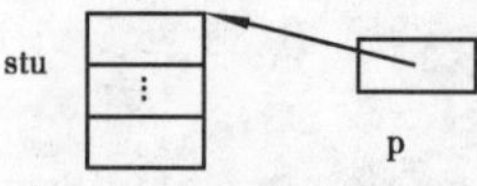

图 8.3　指针变量 p 与变量 stu 的关系

则 p = &stu；是将指针 p 指向结构体变量 stu，指针变量 p 与结构体类型变量 stu 之间的关系如图 8.3 所示。

通过指向结构体类型变量的指针变量访问结构体类型变量成员分量使用如下形式：

(*指针变量).成员名；

例如：(*p).name、(*p).count 等。

用指向结构体类型变量的结构体类型指针变量表示结构体类型变量成员分量时使用的表达式形式非常容易错写为：＊指针变量.成员名。例如将(＊p).count 误写为＊p.count，而后者表达的意义是：结构体变量 p 的 count 成员是一个指针变量，取出其指向对象的内容，与本来表示的取出指针变量 p 指向的结构体类型变量的 count 成员分量值的意义相差甚远。为了使得表达式更清晰且不容易误写，C 语言对通过结构体类型指针变量访问结构体类型变量成员分量给出了一种简洁的表示形式：

指针变量名 -> 成员名；

通过这种方式将(＊p).name 表示为 p -> name，将(＊p).count 表示为 p -> count 等。

在使用结构体类型指针变量时还需要特别注意，结构体类型变量的地址与结构体类型变量成员分量的地址是不同的。例如有定义语句：struct person stu，＊p；，则使用指针变量 p 可指向结构体类型变量 stu，但结构体类型变量成员分量 stu.count 的数据类型为整型，只能用整型指针(int ＊pin；)指向它而不能用结构体类型指针变量 p 指向它。

使用结构体类型变量作为函数的参数时，可以将整个结构体类型变量作为参数在函数之间进行传递，但这种方式实现的是"传值调用"，即要将全部成员值一个一个传递，既费时间又费空间，系统开销较大。如在实际应用问题中定义的结构体类型包含很多数组类成员，则所设计的应用程序效率就会大大降低。解决该问题的办法是使用指向结构体类型变量的指针作为函数的参数以实现"传地址值调用"，这样可以不在函数之间传递大量的数据信息，从而大大提高应用程序的执行效率。

例 8.10 输入若干个学生信息并输出，输入输出功能由函数实现。

```
/* Name: ex08-10.cpp */
#include <stdio.h>
#include <stdlib.h>
#define N 3
typedef struct stu
{   char name[20];
    int age;
    float score;
}STU;
void main()
{   STU input(int n);
    void print(STU *x,int n);
    STU st[N], *p;
    int i;
    for(i=0;i<N;i++)
        st[i]=input(i);
    for(i=0,p=st;p<st+N;p++,i++)
        print(p,i);
}
```

```
STU input(int n)
{   STU x;
    printf("输入 st[%d]数据:",n);
    scanf("%s%d%f",x.name,&x.age,&x.score);
    return x;
}
void print(STU *x,int n)
{
    printf("学生%d:%s,%d,%6.2f\n",n,x->name,x->age,x->score);
}
```

程序的一次运行情况和输出结果为:

```
输入 st[0]数据:wang 19 87
输入 st[1]数据:zhang 20 99
输入 st[2]数据:zhao 18 88
学生 0:wang,19, 87.00
学生 1:zhang,20, 99.00
学生 2:zhao,18, 88.00
```

8.3.2 结构体类型数组与指针的关系

在 C 程序设计中,同样也可以建立结构体类型数组和指针的关系。可以将一个结构体数组元素的地址赋值给同类型指针变量使得该指针变量指向结构体数组元素,也可以将结构体数组的起始地址赋给同类型的指针变量,即让该指针变量指向结构体类型数组。例如有如下所示的 C 语句序列:

```
struct A
{   char c;
    int x;
};
struct A a[5], *p1, *p2;
p1 = &a[2];
p2 = a;
```

则结构体指针变量 p1 指向结构体数组元素 a[2],其关系如图 8.4 所示,结构体指针变量 p2 指向结构体数组,其关系如图 8.5 所示。

当需要表示指针变量所指向的数组元素值时,使用星号(*)运算符。例如有 p1 = &a[i]时,则 *p1 等价于 a[i]。此时应该注意到被指针变量 p1 指向的结构体数组元素(结构体变量)本身是不能作为整体操作的,所以 *p1 也不能作为整体操作。在 C 程序设计中如果直接使用结构体数组元素的方式请参考 8.2.1 讨论的方法,使用指向结构体数组元素的指针的方式请参考 8.3.1 讨论的方法。例如,如果对被指针变量 p1 指向的结构体数组

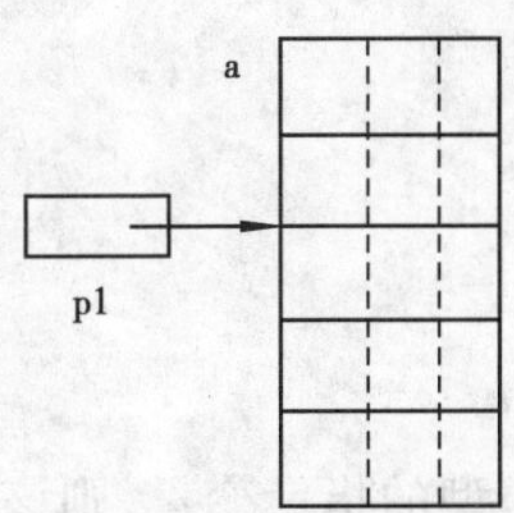

图 8.4 指针变量指向数组元素

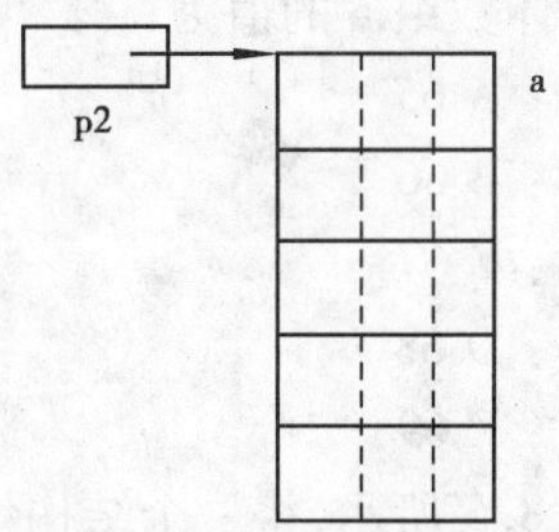

图 8.5 指针变量指向数组

元素 a[2]的成员分量 x 赋值,可以使用下面 3 种形式:

```
a[2].x = 100;
(*p1).x = 100;
p1 -> x = 100;
```

例 8.11 用指向结构体数组元素的指针操作结构体数组元素示例。

```
/* Name: ex08-11.cpp */
#include <stdio.h>
#define N 5
struct A
{   char c;
    int x;
};
void main()
{   struct A a[N], *p1;
    char ch = 'A';
    int i;
    for(p1 = a,i = 0;i < N;i ++ ,p1 ++ )
    {   p1 -> c = ch;
        (*p1).x = ch;
        ch ++ ;
    }
    p1 = a;
    printf("结构体数组 a 的值为:\n");
    for(i = 0;i < N;i ++ ,p1 ++ )
        printf("a[%d]: %c\t%d\n",i,a[i].c,a[i].x);
    printf("\n");
}
```

在上面程序中,通过循环反复使用赋值语句:p1 - > c = ch;和(* p1).x = ch;依次对结构体数组的所有元素赋值,在输出结构体数组元素值时使用的是下标变量的操作方式。程序的运行结果为:

结构体数组 a 的值为:

a[0]: A 65

a[1]: B 66

a[2]: C 67

a[3]: D 68

a[4]: E 69

如图 8.5 所示,将一个结构体数组的起始地址赋给同类型的指针变量,则该结构体类型指针变量指向结构体数组。此时若指针没有移动,则指针变量与结构体类型数组之间的关系与在 6.1.2 节中讲述的数组与指针之间的关系类似。对于结构体数组某个元素(如 i 号元素)的元素值而言仍然分别有 a[i], *(a+i), *(p+i)三种等价的表示形式。由于 a[i]不能作为整体操作,所以 *(a+i)和 *(p+i)两种等价的数组元素表示方式也不能作为整体操作。参照 8.3.1 中讨论的用指针变量表示其指向的结构体变量的方法,可以得到操作结构体数组元素成员分量的如下等价形式:

(*(a+i)).成员名　　　　　　(a+i)->成员名

(*(p+i)).成员名　　　　　　(p+i)->成员名

例如:(*(a+i)).c、(*(p+i)).x、(a+i)->c、(p+i)->x 等。

例 8.12　输入若干个学生信息并输出。

```
/* Name: ex08-12.cpp */
#include <stdio.h>
#include <stdlib.h>
#define N 3
typedef struct student
{   char name[20];
    int age;
    float score;
}STU;
void main()
{   STU stu[N], *p;
    int i;
    for(i=0,p=stu;i<N;i++)      /*指向数组 stu 的指针 p 未移动*/
    {   printf("输入 stu[%d]的值:",i);
        scanf("%s%d%f",(p+i)->name,&(p+i)->age,&(*(stu+i)).score);
    }
    for(i=0,p=stu;i<N;i++)
        printf("学生%d:%s,%d,%6.2f\n",
            i,(*(p+i)).name,(*(stu+i)).age,(*(stu+i)).score);
}
```

在上面程序的输入输出操作中,分别使用了不同的结构体数组元素成员分量地址和值的表示方法。程序的一次运行过程和输出结果为:

输入 stu[0]的值:zhang 19 99

输入 stu[1]的值:wang 20 89

输入 stu[2]的值:zhao 19 100

学生 0:zhang,19, 99.00

学生 1:wang,20, 89.00

学生 2:zhao,19,100.00

8.4 结构体数据类型的简单应用——单链表

在 C 程序设计中,结构体数据类型是一种广泛使用数据结构,通过设计合适结构体数据类型可以处理许多含有复杂数据类型的问题,例如线性表、树、图等,本小节中仅以线性表的简单处理讨论结构体数据类型在 C 程序设计中的应用。

8.4.1 自引用结构和结点的定义

1)C 语言中的自引用结构

C 语言规定,在定义结构体构造数据类型的时候,结构体类型中的数据成员可以是该结构体类型自己的指针类对象(包括指针变量和指针数组)。这种在一个结构体类型定义中包含有该结构体类型指针类对象的结构体称为自引用结构。

例如下面程序段描述了一个正确的自引用结构,其结构体成员中有本结构体的指针变量:

```
struct   test
{    char ch;
     struct test  * next;   /*  next 是指向结构体类型 struct test 的指针变量  */
};
```

虽然在结构体类型定义中可以包含指向自己的指针类对象,但不允许在结构体类型的定义中包含该类型的一般对象。例如下面程序段是错误的,其原因是在结构体类型的定义中包含了本结构体类型的普通变量:

```
struct   test
{    char ch;
     struct test next;   /*  next 结构体类型 struct test 的一般变量  */
};
```

如果在应用程序的设计中需要两个结构体对象相互引用,也可以使用一种自引用结构的变形,即在两个结构体类型的定义中分别包含指向对方的指针。例如:

```
struct A
{    int x;
     struct B *pb;     /* pb是指向结构体类型struct B的指针变量 */
};
struct B
{    int y;
     struct A *pa;   /* pa是指向结构体类型struct A的指针变量 */
};
```

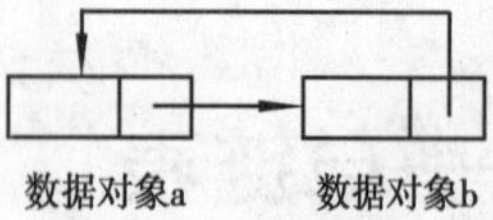

数据对象a　数据对象b

图8.6 不同数据对象的相互引用

例8.13 描述如图8.6所示的不同数据对象之间的引用关系。

在应用程序中,为了描述这种不同类型数据对象之间的引用关系,可以在定义个各自的结构体数据类型时包含引用对方的成员分量,即在结构体数据类型的定义中包含所引用数据对象类型的指针成员分量,然后在程序中使用该指针指向所引用的数据对象。下面程序示例描述了这种方法:

```
/* Name: ex08-13.cpp */
#include <stdio.h>
void main()
{    struct B;      /* 为了能够在struct B未定义之前使用,对其进行向前引用说明 */
     struct A
     {    int x;
          struct B *pb;
     } a = {100,NULL};
     struct B
     {    int y;
          struct A *pa;
     } b = {500,NULL};
     a.pb = &b;
     b.pa = &a;
     printf("%d\n",b.pa->x);   //输出结构体变量a.x的值100
     printf("%d\n",a.pb->y);   //输出结构体变量b.y的值500
}
```

2)链表使用的数据元素——结点的定义

在计算机数据处理中,常常需要理解数据结构(即数据之间的关系)。数据结构存在着多种组织形式,若数据组织形式从逻辑上抽象地反映了数据元素之间的结构关系,则称这种数据之间的结构关系为数据的逻辑结构。数据的逻辑结构包含两个大类:线性结构和非线性结构,线性表是常见的一种数据逻辑结构。数据逻辑结构表示的是数据元素之间抽象化的相互关系,并没有考虑数据元素在计算机系统中的具体存放形式,因而数据的逻辑结构是独立于计算机系统的。然而要用计算机对数据进行处理则必须将数据存储到计算机中去,数据的逻辑结构在计算机存储设备中的映像(具体存储形式)称为数据的存储结构,亦称为数据的物理结构,在对线性表的处理中,其主要的存储结构有顺序存储结构和链式存储结构两种。

线性表的物理存储结构采用链式存储结构时称为线性链表。线性链表使用一组任意的、可以不连续的存储单元存储线性表的数据元素,此时称线性表中的数据元素为结点。在线性链表的构造中,除第一个结点之外,其余每一个结点的存放位置由该结点的前趋在其指针域中指出。为了能够确定线性链表中的第一个结点的存放位置,使用一个指针变量指向链表的表头,这个指针变量称作"头指针"。线性链表的最后一个结点没有后继,为了表示这个概念,该结点的指针域赋值为空(NULL 或 ∧)。线性链表的一般结构如图 8.7 所示。

链表与顺序表相比有许多优点:

(1)链表结构可以根据处理数据的增减动态增长。

(2)链表结构在进行数据元素的插入和删除操作时不需要移动数据元素。

链表与顺序表比较而言也有许多短处:

(1)链表是一种顺序访问结构。

(2)链表需要指针域用于结点之间的连接,因而链表的存储密度没有顺序表高。

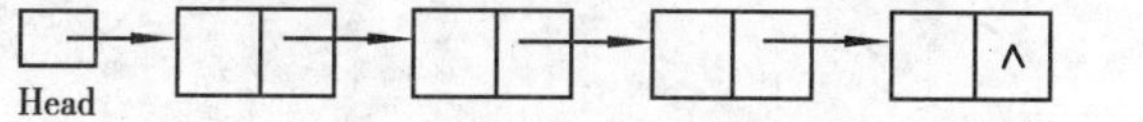

图 8.7 线性表的链式存储结构

数据域	指针域

图 8.8 链表结点结构

线性链表根据其链接的方式不同可以分为若干种类,其中单链表是最简单的一种线性链表。下面描述的算法均以带头结点的单链表为基础。单链表的结点中除了包含表示数据元素信息的数据域之外,还包含一个用于链接的指针域,其结点形式如图 8.8 所示。

结点结构的 C 语言描述方式如下:

```
typedef struct node
{     elementtype data;
      struct node *next;
}NODE;
```

式中,elementtype 表示某种已经定义好的表示结点数据域的数据类型;NODE 为结点类型 struct node 的别名。例如,本小节下面示例中的数据类型 NODE 定义如下:

```
typedef struct stu
{     char name[20];
      double score;
      struct stu *next;
}NODE;
```

8.4.2 链表的基本操作

1)单链表的构造

单链表的构造方法有两种:正向生成构造法和反向生成构造法。单链表的正向生成的步骤主要分为两步:首先创建单链表的头指针,然后将新结点依次链接到单链表的尾部。单链表的反向生成方法与正向生成类似,只不过将新结点依次插入到单链表的头部。下面程序段描述的是用反向生成法构造单链表。

```
NODE *create(int n)
{  NODE *p, *h;
   int i;
   char inbuf[10];
   h = (NODE *)malloc(sizeof(NODE));
   h->next = NULL;
   for(i = n;i > 0;i--)
   {    p = (NODE *)malloc(sizeof(NODE));
        printf("输入新结点值:\n");
        gets(p->name);
        gets(inbuf);
        p->score = atof(inbuf);
        p->next = h->next;
        h->next = p;
   }
   return h;
}
```

在算法中首先创建单链表的头结点,构成一个空的单链表。然后根据所需要创建的链表长度,反复地依次为每一个结点分配存储空间、输入结点的数据、将新建的结点插入到单链表的头结点之后。

2)单链表的输出

所谓单链表的输出实质上就是对某一头指针指向的单链表进行遍历,也就是将单链表中的每一个数据元素结点从表头开始依次处理一遍。下面程序段描述了单链表输出的基本概念。

```
void printlist(NODE *h)
{  NODE *current = h;
   while(current->next!= NULL)
   {    current = current->next;
        printf("%s\t%f\n",current->name,current->score);
```

```
    }
}
```

3)单链表的插入运算

在单链表上进行插入运算比在顺序表(数组)上容易得多,只需要如图8.9所示改变两个结点的指针域即可。

实现在单链表上插入一个结点的基本过程如下:

(1)创建一个新结点。

(2)按要求寻找插入点。

(3)被插入结点的指针域指向插入点结点的后继结点。

(4)插入点结点的指针域指向被插入的结点。

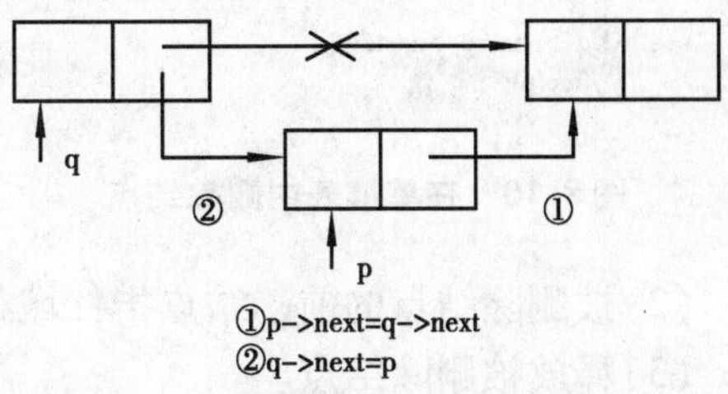

图8.9　在单链表中插入新结点

下面程序段描述带头结点的单链表中实现插入结点的运算。

```
void insertlist(NODE *h,char *s)
{   NODE *p, *old, *last;
    char inbuf[20];
    p=(NODE *)malloc(sizeof(NODE));
    printf("输入新结点值:\n");
    gets(p->name);
    gets(inbuf);
    p->score=atof(inbuf);
    last=h->next;
    while(strcmp(last->name,s)!=0&&last->next!=NULL)
    {   old=last;
        last=last->next;
    }
    if(last->next!=NULL)
    {   old->next=p;
        p->next=last;
    }
    else
    {   last->next=p;
        p->next=NULL;
    }
}
```

在算法实现过程中,首先创建被插入的新结点,然后通过对结点某一数据域(本例中为name)进行比较确定新结点的插入位置,最后将新建结点插入到链表中去。

4) 单链表的删除运算

在单链表中删除一个结点的实质就是将该结点从链表中移出,使得被删除结点的原后继结点成为被删除结点原前趋结点的直接后继,如图 8.10 所示。

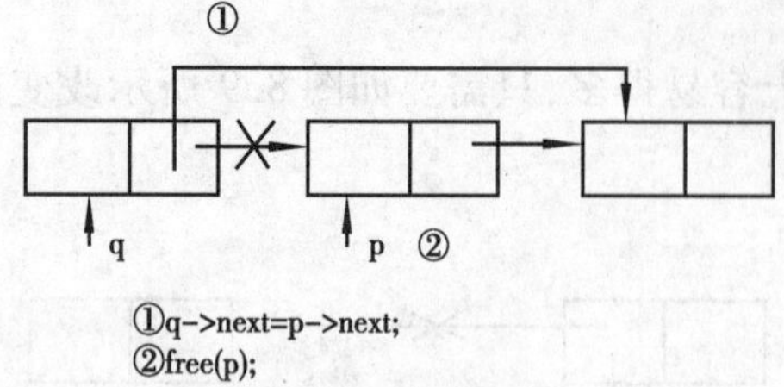

图 8.10 在单链表中删除结点

删除结点被从链表中移出后,仍然占据存储单元,必须使用存储释放函数将其所占据的存储单元释放归还系统。

实现在单链表中删除一个数据元素结点的基本过程如下:

(1) 查找被删除结点以及其前趋结点。

(2) 被删除结点的前趋结点指针域指向被删除结点的直接后继结点。

(3) 释放被删除结点。

下面程序段描述带头结点的单链表中实现删除结点的运算。

```
void deletelist(NODE *h,char *s)
{    NODE *q=h, *p=h->next;
     while(strcmp(p->name,s)! =0&&p->next! =NULL)
     {    q=p;
          p=p->next;
     }
     if(p->next!=NULL)
     {    q->next=p->next;
          free(p);
     }
     else
     {    printf("无此结点! \n 按任意键返回主菜单. \n");
          getch();
     }
}
```

在算法实现过程中,首先按某种条件定位被删除结点和它的前趋结点,然后将被删除结点从链表中取出并释放其所占的存储空间。

例 8.14 带头结点单链表基本操作示例。

要求设计一个简单的菜单,根据对菜单项的选择分别实现带头结点单链表的构造操作、插入操作、删除操作和输出操作。

分别设计出对带头结点单链表操作算法如下:

```
NODE *create(int n);                      /*构造具有 n 个结点的单链表*/
void insertlist(NODE *h, char *s);        /*在单链表中插入一个新的结点*/
void deletelist(NODE *h, char *s);        /*在单链表中删除一个指定结点*/
void printlist(NODE *h);                  /*输出单链表*/
```

在上述算法的基础之上构成带头结点单链表基本操作程序主框架算法：

```
while(1)
{   清屏幕
    显示菜单
    选择菜单项
    switch(菜单选项)
    {   case  构造操作
              确定构造单链表的结点个数
              调用 create 构造单链表
        case  插入操作
              获取确定插入位置的条件
              调用插入函数 insertlist 实现功能
        case  删除操作
              确定删除数据元素结点的条件
              调用删除函数 deletelist 删除指定数据元素结点
        case  输出单链表
              调用 printlist 函数实现输出单链表功能
        case  退出
              退出程序执行
        case  其他
              退出 case 结构
    }
}
```

实现上述算法的 C 程序如下所示：

```
/* Name: ex08-14.cpp
   程序中的函数 create、insertlist、deletelist 和 printlist 参见上面相应小节,调试本程序需
要将这些函数代码组合到本程序中来 */
#include <stdio.h>
#include <stdlib.h>
#include <string.h>
#include <conio.h>
typedef struct stu
{   char name[20];
    double score;
    struct stu *next;
}NODE;
NODE *create(int n);
void insertlist(NODE *h, char *s);
```

```
void deletelist(NODE  *h, char  *s);
void printlist(NODE  *h);
void main()
{    char chose,sname[20];
     int n;
     NODE  *head = NULL;
     for(;;)
     {    system("cls");
          printf("\n\n1: 创建单链表.\n");
          printf("2: 在单链表中插入结点.\n");
          printf("3: 在单链表中删除结点.\n");
          printf("4: 输出单链表.\n");
          printf("0: 退出.\n");
          printf("\n 请选择命令号:");
          chose = getchar();
          getchar();
          switch(chose)
          {    case '1':     printf("输入结点个数:");
                             scanf("%d",&n);
                             getchar();
                             head = create(n);
                             break;
               case '2':     printf("输入用于插入的姓名:");
                             gets(sname);
                             insertlist(head,sname);
                             break;
               case '3':     printf("输入用于删除的姓名:");
                             gets(sname);
                             deletelist(head,sname);
                             break;
               case '4':     printlist(head);
                             printf("按任意键返回主菜单.\n");
                             getch();
                             break;
               case '0':     exit(1);
               default:      break;
          }
     }
}
```

8.5 联合体数据类型的基本概念

在C程序设计中,有可能遇到在处理的构造类型数据中某一个区域值会随条件不同而为不同数据类型值的情况。例如处理一个对于多种类型人员进行管理的问题,程序使用的构造数据对象中就有可能存在一些特殊的数据项,这些数据项的取值会根据不同的情况取不同数据类型的值,例如学生则可能是成绩等级、教师可能是职称、而职员则可能是职务等。这种应用问题要求程序设计语言提供同一存储区域数据(类型)的可变性功能来增强数据项处理的灵活性。C语言中通过定义联合体(共用体)类型数据来适应计算机程序设计中的上述要求。

8.5.1 联合体类型的定义和变量的引用方法

与结构体数据类型类似,C程序设计中的联合体数据类型也是一种构造数据类型,同样需要程序员在程序设计时根据具体问题的要求定义相应的联合体数据类型和联合体类型的变量。

1)联合体数据类型和联合体变量的定义

与前面讨论的结构体类似,联合体类型也是一种构造数据类型。联合体类型以及联合体类型变量的定义和引用方法与结构体都十分相似。联合体(共用体)类型定义的一般形式为:

```
union  联合体名
{     数据类型   成员项1;
      数据类型   成员项2;
           ⋮
      数据类型   成员项n;
};
```

联合体类型的定义确定了参与共用存储区域的成员项以及成员项具有的数据类型。与结构体类型的使用方法类似,也必须定义联合体类型变量。定义联合体类型变量的方式与定义结构体类型变量相似,也有三种方法:

(1)先定义联合体类型,然后定义联合体类型变量。

```
union 联合体名
{      成员列表;};
union 联合体名  变量列表;
```

(2)定义联合体类型的同时定义联合体类型变量。

```
union 联合体名
{        成员列表;}变量列表;
```

(3)不定义类型名直接定义联合体类型变量。

```
union
{    成员列表;}变量列表;
```

例如下面的C语句序列定义了一个联合体类型union test和一个该类型的联合体类型变量key,该类型变量所占的存储单元长度与长整型数据类型相当。

```
union test
{   int a;
    long b;
}key;
```

2)联合体变量的引用

与结构体类型变量处理类似,联合体变量也不能直接用于操作处理,也只能通过操作它的成员达到操作它的目的。引用联合体类型变量的成员项的方式与引用结构体类型变量成员的方式相似,一般形式如下:

联合体类型变量名.成员名;

在C程序设计中使用联合体数据类型时应该特别注意的是:一个联合体类型变量不是同时存放多个成员的值,而只能存放其中一个成员项的值,这个值就是该联合体变量最后一次赋值后所具有的内容。

例如:有如下语句序列

```
union test key;
key.a = 100;
key.b = 40000;
```

那么,联合体变量key中只有一个值,那就是key.b的值。

例8.15　联合体变量引用示例。

```
/* Name: ex08-15.cpp */
#include <stdio.h>
union test
{    int a;
     long b;
};
void main()
{    union test key;
     key.a = 100;
     printf("%d\n",key.a);
     key.b = 40000;
     printf("%d\n",key.a);
}
```

在上面程序中,key.a = 100;使得在联合体变量key存储区域中存放的值是100,

key. b = 40000;语句使得在联合体变量 key 存储区域中存放值修改为 40000。程序的输出结果为:

100

40000

可以定义指向联合体类型变量的指针变量,进而通过指针变量使用联合体类型变量。例如:

```
union test key, * ptr;
ptr = &key;
ptr -> a = 100;
ptr -> b = 40000;
```

联合体变量 key 中只有一个值,那就是 key. b 的值。

只有在两个同类型的联合体类型变量之间可以使用变量名直接赋值。例如:

```
union test key,x;
key. a = 100;
x = key;
```

上述操作后,x. a 的值为 100。

联合体类型的使用可以增加程序的灵活性,对同一段存储单元中的内容可以根据使用的需要在不同的情况下作为不同的数据使用以达到不同的目的。

例 8.16 编程实现简单的人事数据管理。在人事数据管理中,对"职级"数据项处理方式如下:如类别是工人则登记其"工资级别";如类别是技术人员则登记其"职称"。

```
/* Name: ex08-16. cpp */
#include <stdio. h>
#include <stdlib. h>
#define N 3
struct personal
{    long id;
     char name[20];
     char job;
     union
     {    int salary;
          char zc[10];
     }category;
};
void main( )
{    struct personal person[N];
     char in_buf[20];
     int i;
     for(i = 0;i < N;i ++ )
```

```
    {   printf("输入 person[%d]的所有数据:\n",i);
        printf("人员编号:");
        gets(in_buf);
        person[i].id = atol(in_buf);
        printf("姓名:");
        gets(person[i].name);
        printf("人员类别:");
        person[i].job = getchar();getchar();
        if(person[i].job == 'w')
        {   printf("工人,请输入工资:");
            gets(in_buf);
            person[i].category.salary = atoi(in_buf);
        }
        else if(person[i].job == 't')
        {   printf("技术人员,请输入职称:");
            gets(person[i].category.zc);
        }
    }
    for(i = 0;i < N;i ++)
    {   printf("人员%d:%ld,%s",i,person[i].id,person[i].name);
        if(person[i].job == 'w')
            printf(",%d\n",person[i].category.salary);
        else
            printf(",%s\n",person[i].category.zc);
    }
}
```

程序一次执行的输入数据和输出结果为:

```
输入 person[0]的所有数据:    /*输入数据*/
人员编号:10001
姓名:东邪
人员类别:w
工人,请输入工资:99999
输入 person[1]的所有数据:
人员编号:10002
姓名:西毒
人员类别:t
技术人员,请输入职称:高级研究员
输入 person[2]的所有数据:
```

```
人员编号:10003
姓名:北丐
人员类别:w
工人,请输入工资:0
人员0:10001,东邪,99999          /*输出数据*/
人员1:10002,西毒,高级研究员
人员2:10003,北丐,0
```

8.5.2 联合体类型与结构体类型的区别

联合体类型和结构体类型无论在定义上还是在使用上都有许多相似的地方,但这两种数据类型是完全不同的数据构造形式,其使用的范畴也有区别。结构体主要使用在需要将不同数据类型对象用类似数组方式集合起来表示复杂数据对象的场合;而联合体主要用于不同数据对象在不同时段分时占用同一存储区域的应用场合。联合体与结构体的不同之处主要有以下几点:

1)变量占据的存储区域长度不同

一个结构体类型变量中的所有成员分量同时存在,所以在使用该结构体类型变量时系统会为该变量的所有成员分量同时分配存储空间。而一个联合体类型变量的所有成员分量不会同时存在,联合体类型变量在被使用时系统按照变量所有成员分量中需要存储区域最大的一个分配存储空间。

例8.17 结构体类型变量与联合体类型变量空间需要比较示例。

```
/* Name: ex08-17.cpp */
#include <stdio.h>
void main()
{    struct A
     {    int x;
          double y;
     };
     union B
     {    int x;
          double y;
     };
     printf("结构体类型对象所需空间为:%d字节\n",sizeof(struct A));
     printf("联合体类型对象所需空间为:%d字节\n",sizeof(union B));
}
```

程序执行结果为:

```
结构体类型对象所需空间为:16字节
```

联合体类型对象所需空间为:8 字节

2)赋值后所呈现的状态不同

对于结构体类型变量,由于其每一个成员分量占用的是不同的存储空间,所以对其某一个成员分量的赋值与其他的成员分量没有任何关系。而对于联合体类型变量,所有成员分量是分时复用一段存储区域的关系,所以对其一个成员分量的赋值会影响到其他成员分量。

例 8.18 结构体类型变量与联合体类型变量赋值比较示例,参照图 8.11、图 8.12 理解结果。

```
/* Name: ex08-18.cpp */
#include <stdio.h>
void main()
{   struct A
    {   short x;
        char c[2];
    } a;
    union B
    {   int x;
        char c[2];
    } b;
    a.x = 0x4142;
    a.c[0] = 'a';
    a.c[1] = 'b';
    printf("%x,%c,%c\n",a.x,a.c[0],a.c[1]);/*输出结果:4142,a,b*/
    b.x = 0x4142;
    b.c[0] = 'a';
    b.c[1] = 'b';
    printf("%x,%c,%c\n",b.x,b.c[0],b.c[1]);/*输出结果:6261,a,b*/
}
```

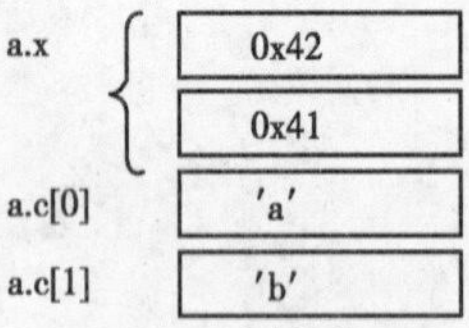

图 8.11 结构体变量赋值后内存示意

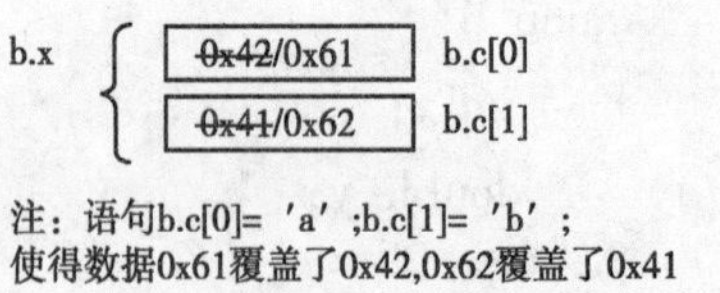

图 8.12 联合体变量赋值后内存示意

3)联合体可用于数据拆分的应用场合

联合体数据类型在 C 程序设计中常常用于将数据进行拆分的场合,这种应用问题往往需要将按某种形式(或数据类型)接收的数据拆分为另外形式或类型的数据。这种需要数据拆分的应用问题使用C语言中提供的联合体类型就非常适合，在C程序设计中将问题涉及到的两种数据类型组合在联合体类型中，然后使用该联合体的变量就可以处理这类问题。下面的示例8.19是一个密码问题的模拟，我们用组成所需内容文字的ASCII码（16进制）作为输入数据，然后通过程序处理后输出所需要的文本信息。如果有文件处理的知识（文件处理基础知识在第9章中讨论），则可以将一个用16进制数字组成的文本文件作为处理的输入数据，处理后得到另外一个用英文单词构成的具有一定意义的文件。

例8.19 利用联合体数据类型实现文本的转换。

```
/* Name: ex08-19.cpp */
#include <stdio.h>
typedef union code
{   unsigned long x;
    unsigned char c[4];
} CODE;
void main()
{   int i;
    CODE co;
    scanf("%8x",&co.x);
    while(co.x!=0x0c)
    {   for(i=3;i>=0;i--)
            putchar(co.c[i]);
        scanf("%8x",&co.x);
    }
}
```

上面程序中定义的联合体数据类型由一个长整型的成员和一个4个元素的字符数组成员构成，利用该联合体数据类型变量co的整型成员分量从键盘上接收8位数据（即4个字节的16进制ASCII码值），然后通过变量co的字符数组成员分量将刚才按整型数接收进来的数据按字符方式使用（转换为对应的字符）。特别需要注意的是，在作为字符输出时，应该从字符数组中的最后一个字符开始至最前面一个字符为止，其原因是在计算机系统数据的存储中，其存数的原则是低位在前高位在后。例如对于示例中的数据This（0x54686973），其数据存储对应关系如图8.13所示。程序一次运行过程和输出结果为：

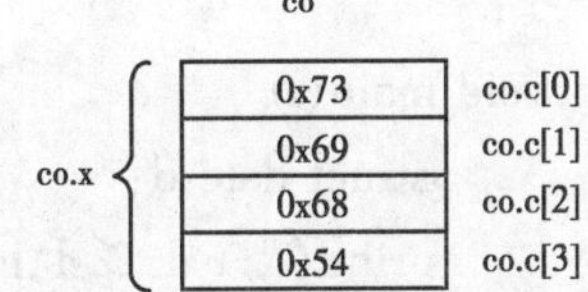

图8.13 例8.19数据对应关系示意图

```
5468697320697320746573742070726f6772616d2e202020000c      /*输入数据*/
This is test program.    /*输出结果*/
```

习题 8

一、单项选择题

1. 在定义一个结构体类型变量时,系统分配给该变量的存储空间是( )。

(A)结构体变量中第一个成员所需要的存储空间

(B)结构体变量中最后一个成员所需要的存储空间

(C)结构体变量中占用最大存储空间成员所需要的存储空间

(D)结构体变量中所有成员需要存储空间的总和

2. 在定义一个联合体(共用体)类型变量时,系统分配给该变量的存储空间是( )。

(A)联合体变量中第一个成员所需要的存储空间

(B)联合体变量中最后一个成员所需要的存储空间

(C)联合体变量中占用最大存储空间成员所需要的存储空间

(D)联合体变量中所有成员需要存储空间的总和

3. 设有 C 语句:struct A{ int a; int b; }a1;,则下面叙述中不正确的是( )。

(A)struct 是定义结构体类型的关键字

(B)struct A 是结构体类型名

(C)a1 是结构体类型名

(D)a 和 b 都是结构体成员名

4. 设有下面的 C 程序,在 32 位系统中程序执行后的输出结果是( )。

```
#include <stdio.h>
struct date
{    int year,month,day;
};
void main()
{    struct date d;
     printf("%d,%d\n", sizeof(struct date), sizeof(d));
}
```

(A)10,10 (B)10,12 (C)12,10 (D)12,12

5. 设有下面的 C 程序,在 32 位系统中程序执行后的输出结果是( )。

```
#include <stdio.h>
union date
{    int year,month,day;
};
void main()
{    union date d;
```

```
    printf("%d,%d\n", sizeof(union date), sizeof(d));
}
```

(A)4,4　　(B)12,4　　(C)4,12　　(D)12,12

6. 设有下面的 C 程序,程序执行后的输出结果是(　　)。

```
#include <stdio.h>
void main()
{   struct num
    {   int x;
        int y;
    }n[2] = {1,3,2,7};
    printf("%d\n",n[0].y/n[0].x*n[1].x);
}
```

(A)0　　(B)1　　(C)3　　(D)6

7. 设有 C 语句:struct T{int n; double x; }d, *p;,若要使 p 指向结构体变量中的成员 n,正确的赋值语句是(　　)。

(A)p = &d.n　　(B)*p = d.n

(C)p = (struct T *)&d.n　　(D)p = (struct T *)d.n

8. 设有 C 语句序列:struct T{ int age, num}t, *p; p = &t;,则下面对结构体变量 t 的成员 age 的引用中不正确的是(　　)。

(A)t.age　　(B)p->age　　(C)(*p).age　　(D)*p.age

9. 设有 C 语句序列:struct T{ int n; struct T *p; }a[3] = {5, &a[1],7,&a[2],9, NULL}, *p = a;,则下面的表达式中值为 6 的是(　　)。

(A)p++ ->n　　(B)p->n++　　(C)(*p).n++　　(D)++p->n

10. 设有下面的 C 程序,程序执行后的输出结果是(　　)。

```
#include <stdio.h>
union T
{   int i;
    char c[2];
};
void main()
{   union T a;
    a.i = 0x00006162;
    putchar(a.c[0]);
    putchar(a.c[1]);
}
```

(A)ab　　(B)ba　　(C)aa　　(D)bb

二、填空题

1. 结构体类型由____①____组成,这些数据项都属于一种已经有定义数据类型

（基本数据类型或构造数据类型），结构体类型中的数据项称为＿＿②＿＿。

2. 结构体数据类型仍然是一类变量的抽象形式，系统不会为数据类型分配存储空间。要使用结构体类型数据，必须要＿＿③＿＿。

3. 一个结构体类型变量中的所有成员分量＿＿④＿＿，所以系统会为该变量的所有成员分量＿＿⑤＿＿分配存储空间。而一个联合体类型变量的所有成员分量不会同时存在，在使用时系统按照变量所有成员分量中＿＿⑥＿＿。

4. 下面程序的执行结果是输出结构体变量 t 的内容，请填空完成程序。

```
#include <stdio.h>
struct T
{    long number;
     char name[20];
     double score;
} t = {20063456, "zhangchaoyang", 98.5};
void main()
{    ____⑦____p1 = &t.number;
     ____⑧____p2 = t.name;
     ____⑨____p3 = &t.score;
     printf("%ld,%s,%.2f\n", *p1, p2, *p3);
}
```

三、阅读程序题

1. 写出程序执行后的输出结果。

```
#include <stdio.h>
struct T
{    int x;
     char c;
};
void main()
{    void f(struct T b);
     struct T a = {110, 'z'};
     f(a);
     printf("%d,%c\n", a.x, a.c);
}
void f(struct T b)
{    b.x = 20;
     b.c = 'y';
}
```

2. 写出程序执行后的输出结果。

```
#include <stdio.h>
```

```
struct T
{    int x;
     char *y;
     struct T *p;
};
typedef struct T TT;
void main( )
{    TT t[ ] = {{1,"pascal",NULL},{3,"basic",NULL}};
     TT *p = t;
     char c, *s;
     s = ++p->y;
     puts(s);
     p = t;
     s = (++p)->y;
     puts(s);
     c = *p->y;
     putchar(c);
}
```

3. 写出程序执行后的输出结果。

```
#include <stdio.h>
struct T
{    int a;
     int *b;
}s[4], *p;
void main( )
{    int n = 1,i;
     for(i = 0;i < 4;i ++)
     {    s[i].a = n;
          s[i].b = &s[i].a;
          n += 2;
     }
     p = s;
     p ++;
     printf("%d,%d\n",(++p)->a,(p++)->a);
}
```

4. 写出程序执行后的输出结果。

```
#include <stdio.h>
void main( )
```

```
{   struct T
    {   int x;
        int *y;
    } *p;
    int dt[] = {10,20,30,40};
    struct T d[] = {50,&dt[0],60,&dt[1],70,&dt[2],80,&dt[3]};
    p = d;
    printf("%d\n", ++p->x);
    printf("%d\n",(++p)->x);
    printf("%d\n", ++(*p->y));
}
```

5. 写出程序执行后的输出结果。

```
#include <stdio.h>
struct T
{   char n[20];
    int age;
}p[] = {"li ming",19,"wang hua",21,"zhang lin",17};
void main()
{   int i,max,min;
    max = min = p[0].age;
    for(i = 1;i < 3;i++)
        if(p[i].age > max)
            max = p[i].age;
        else if(p[i].age < min)
            min = p[i].age;
    for(i = 0;i < 3;i++)
        if(p[i].age != min&&p[i].age != max)
        {   printf("%s %d\n",p[i].n,p[i].age);
            break;
        }
}
```

6. 写出程序执行后的输出结果。

```
#include <stdio.h>
#include <stdlib.h>
#define getnode(t) ((t *)malloc(sizeof(t)))
struct node
{   char d;
    struct node *link;
```

```
};
void main()
{   char *str = "abcdefghijk";
    struct node *top, *h = NULL, *p;
    while(*str)
    {   p = getnode(struct node);
        p -> d = *str;
        p -> link = NULL;
        if(h == NULL)
            top = h = p;
        else
        {   top -> link = p;
            top = p;
        }
        str ++;
    }
    top = h;
    while(top)
    {   p = top;
        top = p -> link;
        printf("%c", p -> d);
        free(p);
    }
    printf("\n");
}
```

四、程序设计题

1. 编程序实现功能：用结构体变量表示复数，计算并输出两个复数的差值。

2. 编程序实现功能：输入一组整数（以 0 作为结束标志），通过单链表将这些数按升序排列输出。

3. 描述学生信息的数据结构（类型）如下所示，编制程序处理若干学生（人数自定）的数据信息。要求学生数据的输入、学生平均成绩的求取以及学生所有信息的输出功能都用单独的函数完成。

```
struct stud
{   char id[5];
    char name[20];
    int score[4];
    double ave;
};
```

4. 设计一个函数实现功能：通过单链表将一个整型数组颠倒存放。并设计相应主函数对其进行测试。

5. 编程序实现功能：输入若干个（以3个为例）学生的学号、数学成绩和语文成绩，计算并输出他们的平均成绩，然后按平均成绩的降序输出成绩表。要求在程序中使用指向结构体类型的指针变量完成相关操作。

6. 编程序建立整型数据为结点元素值的带头结点的单链表，表中结点的数据通过键盘输入，输入数据为 -1 时表示输入结束；然后正向遍历并输出单链表的所有结点值。

7. 函数 insert 的原型为：void insert(L *h, int a, int key);，其功能是在一个带头结点的单链表上实现在值为 a 的结点之前插入值为 key 的结点，若链表中无值为 a 的结点则将 key 值结点添加在链表之后，请编写该函数并用相应的程序进行测试。（提示：请在习题6的基础上编写程序）

8. 函数 reverselist 的原型为：void reverselist(L *h);，其功能是将一个带头结点的单链表所有结点进行逆转，请编写该函数并用相应的程序进行测试。（提示：请在习题6和习题7的基础上编写程序）

9. 编写程序通过单链表求解约瑟夫问题。约瑟夫问题描述如下：n(n>0)个人围坐成一圈，从任何人开始用1,2,…,n 按顺时针方向为每一个人编号。然后，从第 start 个人(start>0)开始，按顺时针方向进行1~end(end>0)报数，报到 end 的人出圈；接着从下一个人继续按同样方式报数，报到 end 的人出圈，反复报数直到所有的人都出圈为止，试问他们的出圈次序。

10. 编程序实现功能：计算并输出两个一元多项式的乘积。

C语言的文件处理及其应用

本章概要和学习目标

文件是程序设计中处理的重要数据对象之一,文件的主要作用是可以将数据永久地保存在计算机外部存储介质上,使之成为可以共享的信息。本章主要讨论在缓冲文件系统中文件数据的常用处理方法。本章的重要学习目标如下:

- 理解文件和文件指针的概念
- 掌握定义文件指针变量的方法
- 理解文件处理的一般过程,掌握打开和关闭文件的方法
- 掌握文件处理中常用的数据读写标准库函数的使用方法
- 理解顺序文件处理和随机文件处理的异同
- 掌握常见的顺序文件和随机文件处理方法

9.1 文件概念与文件类型指针

程序设计中所涉及到的数据不但有以计算机系统内存储器为依托的简单变量、数组、构造数据类型数据对象等,而且还有以计算机系统外存储器为载体的数据对象,如:字符、记录、文件、数据库,等等。

依赖于计算机系统内存的数据可以称之为内存数据,内存数据的使用只能在内存中进行,这类数据的生存周期最多与程序的运行时间相当。内存数据的主要优点是处理速度快;主要的缺陷则有:信息容量差、再现性能差、保存功能低以及共享能力弱等。

依赖于计算机系统外存储器的数据可以称之为外存数据,外存数据克服了内存数据对程序完全依赖的弱点,其主要特点是:信息容量大、再现能力强、能够长期保存以及提供较强的共享功能等,从而大大提高了计算机系统数据处理的能力。

虽然内存数据与外存数据相比较有许多弱点,但在外存数据不能被计算机系统直接处理的情况下,外存数据必须与内存数据配合才能得到应用。在程序设计中,内存数据就是

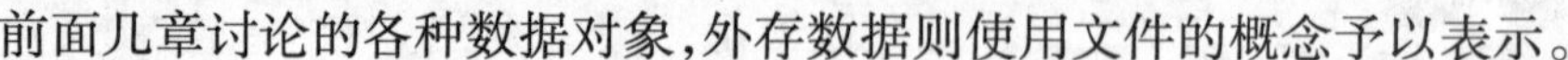

前面几章讨论的各种数据对象,外存数据则使用文件的概念予以表示。

9.1.1 文件的概念

文件是具有一个名字的、存储在某种介质上的、相关信息的集合。这些信息可以是一批二进制数、一组数据、一个程序,也可以是其他信息形式,如:图形、图像、声音,等等。在计算机应用中,文件概念具有更广泛的意义,它甚至包含所有的计算机外部设备,这样的文件称为“设备文件”。对于结构化程序设计语言而言,文件是其处理的最重要的外部数据,通过在程序设计中使用文件可以达到以下两个目的:

(1)将数据永久地保存在计算机外部存储介质上,使之成为可以共享的信息,即通过文件系统与其他信息处理系统联系。

(2)可以进行大量的原始数据的输入和保存,以适应计算机系统在各方面的应用。

在程序设计语言中,文件按照不同的分类原则可以有不同的分类方法,主要有以下几种文件的分类方法:

(1)按文件的结构形式分类

①二进制文件。二进制文件是把内存中的数据按其在内存中的存储形式原样存放到计算机外部存储设备,这类文件可以节省计算机外存空间。例如 16 位系统中,一个文件的元素是整数 1024,按字符存放至少 4 个字节,但按二进制数据存放为 0000001000000000 只占两个字节。通常这类文件主要用于计算机内部,或者是作为中间结果数据暂时存放于计算机外部存储器。

②文本文件。文本文件是全部由字符组成的具有行列结构的文件,即文件的每个元素都是字符或换行符。由于文件每个元素都是用 ASCII 码来表示的,所以文本文件又称为 ASCII 码文件。例如整数 127 在内存中占一个字节,但按字符(ASCII 码)形式则占 3 个字节:49,50,55。由于 ASCII 码形式字符一个字符占用一个字节的存储空间,因而 ASCII 码文件一般会占用较多的存储空间,但便于对数据的逐字节(字符)处理。

(2)按文件的读写方式分类

①顺序存取文件。C 语言中将文件看成是一个字符流,并不考虑其存储时的界限。C 语言中对文件的读写是以字符或字节为单位,输入输出数据流的开始和结束都受程序的控制而不是受回车换行符的控制,这种方式处理的文件称之为“流式文件”。向顺序文件写入数据时,首先要打开顺序文件并将文件内部记录(读写)指针置于文件的开头,然后将输出数据按一个文件元素一个文件元素的顺序写入文件中。从顺序文件中读取数据时,也要首先打开顺序文件并将其文件内部记录指针置于文件的开头,然后将文件元素一个一个地顺序从文件中读入系统内存。

②随机存取文件。具有随机读写功能的文件称为随机存取文件。在随机文件中,对文件任一元素的读写不必像顺序文件那样从头开始,而是可以直接对文件的某一元素进行访问。C 语言的众多编译系统中都提供了随机读取文件中任意数据元素的函数。

(3)按文件存储的外部设备分类

①磁盘文件。在程序的运行过程中,通常需要将一些数据信息输出到磁盘上保存起

来,需要的时候再从磁盘中将数据读取输入到系统内存中进行处理,这种保存在磁盘上的文件称为磁盘文件。

②设备文件。在 C 程序的设计中,将所有的计算机系统外部设备都作为文件对待,这样的文件称为设备文件。C 中常用的标准的设备文件有:KYBD:(键盘)、SCRN:(显示器)、PRN 或 LPT1:(打印机)等。

还有 3 个特殊设备文件,它们由系统分配和控制,进入系统时自动打开,退出系统时自动关闭,不需要程序设计人员控制。这 3 个标准设备文件是:

stdin:(标准输入文件)　　　　由系统指定为键盘;

stdout:(标准输出文件)　　　　由系统指定为显示器;

stderr:(标准错误输出文件)　　　　由系统指定为显示器;

C 语言中,将磁盘文件和设备文件都作为相同的逻辑文件对待,对这些文件的操作(输入和输出等)都采用相同的方法进行。这种逻辑上的统一为 C 程序的设计提供了极大的便利,从而使得 C 标准函数库中的输入输出函数既可以用来处理通常的磁盘文件,又可以用来对计算机系统的外部设备进行控制。

(4)按系统对文件的处理方法分类

①缓冲文件系统。缓冲文件系统是指系统自动地在内存中为每一个正在使用的文件开辟一个缓冲区。从内存向磁盘输出数据必须先送到内存中的缓冲区,待缓冲区装满后才将整个缓冲区的数据一起送到磁盘文件中保存。如果从磁盘文件向系统内存读入数据,则从磁盘文件中一次读入一批数据到系统缓冲区,然后再从数据缓冲区中将数据送到对应程序的变量数据存储区。

②非缓冲文件系统。所谓非缓冲文件系统是指系统不自动为程序开辟确定大小的文件缓冲区,而由程序为用到的每个文件设置并管理缓冲区。

在 UNIX 系统中通常采用缓冲文件系统来处理文本文件,而采用非缓冲文件系统来处理二进制文件。1983 年 ANSI C 标准决定放弃采用非缓冲文件系统而只使用缓冲文件系统,即使用缓冲文件系统同时处理文本文件和二进制文件。

9.1.2　文件类型指针

在缓冲文件系统中,对文件的处理都是通过在内存中开辟一个缓冲区来存取文件的相关信息,比如说文件的名字、文件的状态、文件读写指针的当前位置等,这些关于文件处理的信息在整个文件处理的过程中必须妥善保存和管理。C 语言中用一个结构体类型的变量来保存这些信息,该结构体类型由语言处理系统预先定义并命名为 FILE,如在 Visual C++ 编译器中对 FILE 结构体类型定义如下:

```
/* Definition of the control structure for streams */
struct _iobuf
{   char *_ptr;
    int   _cnt;
    char *_base;
```

```
    int    _flag;
    int    _file;
    int    _charbuf;
    int    _bufsiz;
    char  *_tmpfname;
};
typedef struct _iobuf FILE;
```

使用缓冲文件系统时,对任何一个正在处理的文件,系统自动在系统内部定义一个FILE数据类型的结构体变量,将该文件的各种描述信息和控制信息存放在该结构体变量中,但在程序中对文件的操作并不需要程序员通过该结构体变量进行。程序中对文件类型结构体变量的操作是通过指向它的指针变量来进行的,程序员在文件处理的程序中定义一个FILE结构体数据类型的指针变量(称为文件指针,注意与文件内部记录指针区别),当使用系统提供的文件处理标准库函数建立或者打开指定文件时系统就自动建立一个FILE类型结构体变量并将文件的有关信息赋给该变量,然后将该结构体变量的地址赋给指定的文件类型(FILE类型)指针变量,从而建立起文件类型指针变量、文件类型结构体变量与被处理文件之间的联系,程序中通过使用文件类型指针变量调用系统提供的文件处理标准库函数对文件进行各种各样的操作。在C程序中如果需要同时处理若干个文件,则需要定义若干个文件类型指针变量,定义文件类型指针变量的方法与定义其他类型变量的方法类似,其一般形式如下:

FILE *指针变量名;

例如C语句FILE *fp1, *fp2;就同时定义了两个文件类型指针变量fp1和fp2。

9.2 C语言中的文件处理基础

程序设计中根据需要可以对文件进行任何处理,程序中对于文件处理的一般过程为:

(1)打开(或者建立)要处理的文件。

(2)按某种方式处理文件。

(3)关闭被处理的文件。

9.2.1 文件的打开和关闭

C语言(ANSI C)中提供了标准库函数fopen来实现打开(或建立)文件的操作。fopen函数的原型如下所示:

```
FILE *fopen(const char *filename, const char *mode);
```

函数的功能是按照指定的文件操作模式(方式)打开(或创建)指定的文件,打开(或创建)成功时返回与文件相对应的结构体类型变量的指针,否则返回空(NULL)。在fopen的原型中参数的意义如下：

（1）filename：指定将要访问的文件名字，可以使用值为字符串类型的变量或者用双引号括起来的字符串常量；

（2）mode：指定文件模式，即规定文件操作的方式，其意义如表 9.1 所示。

表 9.1　文件模式字符串及其意义

"r"	以只读方式打开一个已有的文本文件
"w"	以只写方式建立一个文本文件
"a"	以添加方式打开一个文本文件，将文件数据指针移到文件末尾，在文件末尾进行添加；若文件本身不存在，则先建立一新文件再进行添加
"rb"	以只读方式打开一个二进制文件
"wb"	以只写方式打开一个二进制文件
"ab"	以添加方式打开/建立一个二进制文件
"r+"	以读写方式打开一个已有的文本文件
"w+"	以读写方式建立一个文本文件
"a+"	以读写方式打开一个文本文件，文件数据指针移到文件末尾，在文件末尾进行读写操作；若文件本身不存在，则先建立一新文件再操作
"rb+"	以读写方式打开一个已有的二进制文件
"wb+"	以读写方式建立一个二进制文件
"ab+"	以读写方式打开/建立一个二进制文件

当 fopen 函数正确地打开或建立了指定文件时，将返回系统中建立的文件类型结构体变量的地址；若 fopen 函数没有正常地完成打开或建立文件的任务，则会带回一个出错信息并返回一个空值（NULL），程序中需要定义一个文件类型的指针变量用以接收和处理 fopen 函数返回的信息。为了在关于文件处理的 C 程序中正确地了解处理文件的状态，从程序结构上一般使用如下方式去打开或建立文件：

```
FILE *fpt;
if((fpt=fopen(file_name,file_mode))==NULL)
{   printf("Can't open/create this file!\n");
    exit(0);      /*在返回值为 void 的函数中也可以使用 return;语句*/
}
```

在指定打开或者创建文件的操作模式（操作方法）时必须掌握下面几条原则：

（1）用操作模式"r"打开一个文件时，该文件必须已经存在，且只能从该文件读出。

（2）用操作模式"w"打开的文件只能向该文件写入时，若指定打开的文件不存在，则以指定的文件名建立该文件；若指定的文件名已经存在，则将该文件打开并将原内容清空（全部删去）。

（3）若要向一个已存在的文件追加新的信息，只能用操作模式"a"方式打开文件。

打开（或创建）一个文件就在内存中分配一段区域作为文件缓冲区，文件在使用过程中将一直占用该内存空间，文件处理完成后应及时地关闭文件以释放文件所占用的存储区域。在C语言中使用标准库函数 fclose 实现文件的关闭，fclose 函数的原型如下所示：

```
int fclose( FILE *stream );
```

fclose 标准库函数的功能是：将与指定文件指针变量相关联的文件关闭。系统在关闭文件时首先将对应文件缓冲区中还没有处理完的数据写回相对应的文件，然后释放与该指针对应的文件结构体变量，将资源归还系统。fclose 函数若正常关闭了文件，返回值为0，否则返回值为 EOF。

例 9.1 从键盘上输入所要创建文件的路径（即存放目录）和文件名字，创建一个用于写操作的文本文件。

```
/* Name: ex09-01.cpp */
#include <stdio.h>
#include <string.h>
void main()
{   FILE   *fp;
    char PathName[100],FileName[50],FullName[200];
    printf("请输入欲创建文件所在的目录名：");
    gets(PathName);
    printf("请输入欲创建文件文件名：");
    gets(FileName);
    strcpy(FullName,PathName);         //将路径组合到文件全名中
    strcat(FullName,"\\");             //文件全名中添加一个反斜杠字符
    strcat(FullName,FileName);         //将文件名组合到文件全名中
    if((fp = fopen(FullName,"w")) == NULL)     //使用文件全名创建指定文件
    {   printf("Can't create file %s! \n",FullName);
        return;
    }
    else
        printf("创建文件 %s  成功……\n",FullName);
    /*关于文件的其他操作*/
    fclose(fp);
}
```

例 9.1 程序展示了在程序设计中如果需要在某个目录（文件夹）中创建文件时，文件名字的组合方法。程序一次运行的过程如下所示：

```
请输入欲创建文件所在的目录名：d:\cxsjjs(c)
请输入欲创建文件文件名：mydata.txt
创建文件 d:\cxsjjs(c)\mydata.txt  成功……
```

9.2.2 文件内部读写位置指针

当打开(或创建)一个文件时,系统自动为打开的文件建立一个文件内部读写位置指针(也称为文件内部记录指针),该指针在对文件的读写过程中用于指示文件的当前读写位置,每次对文件进行了读或写之后,文件位置指针自动更新指向下一个新的读写位置。

在程序设计中,需要区别文件指针和文件内部记录指针两个不同的操作对象。文件指针(FILE 类型)是用于关联程序中被操作文件的,在程序中必须进行定义,当打开一个文件并用文件指针变量关联后,只要不重新赋值,文件指针的值是不变的。文件内部记录指针用以指示文件内部的当前读写位置,每读写一次,该指针均自动向后移动与读写方式相适应的距离。文件内部记录指针不需在程序中定义说明,由系统在创建或者打开文件时自动设置。

9.2.3 文件尾的检测

对于进行文件处理程序,还需要在程序中判断所处理的文件是否处理完成,即文件的读写位置指针是否已经移动到了文件尾标志处。

对于文本文件,由于任何一个字符的编码均不是 -1,所以可以用 -1 表示文本文件的文件尾标志,系统中用符号常量 EOF 来表示。需要注意的是在二进制文件中,使用 EOF 符号常量并不能正确地表示出文件的结尾。除了可以表示文本文件的结尾外,EOF 还常常用于判断键盘上的输入字符流是否结束。

在二进制文件中使用 EOF 不能正确地判断出文件结尾,ANSI C 提供了一个测试文件状态的函数 feof,用函数 feof 来判断文件是否结束既适用于文本文件又适用于二进制文件,feof 函数的原型为:

```
int feof( FILE *stream );
```

feof 函数的功能是:测试由 stream 所对应文件的内部记录指针是否移动到了文件结尾。当内部文件记录指针未到文件尾时,函数返回 0 值;当内部文件记录指针到达文件尾时,函数返回非 0 值。

9.3 文件的基本读写操作和顺序文件处理

文件处理的主要操作是读取文件中的数据或者向文件中写入数据。C 程序设计语言提供了一系列关于文件数据读写的函数,下面分别讨论文件中单个字符数据的读写、文件中字符串数据的读写、文件中格式化数据的读写以及文件中数据块的读写方法和简单应用。

9.3.1 文件中的单个字符读写操作

在 C 程序设计过程中,可以通过标准库函数 fgetc 实现对文件中单个字符数据的读操作,函数 fgetc 的原型为:

int fgetc(FILE * stream);

函数 fgetc 的功能是从与文件指针变量 stream 相关联的文件中读取一个字符(1 字节)数据,文件中的读取位置由文件的内部记录指针指定,fgetc 函数执行成功时返回其读取的字符 ASCII 码值,当执行 fgetc 函数时遇到文件结束符或者在执行中出错时 EOF(-1)。

对于 fgetc 函数的使用有以下几点说明:

(1)在 fgetc 函数调用中,读取的文件必须是以读或读写方式打开的。

(2)读取字符的结果也可以不向字符变量赋值。

例如 C 语句:fgetc(fpt);对于读出的字符没有赋给任何变量。

(3)文件内部读写位置指针用来指向文件的当前读写位置,文件打开时指向文件的第一个字节。每使用 fgetc 函数调用,位置指针将自动向后移动一个字节。

例 9.2 读入例 9.1 的源程序文件,并在屏幕上显示其内容。

C 程序的源程序文件是文本文件,例 9.1 程序的文件名为:ex09-01. cpp。

```
/* Name: ex09-02.cpp */
#include <stdio.h>
int main()
{   FILE *fp;
    char ch;
    if((fp=fopen("Ex09-01.cpp","r"))==NULL)
    {   printf("Cannot open file strike any key exit!");
        getchar();
        return(1);
    }
    ch=fgetc(fp);
    while (ch!=EOF)
    {   putchar(ch);
        ch=fgetc(fp);
    }
    fclose(fp);
    return 0;
}
```

本例程序的功能是从文件中逐个读取字符在屏幕上显示。程序中以读模式打开文本文件"ex09-01. cpp",并使之与文件指针变量 fp 关联。在程序中通过使用 fgetc 函数的调用,依次从 fp 所关联的文件"ex09-01. cpp"中读出其所有字符并显示在屏幕上。当文件内部记录指针顺次向后移动最后指向文件结束符(EOF)时,文件内容全部处理完毕,程序中关闭文件后结束执行过程。本程序执行后在显示器上显示例9.1程序的内容。

在C程序设计过程中,可以通过标准库函数fputc实现对文件中单个字符数据的写操作,函数fputc的原型为:

int fputc(int c, FILE *stream);

函数fputc的功能是将用变量c表示的字符数据写到与文件指针变量stream相关联的文件中去,写入位置由文件的内部记录指针所指定。fputc函数执行成功时返回被写入文件的字符值,当函数执行发生错误时则返回EOF。

对于fputc函数的使用有以下几点说明:

(1)用写或读写方式打开一个已存在的文件时将清除原有的文件内容,写入字符从文件首开始。

(2)程序处理中如需保留原有文件内容,即希望写入的字符从原文件末开始存放,必须以追加方式打开文件。

(3)每成功向文件中写入一个字符,文件内部读写位置指针自动向后移动一个字节。

(4)fputc函数在写入成功时返回写入文件中的字符,否则返回一个EOF。可用此返回值来判断写文件操作是否成功。

例9.3 将从键盘上输入的若干字符数据写入文本文件mydata.txt,然后再将文件mydata.txt中的字符全部读出并在系统标准输出设备显示器上输出。

(提示:需要结束在键盘上的字符流数据输入时,输入ctrl-z(EOF)然后回车。)

```
/* Name: ex09-03.cpp */
#include <stdio.h>
void main()
{   FILE *fp;
    char  ch;
    if((fp=fopen("mydata.txt","w"))==NULL)
    {
        printf("Can't create file mydata.txt!\n");
        return;
    }
    printf("请输入写入文件的字符数据: \n");
    do
    {   ch=getchar();
        fputc(ch,fp);
    }while(ch!=EOF);
    fclose(fp);
    if((fp=fopen("mydata.txt","r"))==NULL)
    {   printf("Can't open file mydata.txt!\n");
        return;
```

```
    }
    ch = fgetc(fp);
    while(ch!=EOF)
    {   putchar(ch);
        ch = fgetc(fp);
    }
    printf("\n");
    fclose(fp);
}
```

例 9.4 利用单个字符读写标准库函数实现文件拷贝功能,要求被拷贝的源文件和拷贝生成的目标文件的名字都从命令行上带入。

```
/* Name: ex09-04.cpp */
#include <stdio.h>
void main(int argc,char *argv[])
{   FILE *in, *out;
    char c;
    if(argc!=3)
    {   printf("Using: command Sourcefilename Targetfilename <CR>\n");
        return;
    }
    if((in=fopen(argv[1],"rb"))==NULL)
    {   printf("不能打开源文件!\n");
        return;
    }
    if((out=fopen(argv[2],"wb"))==NULL)
    {   printf("不能打开或创建目标文件!\n");
        return;
    }
    c = fgetc(in);
    while(!feof(in))
    {   fputc(c,out);
        c = fgetc(in);
    }
    fclose(in);
    fclose(out);
}
```

程序中定义了两个文件类型指针变量 in 和 out 分别表示被拷贝的源文件和拷贝生成的目标文件。程序执行时从指针 in 所表示的源文件中读出一个字符,只要不是文件结尾标志则将其写入到指针变量 out 表示的文件中,反复进行上述操作直至文件拷贝完成为止,最后关闭两个文件。在程序中实现文件内容拷贝部分的代码切忌写成下面表示的形式:

```
while(!feof(in))
    fputc(fgetc(in),out);
```

在这种表示形式下,没有语法错误,而且也可以进行文件内容的拷贝工作。但被拷贝生成的文件内容会比源文件多出一个字节来,究其原因是因为在这段操作过程中违反了计算机程序设计中"写类"操作应该先判断是否能够写,然后再执行写操作的原则,将源文件中的文件结尾符号写入目标文件后才判断是否遇到了源文件中的文件结束标志。在最后执行文件关闭函数调用时又写了一个文件结束标志,因而在拷贝生成的目标文件中会多出一个字节来。

例 9.5 编程实现统计文本文件中单词个数的功能,要求被统计文件名从命令行上带入。

```
/* Name: ex09-05.cpp */
#include <stdio.h>
void main(int argc,char *argv[])
{   FILE *fp;
    int count=0;        /*记录单词的个数*/
    int space=1;        /*空格标志*/
    char c;
    if(argc!=2)
    {   printf("Using: command filename <CR> \n");
        return;
    }
    if((fp=fopen(argv[1],"r"))==NULL)
    {   printf("不能打开文件%s\n",argv[1]);
        return;
    }
    while((c=fgetc(fp))!=EOF)
        switch(c)
        {   case ' ':
            case '\t':
            case '\n':     space=1;
                           break;
            default:       if(space)
                           {   space=0;
                               count++;
                           }
        }
```

```
    fclose(fp);
    printf("文件'%s'中含有%d 个单词。\n",argv[1],count);
}
```

上面程序中对单词的定义是由空白字符(空格键、制表键以及换行符)分隔开的字符序列。程序中使用变量 space 作为标志,当读到空白字符时标志置 1(space = 1),当遇到单词的首字符时统计单词数并同时将标志变量 space 置 0 以保证每个单词只统计一次。

例 9.6 编制程序实现功能:统计一个(英文)文本文件中单词词频,并按词频的降序排序后输出所有单词,要求被统计文件名从命令行上带入。

统计文件(文章)中的词频是语言处理中常见的实际操作之一,本问题比起前面的示例稍显复杂,但也更接近实际应用。在针对本问题的程序设计过程中需要考虑下面几个问题:

(1)表示单词和词频的数据结构

```
typedef struct wstr
{   char w[50];
    int count;
    struct wstr *next;
} WORD;
```

(2)文件中单词个数的获取。为了能够动态地构成排序所需要的结构体排序数组,需要先将文件中的单词依次读出并构造一个单链表,同时得到单词的个数。构造单链表时首先在单链表中查找读出的单词,若找到则将对应结点的计数器部分(count)加 1;若没找到则创建一个新结点,将所读出的单词作为结点的单词部分(w),结点的计数器部分置 1(count = 1),然后将新结点添加到单链表中。如此构造出的单链表特点是:文件中的单词在单链表中用唯一结点表示,该单词在文件中出现的次数记录在结点的计数器部分。

(3)动态生成结构体排序数组。根据得到的单词个数 wordcound,动态构成排序数组,语句为:

```
wordarr = (WORD *)malloc(sizeof(WORD) * wordcount);
```

并将单链表中的结点依次取出,存放到排序数组中。关于动态数组的知识已经在第 6 章 6.3 节中讨论过,关于单链表的操作第 8 章的 8.4 节中讨论过,请读者参考相关内容理解本问题。

(4)排序方法的选择。在本书第 3 章中讨论了若干种排序的方法,本问题的处理中可以选择其中的任意一种方法。在下面的程序中使用的选择排序法,读者可参考第 3 章中的知识将其改为其他排序的方法。

事实上,对于本问题处理中应使用的最好数据结构是排序二叉树。但考虑到本书的读者可能并没有数据结构方面的知识,所以使用了将单链表转换为排序数组的方法。

```
/* Name: ex09-06.cpp */
#include <stdio.h>
#include <stdlib.h>
#include <string.h>
```

```
#include <conio.h>
#include <ctype.h>
typedef struct wstr
{   char w[50];
    int count;
    struct wstr *next;
}WORD;
void insertlist(WORD *h, char *w);
int words(FILE *f);
int wordcount=0;
void sordwords(WORD *w,int sz);
void main(int argc,char *argv[])
{   FILE *in;
    char c,word[50];
    int j;
    WORD *head, *wordarr, *p;
    if(argc!=2)
    {   printf("Usage:command filename <CR> \n");
        return;
    }
    if((in=fopen(argv[1],"r"))==NULL)
    {     printf("Can't open this file. \n");
        return;
    }
    head=(WORD*)malloc(sizeof(WORD));   /*创建单链表的头结点*/
    head->next=NULL;
    while(!feof(in))        /*依次取出文件中的所有单词插入到单链表中*/
    {   j=0;
        while(isspace(c=fgetc(in)))
            ;
        if(isalpha(c))
            word[j++]=c;
        while(isalpha(c=fgetc(in)))
            word[j++]=c;
        word[j]='\0';
        insertlist(head,word);
    }
    wordarr=(WORD *)malloc(sizeof(WORD)*wordcount);
```

```
    for(j=0,p=head->next;p!=NULL;p=p->next,j++)
    {   strcpy(wordarr[j].w,p->w);
        wordarr[j].count=p->count;
    }
    sordwords(wordarr,wordcount);
    for(j=0;j<wordcount;j++)
        printf("%d\t%s\n",wordarr[j].count,wordarr[j].w);
}
void insertlist(WORD *h,char *w)
{   WORD *p,*last;
    last=h;
    while(strcmp(last->w,w)!=0&&last->next!=NULL)
        last=last->next;
    if(last->next==NULL)
    {   p=(WORD *)malloc(sizeof(WORD));
        strcpy(p->w,w);
        p->count=1;
        p->next=NULL;
        last->next=p;
        wordcount++;
    }
    else
        last->count++;
}
#define IN 1
#define OUT 0
int words(FILE *f)
{   int c,nw=0,state=OUT;
    while(!feof(f))
    {   c=fgetc(f);
        if(isspace(c))
            state=OUT;
        else if(state==OUT)
        {   state=IN;
            nw++;
        }
    }
    rewind(f);
```

```
    return nw;
}
void sordwords( WORD * w,int sz)
{   WORD t;
    int i,j,k;
    for( i = 0;i < sz - 1;i ++ )
    {    k = i;
         for( j = i + 1;j < sz;j ++ )
              if( w[j].count > w[k].count)
                   k = j;
         if( k!= i)
              t = w[i],w[i] = w[k],w[k] = t;
    }
}
```

9.3.2 文件中的字符串读写操作

在 C 程序设计过程中,可以通过标准库函数 fgets 实现对文件处理中字符串读写操作,函数 fgets 的原型为:

char * fgets(char * string, int n, FILE * stream);

函数 fgets 的功能是从与文件指针变量 stream 相关联的文件中最多读取 $n-1$ 个字符,添加上字符串结尾字符'\0'构成字符串后存放到 string 所代表的字符串对象中去。如果在读入 $n-1$ 个字符前遇到换行符'\n'或遇到文件结束符 EOF 时操作也将结束,将遇到的换行符作为一个有效字符处理,然后在读入的字符串末尾自动加上一个字符串结尾符'\0'后存放到 string 所代表的字符串对象中,函数执行出错或遇到了文件的结束标志时返回 NULL。

例 9.7　按每次读入一行的方式读入例 9.1 的源程序文件,并在屏幕上显示其内容。

```
/ * Name: ex09-07. cpp * /
#include < stdio. h >
void main( )
{   FILE * fp;
    char str[100];
    if( (fp = fopen( "ex09-01. cpp" ,"r" ) ) == NULL)
    {    printf( "Cannot open file... \n" );
         return;
    }
    while( fgets( str,100,fp) != NULL)
         printf( "%s" ,str);
```

```
    fclose(fp);
}
```

在C程序设计过程中,可以通过标准库函数 fputs 实现对文件处理中字符串写操作,函数 fputs 的原型为:

int fputs(const char *string, FILE *stream);

函数 fputs 的功能是将 string 所代表的字符串写入文件指针变量 stream 相关联的文件。函数 fputs 正常执行时返回写入文件中的字符个数,函数执行出错时返回值为 EOF。

在使用标准库函数 fputs 时应该特别注意的是,函数在向文件中写入字符串时已经去掉了字符串的结尾标志'\0',因而连续写入的字符串不能被正确地分隔而成为了一个字符串。为了使得写入文件中的字符串能够被正常地区别和处理,在使用 fputs 标准库函数向文件中写入字符串数据时,每写入一个字符串后要自行在其后添加一个分隔标志字符,为了与读字符串标准库函数 fgets 配合,使用换行符('\n')作为分隔字符。

例9.8 从键盘上读入若干行字符串并将它们存放到指定文件中,仅输入一个回车时结束输入过程,要求指定的文件名字从命令行上带入。

```
/* Name: ex09-08.cpp */
#include <stdio.h>
#include <string.h>
void main(int argc,char *argv[])
{   FILE *fp;
    char str[80];
    if(argc!=2)
    {   printf("Using: command filename <CR>\n");
        return;
    }
    if((fp=fopen(argv[1],"w"))==NULL)
    {   printf("Can't create file.!\n");
        return;
    }
    while(strlen(gets(str))>0)
    {   fputs(str,fp);
        fputc('\n',fp);
    }
    fclose(fp);
}
```

程序在成功创建文件后,反复输入字符串写入指定文件,每写入一个字符串立即写入一个换行符作为字串与字串之间的分隔符号,操作直到某次输入直接按回车键为止(此时输入的是空串,其字符串长度为0),最后关闭已写入字符串内容的文件。程序一次执行的输入数据如下所示:

```
kdfhksdhfkjdsf                         //输入数据
dfjsdlkfjsdlkfjlksdjhfklsd
sdf;ljsdlkfjlksdjhflk                  //输出数据
fjksdhfjksdhkfhdslkf
```

9.3.3　文件中的格式化读写操作

为了满足在文件的操作中处理格式化的数据的需求，C 程序设计语言提供了 fscanf 和 fprintf 两个函数，原型如下：

```
int fscanf( FILE *stream, const char *format [, argument ]... );
int fprintf( FILE *stream, const char *format [, argument]... );
```

函数 fscanf 与格式化输入函数 scanf 的功能基本相同，不同的是 scanf 函数的数据来源于标准输入设备（键盘），而 fscanf 函数的数据来源于与 stream 相关联的文件，函数的返回值指出了函数正确处理的数据项个数。

函数 fprintf 与格式化输出函数 printf 的功能基本相同，不同的是 printf 函数输出数据的目的地是标准输出设备（显示器），而 fprintf 函数输出数据的目的地是由 stream 指定的文件，函数的返回值指出了函数正确写入文件中的字节数。

例 9.9　以 10 度为间隔，求出 0～360 度的所有正弦函数值、余弦函数值并将它们写入指定文件，然后再将这些数据读出并显示到屏幕上。

```
/* Name: ex09-09.cpp */
#include <stdio.h>
#include <math.h>
void main(int argc,char *argv[])
{   FILE *f;
    int dec,i;
    double x,sinx,cosx;
    if((f=fopen(argv[1],"wb"))==NULL)
    {     printf("Can't create file.\n");
          return;
    }
    for(dec=0;dec<=90;dec+=10)
    {   x=dec*3.14159/180;
        fprintf(f,"%5d: %f,%f\n",dec,sin(x),cos(x));
    }
    fclose(f);
    if((f=fopen(argv[1],"rb"))==NULL)
    {   printf("Can't open file.\n");
        return;
```

```
    }
    for(i=0;i<=9;i++)
    {   fscanf(f,"%d: %lf,%lf",&dec,&sinx,&cosx);
        printf("%5d: %f,%f\n",dec,sinx,cosx);
    }
}
```

程序执行时按照要求每10度计算出一组三角函数值,然后将其格式化写入到指定文件中。之后再将文件按读方式打开,格式化读出文件中的数据并输出到屏幕上。程序执行的结果为:

```
0: 0.000000,1.000000
10: 0.173648,0.984808
20: 0.342020,0.939693
30: 0.500000,0.866026
40: 0.642787,0.766045
50: 0.766044,0.642788
60: 0.866025,0.500001
70: 0.939692,0.342021
80: 0.984808,0.173649
90: 1.000000,0.000001
```

例9.10 将某磁盘文件的所有行加上行号写入指定文件,两个文件的名字均从命令行带入。

```
/* Name: ex10-10.cpp */
#include <stdio.h>
#define SIZE 256
void main(int argc,char *argv[])
{   char buffer[SIZE];
    FILE *fp1,*fp2;
    int line;
    if(argc!=3)
    {   printf("Using: command Sourcefilename Targetfilename <CR>\n");
        return;
    }
    if((fp1=fopen(argv[1],"r"))==NULL)
    {   printf("Can't open file.\n");
        return;
    }
    if((fp2=fopen(argv[2],"w"))==NULL)
    {   printf("Can't create file.\n");
```

```
            return;
        }
    line = 1;
    while(fgets(buffer,SIZE,fp1) != NULL)
        fprintf(fp2,"%4d:%s",line++,buffer);
    fclose(fp1);
    fclose(fp2);
}
```

在例9.10程序中按要求打开/建立两个文件后,使用标准库函数 fgets 从源文件读出所有文本行,然后通过格式化写入函数将所需行号与读出的字符串组合写入目标文件中。

9.3.4 文件中的数据块读写操作

为了能够实现对文件中构造数据类型对象的整体读取和加快文件读取处理速度,C 程序设计语言提供了关于数据块的读写函数 fread 和 fwrite,原型如下:

```
size_t fread( void *buffer, size_t size, size_t count, FILE *stream );
size_t fwrite( const void *buffer, size_t size, size_t count, FILE *stream );
```

函数 fread 的功能是从与文件指针变量 stream 相关联的文件中按指定长度读取一个数据块到内存储器的指定区域,函数的返回值是该函数执行时正确从指定文件中读出的数据项数(应该与 count 参数指出的相同),如果在读出操作中出现了错误则返回值小于 count 参数指出的应读出数据项数。

函数 fwrite 的功能则是将内存储器中指定区域的数据块写入到与文件指针变量 stream 相关联的文件中,函数的返回值是该函数执行时正确写入文件中的数据项数(应该与 count 参数指出的相同),如果在写入操作中出现了错误则返回值小于 count 参数指出的写入数据项数。

在函数 fread 和 fwrite 用到的4个参数意义是相同的,只不过函数规定的操作方向刚好相反。4个参数的基本意义如下:

(1)buffer:参数 buffer 指定数据在内存储器中存储区域首地址。

(2)size:参数 size 指定被操作的一个数据项的字节长度。

(3)count:参数 count 指定一次函数操作(调用)所涉及长度为 size 的数据项个数,由此可知函数每次操作数据块的字节长度为 size * count。

(4)stream:参数 stream 是与被处理文件相关联的文件类型指针变量,指出被操作的文件。

例9.11 将一个 5×15 的整型二维数组的数据存入指定文件中(数组数据随机产生),要求文件名从命令行带入。

```
/* Name: ex09-11.cpp */
#include <stdio.h>
#include <stdlib.h>
```

```
#include <time.h>
#define M 5
#define N 15
void MakeArray(int v[][N]);
void main(int argc,char *argv[])
{   int a[M][N],i;
    FILE *fp;
    if(argc!=2)
    {   printf("Using: command filename <CR> \n");
        return;
    }
    if((fp=fopen(argv[1],"wb"))==NULL)
    {   printf("Can't create this file. \n");
        return;
    }
    MakeArray(a);
    for(i=0;i<M;i++)
        fwrite(a[i],sizeof(int),N,fp);
    fclose(fp);
}
void MakeArray(int v[][N])
{   int i,j;
    srand(time(NULL));
    for(i=0;i<M;i++)
        for(j=0;j<N;j++)
            v[i][j]=rand()%100;
}
```

程序中调用函数 MakeArray,用随机数填充数组 a,然后用每次写一行数组元素的方式将整个数组分行写入到指定文件中。除了程序中用到的表示方法外,表示写入一行数组元素到文件中还可以使用语句 fwrite(a[i],N*sizeof(int),1,fp);,甚至可以不使用循环结构,通过使用语句 fwrite(a,M*N*sizeof(int),1,fp);直接将整个二维数组一次性写入到文件中去。

例 9.12 将例 9.11 程序生成的数据文件内容读出并显示到屏幕上,要求文件名从命令行带入。

```
/* Name: ex09-12.cpp */
#include <stdio.h>
#define M 5
#define N 15
```

```
void PrintArray(int v[][N]);
void main(int argc,char *argv[])
{   int a[M][N],i;
    FILE *fp;
    if(argc!=2)
    {   printf("Using: command filename <CR> \n");
        return;
    }
    if((fp=fopen(argv[1],"rb"))==NULL)
    {   printf("Can't create this file. \n");
        return;
    }
    for(i=0;i<M;i++)
        fread(a[i],sizeof(int),N,fp);
    fclose(fp);
    PrintArray(a);
}
void PrintArray(int v[][N])
{   int i,j;
    for(i=0;i<M;i++)
    {   for(j=0;j<N;j++)
            printf("%4d",v[i][j]);
        printf("\n");
    }
}
```

程序运行时从指定文件中按数据块(一行数组元素)方式读入 M 行元素值到二维数组 a 中,然后输出所有数据元素值。除了程序中用到的表示方法外,表示从文件中读出一行数组元素到二维数组行还可以使用语句 fread(a[i],N * sizeof(int),1,fp);,甚至可以不使用循环结构,通过使用语句 fread(a,M * N * sizeof(int),1,fp);直接将整个二维数组一次性从文件中读出。程序运行的结果为:(下面的结果与例 9.11 程序中写入的相关)

```
76  93  95  42  63  66  44  25  26  56  40  96  16  90  69
27  31  81  28  26  92   2  62  16  19  40   8  24  52  93
6   54  14  96  56  70  50  45   5  97   4   4  33  45  71
75  28  43  11  47  75  72  30  73  43  75  92  65  79  20
0   74  19  78  34  83  79  72  43  89  88   7  37  67  61
```

9.4 文件的定位操作和随机文件处理

文件处理的随机存取与文件的顺序存取是相对应的。在文件的顺序存取中,文件内部记录指针在对文件进行每一次读或写操作之后都会自动向后移动与读写方式相适应的距离,将文件内部记录指针定位到下一次在文件中读或写的位置上,通过在程序设计中使用对文件的顺序存取方式可以解决许多文件处理的问题,但对于那些要求对文件内容的某部分直接操作的文件处理问题则显得效率非常低下。对于文件的随机存取处理应该分为两个步骤:第 1 步是按要求移动文件内部记录指针到指定的读写位置;第 2 步用系统提供的读写方法读写所需要的信息。

9.4.1 文件的操作位置指针和文件定位

文件的操作位置指针即文件的内部记录指针,该指针指示的是文件操作的当前读写位置。如前所述,在顺序文件操作方式下文件内部记录指针的移动和移动的距离都是文件系统自动处理的。但在文件的随机操作中,必须根据应用的需要确定文件内部记录指针移动的起始点和移动距离,这种根据需要移动文件内部记录指针到文件中指定位置称为文件定位操作,下面讨论 C 语言在标准库中提供的与文件内部记录指针相关的常用标准库函数。

1)获取文件内部记录指针当前位置

在 C 程序设计过程中,可以通过标准库函数 ftelle 获取当前文件的文件内部记录指针距离文件首部(文件头)的字节距离,函数 ftell 的原型为:

```
long ftell( FILE *stream );
```

函数 ftell 的功能是获取并返回由 stream 所关联文件的文件内部记录指针的当前位置与文件首部之间的距离,返回值用字节数表示;函数执行出错时返回 -1。

例 9.13 利用读字符函数 fgetc 和 ftell 测试指定文件的字节长度,要求被处理文件名从命令行带入。

```
/* Name: ex09-13.cpp */
#include <stdio.h>
void main(int argc,char *argv[])
{   FILE *fp;
    long len;
    if(argc!=2)
    {   printf("Using: command filename <CR> \n");
        return;
    }
    if((fp=fopen(argv[1],"r"))==NULL)
```

```
    {   printf("Can't open the file. \n");
        return;
    }
    while(!feof(fp))
        fgetc(fp);
    len=ftell(fp);
    printf("文件%s 的长度:%ld 个字节。\n",argv[1],len);
    fclose(fp);
}
```

设置好命令行参数后、程序运行的输出结果如下:

文件 ex09-13.cpp 的长度:388 个字节。

2)重置文件内部记录指针

在C程序设计过程中,可以通过标准库函数 rewind 将指定文件的内部记录指针从文件中任意位置移回到文件首部(文件头),函数 rewind 的原型为:

void rewind(FILE *stream);

函数 rewind 的功能是将由 stream 所关联文件的文件内部记录指针从任何位置重新拨回文件开头。

例 9.14 利用文件记录指针重置函数 rewind 将一个文件拷贝若干个备份,要求源文件名从命令行带入。

```
/* Name: ex09-14.cpp */
#include <stdio.h>
#include <stdlib.h>
#include <conio.h>
#include <ctype.h>
int yes(char *s);
void main(int argc,char *argv[])
{   FILE *in, *out;
    char c,targetf[20];
    if(argc!=2)
    {   printf("Using: command Sourfilename <CR> \n");
        return;
    }
    if((in=fopen(argv[1],"rb"))==NULL)
    {   printf("Cannot open Sourfile. \n");
        return;
    }
    while(yes("Copy to TARGET file"))//调用函数 yes 得到非 0 返回值时继续循环
    {   puts("Input TARGET file name:");
```

```
            gets( targetf) ;
            rewind( in) ;        /＊将源文件内部记录指针拨回文件首部＊/
            if( ( out = fopen( targetf, " wb" ) ) == NULL)
            {   printf( " Cannot open TARGET file. \n" ) ;
                return;
            }
            c = fgetc( in) ;
            while( ! feof( in) )
            {   fputc( c, out) ;
                c = fgetc( in) ;
            }
            fclose( out) ;
        }
        fclose( in) ;
    }
    int yes( char  ＊s)
    {   char c;
        do{  printf( " %s( y/n) ?\n" , s) ;
            c = toupper( getch( ) ) ;
            switch( c)
            {   case 'Y':      return 1;
                case 'N':      return 0;
                default:       break;
            }
        } while(1) ;
    }
```

程序中首先打开被拷贝的源文件,然后通过调用函数 yes 确定是否需要拷贝生成目标文件,若需要则用文件内部记录指针重置标准库函数 rewind 将源文件的内部记录指针移回到文件首部并进行拷贝工作;否则退出程序的执行。函数 yes 提供了在程序设计中通常使用的提问及应答方法,yes 接收并显示从主调函数中传递来的问句字符串主体并补上(y/n)?以形成完整的提问,然后使用分支程序确定返回值。

3)设置文件内部记录指针

在 C 程序设计过程中,可以通过标准库函数 fseek 将指定文件的内部记录指针移动到文件中的指定位置,函数 fseek 的原型为:

int fseek(FILE ＊stream, long offset, int origin) ;

函数 fseek 中参数的意义是:

(1)stream:参数 stream 是一个文件类型指针变量,用以指定被设置内部记录指针的文件。

(2) offset：参数 offset 是长整型量，表示文件内部记录指针移动的位移量，即前后移动的字节数。

(3) origin，参数 origin 指定文件内部记录指针移动的起始位置，其取值和意义如表 9.2 所示。

表 9.2　标准库函数 fseek 的 origin 参数值及意义

起始位置	符号常量	数字表示
文件首部	SEEK_SET	0
内部记录指针当前位置	SEEK_CUR	1
文件尾部	SEEK_END	2

函数 fseek 的功能是将由 stream 所关联文件的文件内部记录指针从 origin 指定的起始位置开始移动由 offset 指定的字节数，当参数 offset 为正值时向文件尾方向移动，当参数 offset 为负值时向文件头方向移动。

例 9.15　编程序测试指定文件的字节长度，要求利用 fseek 函数将文件内部记录指针移动到文件尾部。

```
/* Name: ex09-15.cpp */
#include <stdio.h>
void main(int argc,char *argv[])
{   FILE *fp;
    long len;
    if(argc!=2)
    {   printf("Using: command filename <CR> \n");
        return;
    }
    if((fp=fopen(argv[1],"r"))==NULL)
    {   printf("Can't open the file. \n");
        return;
    }
    fseek(fp,0,SEEK_END);     /*移动文件内部记录指针到文件尾*/
    len=ftell(fp);
    printf("文件%s 的长度:%ld 个字节。\n",argv[1],len);
    fclose(fp);
}
```

程序的功能和架构与例 9.13 程序类似，只是在移动内部记录指针的形式上使用了标准库函数 fseek。程序执行的结果为：

文件 ex09-13.cpp 的长度:388 个字节。

9.4.2 文件的随机读写

在C程序设计中随机读写是一种比较重要的技术,比如在实际应用中经常需要设计查表的程序等。在C程序设计中,实现随机读写的一般步骤如下:

(1)通过某种方式求得要读写的起始位置和需读出的长度。

(2)使用标准库函数 fseek 将文件的内部记录指针移动到计算出的起始位置。

(3)使用标准库函数 fread 读出所需的数据项或使用标准库函数 fwrite 写入指定的数据项。

例 9.16 模仿操作系统的 COPY 命令,编制一个实现拷贝功能的程序,要求如下:

(1)使用数据块拷贝的方式实现数据拷贝工作。

(2)源文件和目标文件的名字从命令行上带入。

```
/* Name: ex09-16.cpp */
#include <stdio.h>
#define LENGTH 65535
void main(int argc,char *argv[])
{   FILE *in, *out;
    unsigned long copysize = LENGTH;
    unsigned long offset = 0;
    char buffer[LENGTH];
    if(argc!=3)
    {   printf("Using: command Sorucefilename Targetfilename <CR> \n");
        return;
    }
    if((in = fopen(argv[1],"rb")) == NULL)
    {   printf("Can't open file %s.",argv[1]);
        return;
    }
    if((out = fopen(argv[2],"wb")) == NULL)
    {   printf("Can't create file %s.",argv[2]);
        return;
    }
    while(copysize)
    {   if(fread(buffer,copysize,1,in))
        {   fwrite(buffer,copysize,1,out);
            offset += copysize;
        }
        else
        {   fseek(in,offset,SEEK_SET);
```

```
                copysize/=2;
            }
        }
    fclose(in);
    fclose(out);
}
```

程序中使用变量 copysize 控制拷贝工作的进行,每次拷贝从指定源文件中读出 copysize 指出的字节个数,若读出操作成功则将读出数据写入到指定目标文件中,同时用变量 offset 记录下正确读取后文件内部记录指针的位置;若读出操作出错(返回值不等于 1)则证明当前文件中剩余数据不足变量 copysize 指定的字节数,此时将文件内部记录指针移回到上次正确读取时的位置上,并且将指定的数据读取长度 copysize 的值减半后再次进行读取工作。程序在运行过程中反复执行上面的操作直至变量 copysize 的值为 0,最后关闭相关文件结束拷贝工作。

习题 9

一、单项选择题

1. 系统标准的输入文件是指(　　)。
(A)键盘　　(B)显示器　　(C)软盘　　(D)硬盘

2. 以下可作为 fopen 中第一个参数的正确格式是(　　)。
(A)d:myfile\test.txt　　(B)d:\myfile\abc.txt
(C)"d:\myfile\a.txt"　　(D)"d:\\myfile\\mydata.txt"

3. 若执行 fopen 函数发生错误,则函数的返回值为(　　)。
(A)文件名　　(B)0　　(C)1　　(D)error

4. 若要用 fopen 函数打开一个新的二进制文件,对该文件进行写操作,则文件方式字符串应是(　　)。
(A)"ab+"　　(B)"wb"　　(C)"rb+"　　(D)"ab"

5. 若调用 feof 来判断文件是否结束,如果已经读到结束则其返回值是(　　)。
(A)EOF　　(B)1　　(C)0　　(D)输出的字符

6. 当顺利地执行了关闭文件操作时,fclose 函数的返回值是(　　)。
(A) -1　　(B)TRUE　　(C)0　　(D)1

7. 使用 fseek 函数可以实现的功能是(　　)。
(A)文件的输出和输入　　(B)文件的顺序读写
(C)文件的随机读写　　(D)改变文件的位置指针的当前位置

8. fgetc 函数的作用是从指定的文件读一个字符,该文件的打开方式必须是(　　)。
(A)只写　　(B)追加　　(C)读或读写　　(D)B 和 C 都正确

9. 函数:fwrite(buffer,size,count,fp);其中 buffer 代表的是(　　)。

(A)一个整型变量,代表要写入的数据项总数

(B)文件指针,指向要写的文件

(C)一个存储区,存放要读的数据项

(D)一个指针,指向要写入数据的存放地址

10. fread(buff,64,2,fp1)的功能是(　　)。

(A)从 fp 指向的文件流中读出整数 64 和整数 2,并存放在 buf 中。

(B)从 fp 指向的文件流中读出 2 个整数 64,并存放在 buf 中。

(C)从 fp 指向的文件流中读出 2 个 64 个字节的字符,并存放在 buf 中。

(D)从 fp 指向的文件流中读出 64 个整数 2,并存放在 buf 中。

二、填空题

1. 系统标准的输出文件是指____①____。

2. fopen 可以使用____②____模式新建文件。

3. 函数 fseek(FILE *fpt, long offset, int whence);中 whence 的作用是____③____。

4. 设有以下结构体类型:

```
struct stu{
        char name[10];
        char sex[2];
        int telephone;
        char addr[20];
    }student[40];
```

结构体数组 student 中的元素都已经有值,若要将这些元素写到文件指针 fp 指向的硬盘文件中,请将以下语句补充完整。

fwrite(student,____④____,1,fp);

三、阅读程序题

1. 写出程序执行后 test 文件中的内容。

```
#include <stdio.h>
#include <stdlib.h>
void main()
{    FILE * fpt;
     char * s1 = "thank";
     char * s2 = "you";
     if((fpt = fopen("test.txt","w+")) == NULL)
     {    printf("Can't open file test\n");
          exit(0);
     }
     fwrite(s1,5,1,fpt);
     fseek(fpt,0l,SEEK_SET);
```

```
    fwrite(s2,3,1,fpt);
    fclose(fpt);
}
```

2. 名为 test. cpp 的 C 程序如下所示,写出在命令行执行 test abc xyz 的功能。

```
/ * filename test. cpp * /
#include  < stdio. h >
void main( int argc, char  *  argv[ ])
{   FILE  * fp1, * fp2;
    char c;
    if( argc <3)
    {   printf(" Usage:test filename1 filename2\n");
        return;
    }
    fp1 = fopen( argv[1], "r");
    fp2 = fopen( argv[2], "w");
    c = fgetc( fp1);
    while( !feof( fp1))
    {   fputc( c, fp2);
        c = fgetc( fp1);
    }
    fclose( fp1);
    fclose( fp2);
}
```

3. 写出程序执行后的输出结果。

```
#include < stdio. h >
#include < stdlib. h >
int main( )
{   FILE  * fp;
    int n;
    if( ( fp = fopen( "test", "w + ") ) == NULL)
    {   printf( "Can't create file\n");
        return 1;
    }
    for( int i = 1; i <= 10; i ++ )
        fprintf( fp, "%3d", i);
    for( i = 0; i < 5; i ++ )
    {   rewind( fp);
        fseek( fp, i * 6, SEEK_SET);
```

```
        fscanf(fp,"%3d",&n);
        printf("%3d",n);
    }
    fclose(fp);
    return 0;
}
```

4. 写出输入如下数据时的程序执行结果。

Lilei ↙(↙表示按 Enter 键,下同)

123456 ↙

100 ↙

```
#include <stdio.h>
#include <stdlib.h>
struct person
{   char name[20];
    char phone[20];
    int score;
};
void writetofile(char filename[])
{   struct person stu;
    FILE *fp;
    if((fp=fopen(filename,"w"))==NULL)
    {   printf("Open file failed!");
        exit(1);
    }
    puts("input the information of a person");
    scanf("%s%s",stu.name,stu.phone);
    getchar();
    scanf("%d",&stu.score);
    fwrite(&stu,sizeof(struct person),1,fp);
    fclose(fp);
}
void readfromfile(struct person *p,char filename[])
{   FILE *fp;
    if((fp=fopen(filename,"r"))==NULL)
    {   printf("Open file failed!");
        exit(2);
    }
    fread(p,sizeof(struct person),1,fp);
```

```
    fclose(fp);
}
void output(struct person *p)
{    printf("Name:%s   Phone: %s Score:%d\n",p->name,p->phone,p->score);
}
void main()
{   struct person *ptr;
    writetofile("D:\\person.dat");
    ptr = (struct person *) malloc(sizeof(struct person));
    readfromfile(ptr,"D:\\person.dat");
    output(ptr);
}
```

5. 写出下面程度执行后，文件 mode.txt 中的内容。

```
#include <stdio.h>
#include <stdlib.h>
void writetofile(char mode[])
{   char filename[] = "d:\\mode.txt";
    FILE *fp;
    char ch = 'A';
    if((fp = fopen(filename,mode)) == NULL)
        exit(1);
    fputc(ch,fp);
    fclose(fp);
}
void main()
{   int i = 0;
    char *openmode[2] = {"w","a"};
    for(i = 0;i < 3;i ++)
    {   if(i == 0)
            writetofile(openmode[0]);
        else
            writetofile(openmode[1]);
    }
}
```

6. 写出程序执行后的输出结果。

```
#include <stdio.h>
#include <stdlib.h>
void preparedata()
```

```
{    int arr[3][3],number, * ptr;
     FILE  * fp;
     char filename[ ] = "d:\\matrix. dat";
     ptr = &arr[0][0];
     for(number = 1;number < 10;number ++ )
     {    * ptr = number;
          ptr ++ ;
     }
     if((fp = fopen(filename,"w")) == NULL)
          exit(1);
     fwrite(arr,sizeof(int),9,fp);
     fclose(fp);
}
int readdata( )
{    FILE  * fp;
     int i = 0,jump = 2,sum = 0;
     int number;
     char filename[ ] = "d:\\matrix. dat";
     if((fp = fopen(filename,"r")) == NULL)
          exit(2);
     for(i = 0;i < 3;i ++ )
     {    fseek(fp,jump * sizeof(int),SEEK_CUR);
          fread(&number,sizeof(int),1,fp);
          sum += number;
     }
     return sum;
}
void main( )
{    preparedata( );
     printf("The value is% d\n",readdata( ));
}
```

四、程序设计题

1. 从键盘输入 3 个人的自然情况信息,并将这些信息保存到一文件中。然后打开该文件,读出并显示该文件的内容。

2. 计算 cos 函数在 2 * x/32(x = 0,1,2,…,32)上的值,然后把这些数据存放在磁盘上 result. txt 文件中。

3. 有两个磁盘文件 file1 和 file2,各存放一行字母,要求把这两个文件中的信息合并(按字母顺序排列),输出到一个新文件 file3 中。

4. 从键盘输入一个字符串,将小写字母全部转换成大写字母,然后输出到一个磁盘文件“test”中保存,输入的字符串以!结束。

5. 从键盘输入一些字符,逐个把它们存入磁盘文件 test 中去,直到输入一个#为止。

提示:利用 fputc 函数将字符写入到磁盘文件中。

6. 读入一个文件,输出其中最长的一行的行号和内容。

提示:以硬回车键'\n'作为行的结束标志。

7. 编写程序将全班同学的姓名、地址和电话号码写到一个文件 class. dat 中。

提示:学生的信息可以存放到结构体数组,以 fwrite 函数写数据到文件中。

8. 利用 7 题产生的 class1. dat 文件,编程实现从中直接读取第三个同学的数据。

9. 将 7 题产生的 class. dat 文件中的数据按姓名从低到高排列输出到显示器上,并把排了序的数据重新写入到文件 class1. dat 中。

提示:以 fread 函数从文件中读入学生的信息,并存放到结构体数组,在数组中进行排序,排序完毕再写入文件中。

10. 在 7 题产生的 class1. dat 文件中插入一个新生的数据,要求插入后的文件数据仍然按姓名顺序排列。

提示:先将数据读入到数组中,新的数据插入在数组的末尾,在数组中进行排序,再写入到文件中。

10 位运算与枚举类型

本章概要和学习目标

位运算是对整型数据进行二进制位的运算，C语言通过位运算提供对诸如移位、求反等低级语言才具有功能的支持。C语言中，枚举类型是一种特别的基本数据类型，它可以限制数据对象取值的范围，通过使用枚举类型可以使程序代码更容易理解。本章主要讨论C语言中提供的位操作功能以及位运算在程序设计中的简单应用；讨论枚举数据类型的简单应用。本章的主要学习目标如下：

- 了解位运算在程序设计中的作用
- 掌握C语言中提供的位运算符的功能
- 掌握位运算在程序设计中的基本使用方法
- 理解在程序设计中使用枚举数据类型的意义
- 掌握枚举类型及变量的使用方法

10.1 C语言的位运算及其应用

作为一种计算机高级程序设计语言，C语言与其他高级程序设计语言最大的不同之一在于C语言具有许多低级程序设计语言才拥有的功能。在对数据的操作方式上，C语言不但可以像其他高级程序设计语言一样将一个基本数据对象看成为一个整体进行操作，而且还可以将这些基本数据对象拆分成为更小的数据处理单位——“位”，进而对“位”进行操作。本小节主要讨论C语言中位运算符的基本功能和位运算的简单应用。

10.1.1 位运算符和位运算表达式

二进制位(Bit)是计算机系统中能够表达信息最小单位，一个二进制位能够表达出两个信息“0”和“1”。字节(byte)是计算机系统中的基本信息单位，一个字节由8个二进制位组成,其中最右边一位称为“最低有效位”,最左边的一位称为“最高有效位”。

C 语言提供了位运算的功能,使用 C 语言可以开发出一些直接对计算机系统硬件(如存储器、外部设备端口、显示系统等等)进行操作的软件。在使用 C 语言中提供的位运算功能时需要注意以下两点:

(1)位运算的数据对象只能是整型类型兼容的数据,如字符型(char)、整型(int)、无符号整型(unsigned)以及长整型(long)等。

(2)位运算符对于数据对象的处理方式和 C 语言提供的其他运算符不同。对于其他运算符而言,操作时将其能够处理的数据对象作为一个整体看待;而对于位运算符而言,则将其能够处理的数据对象(整型类型)拆分为二进制位分别对待。

为在程序设计中进行位运算,C 语言提供了下列 11 个用于位操作的运算符或复合运算符对程序设计中的位运算提供支持,如表 10.1 所示。

表 10.1　C 语言中的位运算符

运算符	运算符含义	运算符	运算符含义
&	按位与	|	按位或
^	按位异或	~	按位取反
<<	按位左移	>>	按位右移
&=	位与赋值	|=	位或赋值
^=	位异或赋值	<<=	左移赋值
>>=	右移赋值		

1)按位与运算符(&)

按位与运算符(&)是一个双目运算符,其功能是将参加操作的两个对象的各个位分别对应进行“与”运算,即:两者都为 1 时结果为 1,否则结果为 0。

按位与运算通常用来对操作数据对象的某些位清 0 或保留某些位。例如把整型变量 a 的高 16 位清 0,保留低 16 位,可以对变量 a 进行 a&65535 运算(65535 对应的二进制数为 00000000000000001111111111111111)。如果是进行位运算,在描述整型常量时使用 16 进制数据更为方便,例如 a&65535 可以用十六进制常数的形式写为 a&0xffff。

例 10.1　按位与运算示例。

```
/* Name: ex10-01.cpp */
#include <stdio.h>
void main()
{   unsigned int x,y;
    printf("Input x and y:");
    scanf("%u,%u",&x,&y);
    printf("x&y=%u\n",x&y);
}
```

运行该程序,当输入数据为 128,64 时,结果为 x&y = 0。其运算过程为:

```
    00000000000000000000000010000000      (十进制数:128)
&   00000000000000000000000001000000      (十进制数:64)
----------------------------------------
    00000000000000000000000000000000      (十进制数:0)
```

2)按位或运算符(|)

按位或运算符(|)是一个双目运算符,其功能是将参加操作的两个对象的各个位分别对应进行“或”运算,即:两者都为 0 时结果为 0,否则结果为 1。

按位或运算常用来将源操作数某些位置 1,而保持其他位不变。例如把整型变量 a 的低 16 位置 1,保留高 16 位,可以通过对变量 a 施加 a|0xffff 运算实现(0xffff 对应的二进制数为 00000000000000001111111111111111)。

例 10.2　按位或运算示例。

```
/* Name: ex10-02.cpp */
#include <stdio.h>
void main()
{   unsigned int x,y;
    printf("Input x and y:");
    scanf("%u,%u",&x,&y);
    printf("x|y=%u\n",x|y);
}
```

运行该程序,当输入数据为 128,64 时,结果为 x|y = 192。其运算过程为:

```
    00000000000000000000000010000000      (十进制数:128)
|   00000000000000000000000001000000      (十进制数:64)
----------------------------------------
    00000000000000000000000011000000      (十进制数:192)
```

3)按位异或运算符(^)

按位异或运算符(^)是一个双目运算符,其功能是将参加操作的两个对象的各个位分别对应进行“异或”运算,运算规则为:两者值相同时结果为 0,否则结果为 1。

按位异或运算常用于将源操作数某些特定位的值取反,例如把整型变量 a 的低 16 位值取反,保留高 16 位,可以通过对变量 a 施加 a^0xffff 运算实现(0xffff 对应的二进制数为 00000000000000001111111111111111)。

例 10.3　按位异或运算示例。

```
/* Name: ex10-03.cpp */
#include <stdio.h>
void main()
```

```
{   unsigned int x,y;
    printf("Input x and y:");
    scanf("%u,%u",&x,&y);
    printf("x^y = %u\n",x^y);
}
```

运行该程序,当输入数据为 128,64 时,结果为 x^y = 192。其运算过程为:

```
      00000000000000000000000010000000      (十进制数:128)
^     00000000000000000000000001000000      (十进制数:64)
---------------------------------------------
      00000000000000000000000011000000      (十进制数:192)
```

4)按位取反运算符(~)

按位取反运算符(~)是一个单目运算符,其功能是将参加操作的对象的各个位进行"取反"操作,即:0 变为 1,1 变为 1。

例 10.4 按位取反运算示例。

```
/* Name: ex10-04.cpp */
#include <stdio.h>
void main()
{   unsigned int x;
    printf("Input x:");
    scanf("%u",&x);
    printf(" ~x = %u\n", ~x);
}
```

运行该程序,当输入数据为 128 时,结果为 ~x = 4294967167。其运算过程为:

```
      00000000000000000000000010000000      (十进制数:128)
~x =  11111111111111111111111101111111      (十进制数:4294967167)
```

5)左移运算符(<<)

左移运算符(<<)是一个双目运算符,其功能是将参加操作的左操作对象的全部位向左移动右操作对象指定的位数,左移出去的数位丢失,左移后数的右边补 0。如:a <<3 表示将 a 中的各位全部向左移动 3 位。在计算机系统中,只要没有出现溢出现象(即移位后的数据仍在取值范围之内),那么某数左移一位相当于将该数乘 2,左移两位相当于将该数乘 4,以此类推。

例 10.5 左移运算示例。

```
/* Name: ex10-05.cpp */
#include <stdio.h>
void main()
{   unsigned int x,n;
```

```
    printf("Input x:");
    scanf("%u",&x);
    printf("Input number to move:");
    scanf("%u",&n);
    printf("x<<%u=%u\n",n,x<<n);
}
```

运行该程序,当输入数据为 128,移动位数为 2 时,结果为 x << 2 = 512。其运算过程为:

```
            00000000000000000000000010000000        (十进制数:128)
  x<<2      00000000000000000000001000000000        (十进制数:512)
```

当输入数据为 128,移动位数为 25 时,出现溢出现象,结果为 x << 25 = 0。其运算过程为:

```
          00000000000000000000000010000000        (十进制数:128)
x<<25     10000000000000000000000000000000    (十进制数:0,最前面的1丢失)
```

6)右移运算符(>>)

右移运算符(>>)是一个双目运算符,其功能是将参加操作的左操作对象的全部位向右移动右操作对象指定的位数,右移出去的数位丢失,右移后左边留下的空位填充取决于左操作对象的数据类型:对无符号数据(unsigned char 和 unsigned int),左边补 0;对有符号数据(int 和 char)左边补其符号位,即正数补 0、负数补 1。同样,如果移位后没有溢出,右移 1 位相当于将该数除以 2。

例 10.6 右移运算示例。

```
/* Name: ex10-06.cpp */
#include <stdio.h>
void main()
{   int x,n;
    printf("Input x:");
    scanf("%d",&x);
    printf("Input number to move:");
    scanf("%d",&n);
    printf("x>>%d=%d\n",n,x>>n);
}
```

运行该程序,当输入数据为 128,移动位数为 2 时,结果为 x >> 2 = 32。其运算过程为

```
              00000000000000000000000010000000        (十进制数:128)
  x>>2        00000000000000000000000000100000        (十进制数:32)
```

当输入数据为 -128,移动位数为 2 时,结果为 x >> 2 = -32。其运算过程为:

10000000000000000000000010000000　　　　（十进制数：-128 的原码）

11111111111111111111111101111111　　　　（十进制数：-128 的反码）

11111111111111111111111110000000（十进制数：-128 的补码，机器中存放的形式）

x >>2　11111111111111111111111111100000（十进制数：-32 的补码，机器中存放的形式）

10000000000000000000000000011111　　　　（十进制数：-32 的反码）

10000000000000000000000000100000　　　　（十进制数：-32 的原码）

-00000000000000000000000000100000　　　　（十进制数：-32）

10.1.2　位运算的简单应用

运算基本都是针对字节以上的数据对象进行的，而在实际的涉及系统软硬件、通信以及自动控制等软件中会经常需要对二进制位进行处理。C 语言提供了位运算的功能，使用 C 语言可以开发出一些直接对计算机系统硬件（如存储器、外部设备端口、显示系统等）进行操作的软件。下面仅用两个简单示例演示 C 位运算的简单应用。

例 10.7　编程序实现将一个无符号整型数据二进制代码中 8 ~ 11 位取出的功能。

```
/ * Name: ex10-07. cpp * /
#include  < stdio. h >
void main( )
{     unsigned num, mask;
      printf( " 请输入一个无符号整数: " );
      scanf( " % d" ,&num) ;
      num  >>= 8;   //将 num 的值右移 8 位
mask = ~ ( ~0  << 4);   //构成一个低 4 位为 1,其余位为 0 的整数
printf( " 取出数据的 16 进制值是:% x \n" , num&mask) ;
}
```

上面程序中首先对处理的数据 num 通过 num >>= 8 将其本身的 0 ~ 7 位移出，移位后 num 中原来的 8 ~ 11 位成为移位后数据的低 4 位。然后通过 mask = ~ (~0 << 4) 表达式构造一个除低 4 位为 1，其余位都为 0 的整型数据 mask，最后通过表达式 num&mask 得到一个低 4 位保留了 num 低 4 位值（即 num 最初的 8 ~ 11 位值）的整型数据并输出。如程序运行时输入的数据是 1234567，则其数据演算过程和结果如下所示：

1234567 的二进制数：　　　00000000000100101101011010000111

右移 8 位后的二进制数：　 00000000000000000001001011010110

~ (~0 << 4) 的二进制数：00000000000000000000000000001111

num&mask 结果的二进制数：00000000000000000000000000000110

程序一次运行的情况和输出结果如下：

请输入一个无符号整数：1234567

取出数据的16进制值是:6

例10.8 利用二进制位运算进行十进制整数到二进制数的转换。

从数的进制以及进制之间的转换原理上说，十进制整数到二进制数的转换应该使用"除2取余法"。从前面的介绍得知，对整型数据而言，在系统存储器中存储的是其二进制补码形式。如果被转换的十进制数是正数，则其补码与原码相同，转换时只需要判断出最高位(符号位)以外的所有二进制位，二进制位值为1时输出1，二进制位值为0时输出0即可得到转换后的二进制数据。如果被转换的十进制数是负数，首先单独处理数据符号位，然后将其在存储器中的数据转换为对应的原码后再按处理正整数的方法进行处理即可。实现利用二进制位运算进行十进制整数到二进制数的转换的C程序如下所示：

```
/* Name: ex10-08.cpp */
#include <stdio.h>
void main()
{   int getwordlen();
    int j,num,intlen;
    unsigned int mask;
    intlen = getwordlen();
    if(intlen == 16)
        mask = 0x8000;
    else if(intlen == 32)
        mask = 0x80000000;
    printf("请输入要转换的数据:");
    scanf("%d",&num);
    printf("%d 的二进制码为:",num);
    if(mask&num)            /* 如果是负数求出其原码 */
    {   num = ~num;
        num += 1;
        printf(" - ");
    }
    mask >>= 1;
    for(j = 0;j < intlen - 1;j ++)
    {   printf("%d",mask&num? 1:0);
        mask >>= 1;
    }
    printf("\n");
}
int getwordlen()
{   int i;
```

```
    unsigned v = ~0;
    for(i = 1;v >>= 1 > 0;i ++)
        ;
    return i;
}
```

为了使程序在16位系统和32位系统中都能够按正确的二进制位数输出，程序中设计并定义了函数getwordlen，函数getwordlen的功能是测试出当前所用的系统环境的字长是多少位，然后用该字长控制二进制转换的长度，下面是程序两次执行的过程和输出结果：

请输入要转换的数据:100　　/＊第一次执行输入数据是正整数＊/
100的二进制码为:00000000000000000000000001100100
请输入要转换的数据:-100　　/＊第二次执行输入数据是负整数＊/
-100的二进制码为:-00000000000000000000000001100100

10.2 位段及应用

位段是C语言中一种特殊的构造数据形式，它结合了二进制位和结构体数据类型概念，形成了一种以二进制位来描述结构体数据类型成员的特殊结构体数据类型。

10.2.1 位段的概念和定义方法

C语言提供了访问一个字节中某几位的手段，这就是“位段”的方法。位段也可以称为“位域”、“位字段”等，本质上是字节中一些位的组合，所以又可以称之为“位信息组”。位段实际上是一种特殊的结构体成员，不同的是它以位为单位来定义成员的长度。位段的类型只能是整型(int)和无符号整型(unsigned int)。其一般定义形式为：

```
struct 标识符
{
    ⋮
    位段成员定义;
    ⋮
};
```

在位段这种特殊结构体类型的定义形式中，位段结构体名仍然由定义中的“struct 标识符”部分确定；位段成员的定义方式与一般结构体类型中的成员定义有所不同，在其中不但要指定成员的名字，还需要指明成员所需要的二进制位数，其定义的一般形式如下所示：

数据类型名　变量名:二进制位数;

例如：

```
struct control
{   unsigned a:3;
    unsigned b:1;
    unsigned c:3;
} control_data;
```

以上程序段定义了一个位段结构体变量control_data，它共有3个成员：a，b，c，分别占3位、1位和3位二进制位。

在一个结构体类型中可以混合定义位段和一般的结构体成员。例如：

```
struct control
{   int x;
    char name[8];
    unsigned a:3;
    unsigned b:1;
    unsigned c:3;
} control_data;
```

以上程序段中第一个成员是整型，占4个字节；第2个成员是字符数组，占8个字节；后3个成员是位段，共占7个二进制位。

在定义位段时，若有需要可以跳过某些位不用，其方法是在结构体类型中定义特殊的成员项，定义特殊位段成员项时不定义名字而只指定所占用的二进制位数，由于被跳过的这些位段没有名字，所以在程序中无法使用。例如：

```
struct control
{   int x;
    char name[8];
    unsigned a:3;
    unsigned:4;
    unsigned b:1;
    unsigned c:3;
} control_data;
```

其中，第4个成员没有名字，不能引用，只是将位段a与b之间隔开4个二进制位。

在定义位段时，还可以根据需要指定某些位段从一个新的字节开始起存放，其方法是在这个位段成员的前一项成员定义中指定其二进制位数为0。例如：

```
struct control
{   int x;
    char name[8];
    unsigned a:3;
    unsigned:0;
    unsigned b:1;
```

```
    unsigned c:3;
}control_data;
```

其中,第4个成员没有名字,长度为0,不能引用,其作用是使得位段b从下一个新的字节开始存放。

在位段定义中还需要特别注意的是:一个位段成员应该存储在一个字节中而不能跨两个字节。在程序设计中如果遇到一个字节所剩空间不够存放下一位段成员时,则应该跳过当前字节剩余的部分从下一字节单元起存放位段成员。例如,若要求的位段成员依次为:a(3位)、b(3位)、c(3位),则定义方法如下所示:

```
struct control
{   unsigned a:3;
    unsigned b:3;
    unsigned :0;        /* 当前字节剩余不足3位,跳过当前字节中剩余部分 */
    unsigned c:3;
}control_data;
```

10.2.2 位段的引用方法

由于位段本质上是一种特殊的结构体类型数据,所以位段成员的引用方法与引用结构体变量的成员分量方法相同,即需要用点运算符连接结构体变量和位段成员名。例如定义有如下形式的结构体类型和变量:

```
struct control
{   int x;
    char name[8];
    unsigned a:3;
    unsigned:0;
    unsigned b:1;
    unsigned c:3;
}control_var;
```

那么,位段a、b、c的引用形式为:control_var.a、control_var.b、control_var.c。对位段可以赋值,但在赋值操作时必须注意一个位段成员分量的取值范围(即能够存储的最大值)。例如control_var.a占三个二进制位,最大值为7;而control_var.b占用一个二进制位,其最大值只能是1。

对于含有位段的结构体变量,可以用通类型的指针变量指向含有位段成员的结构体变量,可以引用该结构体变量的地址,也可以通过指针变量来引用位段。例如:

```
struct control *ptr,var_data;
ptr=&var_data;
    printf("%d\n",ptr->c);      /* 输出var_data.c的值 */
```

但需要特别注意的是,在对含有位段的结构体变量操作中,不能像引用结构体变量中的普通成员地址那样引用位段成员的地址，其原因在于存储器中的地址是以字节为单位编址的，而位段成员存储是以二进制位为单位而不是以字节为单位。例如对于上面的结构体变量 var_data 而言，&var_data. a 的操作方法是错误的。

例 10.9 实现一个洗牌和发牌的模拟程序，要求在程序的实现过程中尽可能减少所需要的存储空间。

对于一副扑克牌而言，牌的花色有 4 种，可以用 2 位二进制表示；牌的面值由 13 种（A ~ K），可以用 4 位二进制表示；牌的颜色有两种，可以用 1 位二进制表示；设牌的面值从 0 到 12 依次表示牌面 Ace，2，3，…，King，牌的花色值从 0 到 3 依次表示方块、红桃、梅花和黑桃，则可以用如下所示的位段结构体类型数组变量表示一副扑克牌：

```
struct Card
{   unsigned face:4;
    unsigned suit:2;
    unsigned color:1;
} Deck;
/* Name: ex10-09.cpp */
#include <stdio.h>
#include <stdlib.h>
#include <time.h>
struct Card
{   unsigned face:4;
    unsigned suit:2;
    unsigned color:1;
} deck[52];
void fillDeck(struct Card *wDeck);
void deal(struct Card *wDeck);
void main()
{   fillDeck(deck);
    deal(deck);
    printf("\n");
}
void fillDeck(Card *wDeck)
{   int i,j;
    srand(time(NULL));
    for(i=0;i<52;i++)
    {   j=rand()%52;
        wDeck[i].face=j%13;
        wDeck[i].suit=j/13;
        wDeck[i].color=j/26;
```

```
    }
}
void deal(Card *wDeck)
{   int k1,k2;
    printf("\n");
    for(k1 =0,k2 = k1 +26;k1 <26;k1 ++ ,k2 ++ )
    {   if(k1%13 ==0)
            printf("\n 第%d 组牌:\t\t\t 第%d 组牌:\n",k1/13 +1,k1/13 +3);
        printf("\nCard: %3d   Suit: %2d   Color: %2d",
            wDeck[k1].face,wDeck[k1].suit,wDeck[k1].color);
        printf("Card: %3d   Suit: %2d   Color: %2d",
            wDeck[k2].face,wDeck[k2].suit,wDeck[k2].color);
    }
}
```

程序的一次运行结果为:

```
第 1 组牌:                          第 3 组牌:
Card:   7  Suit: 0  Color: 0  Card:   3  Suit: 1  Color: 0
Card:   1  Suit: 0  Color: 0  Card:  12  Suit: 2  Color: 1
Card:  10  Suit: 2  Color: 1  Card:   3  Suit: 3  Color: 1
Card:   4  Suit: 0  Color: 0  Card:   5  Suit: 1  Color: 0
Card:   4  Suit: 0  Color: 0  Card:   0  Suit: 0  Color: 0
Card:  11  Suit: 1  Color: 0  Card:  11  Suit: 0  Color: 0
Card:   5  Suit: 0  Color: 0  Card:   7  Suit: 1  Color: 0
Card:   0  Suit: 0  Color: 0  Card:  10  Suit: 2  Color: 1
Card:   4  Suit: 3  Color: 1  Card:   4  Suit: 3  Color: 1
Card:  10  Suit: 1  Color: 0  Card:  11  Suit: 0  Color: 0
Card:   9  Suit: 2  Color: 1  Card:   9  Suit: 0  Color: 0
Card:  10  Suit: 0  Color: 0  Card:   9  Suit: 2  Color: 1
Card:   8  Suit: 2  Color: 1  Card:   3  Suit: 2  Color: 1
第 2 组牌:                          第 4 组牌:
Card:   5  Suit: 2  Color: 1  Card:  12  Suit: 3  Color: 1
Card:   7  Suit: 1  Color: 0  Card:   9  Suit: 2  Color: 1
Card:   9  Suit: 1  Color: 0  Card:   3  Suit: 3  Color: 1
Card:  10  Suit: 2  Color: 1  Card:   0  Suit: 3  Color: 1
Card:   5  Suit: 2  Color: 1  Card:   5  Suit: 1  Color: 0
Card:   2  Suit: 2  Color: 1  Card:   7  Suit: 3  Color: 1
Card:   2  Suit: 0  Color: 0  Card:   7  Suit: 0  Color: 0
Card:   8  Suit: 0  Color: 0  Card:   0  Suit: 3  Color: 1
```

```
Card:  4   Suit:  3   Color:  1   Card:  9   Suit:  2   Color:  1
Card:  3   Suit:  0   Color:  0   Card:  8   Suit:  2   Color:  1
Card: 12   Suit:  0   Color:  0   Card:  1   Suit:  1   Color:  0
Card:  4   Suit:  1   Color:  0   Card: 11   Suit:  2   Color:  1
Card: 12   Suit:  1   Color:  0   Card: 12   Suit:  0   Color:  0
```

10.3 枚举数据类型及其应用

在客观世界和自然科学中，人们往往习惯于使用表达了具体事物物理上含义的数据，例如，用 male 和 female 两种值之一来表示人的性别；用 Monday，Tuesday，Wednesday，Thursday，Friday，Saturday，Sunday 来表示一个星期中的 7 天；用 January，February，March，April，May，June，July，August，September，October，November，December 来表示一年中的 12 个月等。这些数据项不但表示了其所包含的意义，而且它们还是一组有序数据，在 C 程序中设计中直接使用这些可以描述物理含义的数据比用阿拉伯数字使得程序更加清晰并容易理解，C 语言中提供了"枚举"数据类型对上面的程序设计要求予以支持。在"枚举"数据类型的定义中列举出其变量所有可能的取值，被说明为该"枚举"类型的变量取值不能超过定义的范围。需要说明的是，枚举类型是一种基本数据类型，而不是一种构造类型，因为它不能再分解为任何基本类型。

10.3.1 枚举类型的定义和枚举变量的引用

虽然枚举数据类型是一种基本数据类型，但它并不是程序设计语言中的内置基本数据类型，在程序设计中如果需要使用某种形式的枚举类型则仍然要求程序员在源程序中自行定义枚举类型和相应的枚举变量，枚举数据类型定义的一般形式为：

enum 标识符｛枚举值列表｝；

其中，enum 是 C 语言中定义枚举数据类型的关键字，它和其后的标识符一起构成了枚举数据类型的类型名字；枚举值列表中列出的是对该枚举数据类型变量取值的规定范围，这些值也称为枚举元素，在定义枚举类型时枚举元素必须使用合法的标识符予以表示。例如下面语句定义了数据类型名为 enum Weekday 的枚举数据类型：

```
enum Weekday
{    Monday, Tuesday, Wednesday, Thursday, Friday, Saturday, Sunday
};
```

从上面枚举类型 enum Weekday 定义中的枚举元素取值情况可以看出，在程序中显然可以使用该枚举类型的变量来表示每周中的 7 天。

如同结构体数据类型和联合体数据类型的使用方式一样，对于枚举数据类型也需要定义枚举变量后才能使用，同样有下面描述的 3 种定义方法：

(1)先定义枚举数据类型,再定义枚举类型变量,例如下面的C语句序列:

```
enum Weekday
{      Monday,Tuesday,Wednesday,Thursday,Friday,Saturday,Sunday
};
typedef enum Weekdat WEEK;
WEEK a,b,c;
```

(2)在定义枚举数据类型的同时定义枚举类型变量,例如下面的C语句序列:

```
enum Weekday
{      Monday,Tuesday,Wednesday,Thursday,Friday,Saturday,Sunday
}a,b,c;
```

(3)只定义几个某种枚举数据类型的枚举变量,例如下面的C语句序列:

```
enum
{      Monday,Tuesday,Wednesday,Thursday,Friday,Saturday,Sunday
}a,b,c;
```

对于枚举数据类型的定义还需要特别注意下面两点:

(1)枚举元素必须用C语言的合法标识符表示。定义中的枚举元素使用C语言合法的标识符来表示的,在定义是不能将它们误用为整型数据、字符常量或者字符串常量,例如下面的枚举类型定义都是错误的:

```
enum Weekday
{      1,2,3,4,5,6,7      /* 使用整型数据表示枚举元素 */
};
enum Weekday      /* 使用字符串常量表示枚举元素 */
{      "Monday","Tuesday","Wednesday","Thursday","Friday","Saturday","Sunday"
};
enum Weekday      /* 使用字符常量表示枚举元素 */
{      'M','T','W','T','F','S'
};
```

(2)枚举定义中的标识符必须唯一。在枚举类型定义中的标识符不但要求是C语言中合法的标识符,而且要求表示枚举元素的标识符在同一个枚举定义中必须是唯一的。例如下面的枚举类型定义中出现了重复的标识符Monday,因而这个枚举类型定义是错误的:

```
enum Weekday
{      Monday,Tuesday,Wednesday,Thursday,Friday,Monday
};
```

在C语言中,枚举是用标识符表示的整型常量的集合,即枚举常量是自动设置整型数值的符号常量。除非在定义枚举数据类型是指定了起始值,否则枚举常量的起始值为0,以后的每个枚举元素值递增1。例如有如下所示的枚举类型定义:

```
enum Weekday
{    Monday,Tuesday,Wednesday,Thursday,Friday,Saturday,Sunday
};
```

则其中的标识符被自动设置为整型数0到6。如果要使标识符的值为1～7,则应该使用下面的枚举类型定义方式:

```
enum Weekday
{    Monday = 1,Tuesday,Wednesday,Thursday,Friday,Saturday,Sunday
};
```

在这种方式中,由于第一个枚举值被明确地设置为1,以后的每个枚举值依次递增后表示出1～7的数值。

还可以在枚举类型定义中对枚举元素表示的起始值作多次改变,每一个改变后枚举值从该值开始递增到遇到下一次指定起始值为止。例如有下面的枚举定义方式:

```
enum Weekday
{    Thursday = 4,Friday,Saturday,Sunday,Monday = 1,Tuesday,Wednesday
};
```

表示了从Thursday到Sunday的枚举常量值依次为4,5,6和7,接着的Monday到Wednesday的枚举常量值依次为1,2和3。

在程序中按需要定义某种枚举类型后就可以定义该枚举类型的变量,对于枚举变量的使用时必须注意下面几点:

(1)不能直接输入/输出枚举变量的值。枚举变量的值在C程序设计中不允许直接地输入或输出,在程序中如果要输入或输出枚举变量的值只能采用输入或确定其枚举值的序号(即枚举元素的常量值)然后处理对应的枚举元素的方法,下面的示例演示了枚举量的输出方法。

例10.10 枚举变量的输入输出示例。

```
/* Name: ex10-10.cpp */
#include <stdio.h>
void main()
{    enum
     {    RED = 1,YELLOW,GREEN
     } color;
     int i;
     printf("(%d)RED,(%d)YELLOW,(%d)GREEN\n",RED,YELLOW,GREEN);
     printf("Input color:");
     scanf("%d",&i);
     switch(i)
     {    case 1: color = RED;
                  break;
          case 2: color = YELLOW;
```

```
            break;
        case 3: color = GREEN;
            break;
        default: printf("No this color\n");
            break;
    }
    switch(color)
    {   case 1:  printf("Color: RED\n");
                 break;
        case 2:  printf("Color: YELLOW\n");
                 break;
        case 3:  printf("Color: GREEN\n");
                 break;
    }
}
```

(2)不能将枚举元素对应的整型数值直接赋予枚举变量。在枚举变量使用时,只能把表示枚举值的标识符赋予枚举变量,而不能将枚举元素对应的整型数值直接赋予枚举变量,例如有下面的C语句序列:

```
enum Weekday
{   Monday = 1, Tuesday, Wednesday, Thursday, Friday, Saturday, Sunday
};
typedef enum Weekdat WEEK;
WEEK day;
day = Monday;/*将枚举变量 day 的值设置为表示星期一 Monday */
day = 2;/*试图将枚举变量 day 的值设置为表示星期二 Tuesday */
```

其中的 day = 2;试图将整型数值直接赋值给枚举变量 day,这种赋值方法是不允许的。

(3)不能在程序中试图修改枚举元素的值。在定义枚举类型是用标识符表示的枚举元素的值是常量而不是变量,在程序中可以直接引用枚举值,但不能在程序中用任何方式试图修改它们的值,例如用赋值语句再对它赋值等。例如有下面的C语句序列:

```
enum Weekday
{   Monday = 1, Tuesday, Wednesday, Thursday, Friday, Saturday, Sunday
};
typedef enum Weekdat WEEK;
WEEK day;
day = Monday;   /*将枚举变量 day 的值设置为表示星期一 Monday */
    Tuesday = 3;    /*在定义已经指定 Tuesday 的值为2,试图修改为3 */
```

其中的 Tuesday = 3 试图将枚举常量 Tuesday 的值进行修改,在枚举操作中是不允许的。

10.3.2 枚举类型的简单应用

枚举类型在程序设计中应用的意义在于限制数据的取值范围,使得应用程序尽可能避免出现一些毫无意义的结果,下面通过两个示例演示枚举数据类型在程序中的应用。

例 10.11 设某网络中心需要安排部门技术人员值班,该中心负责值班有 4 位技术人员:张广生、李中士、王义、吴俊民。请编程序为他们安排 1~25 天轮流值班表。

```
#include <stdio.h>
void main()
{    enum body
     {    zhang,li,wang,wu
     }month[26],j;
     int i;
     j = zhang;
     for(i = 1;i <= 25;i ++)
     {    month[i] = j;
          j = (enum body)((int)j + 1);
          if(j > wu)
               j = zhang;
     }
     for(i = 1;i <= 25;i ++)
     {    if((i-1)%3 ==0)      /*每行输出 3 个数据项*/
               printf("\n");
          switch(month[i])
          {
               case zhang:  printf("%2d %s\t",i,"张广生");
                            break;
               case li:     printf("%2d %s\t",i,"李中士");
                            break;
               case wang:   printf("%2d %s\t",i,"王义");
                            break;
               case wu:     printf("%2d %s\t",i,"吴俊民");
                            break;
          }
     }
     printf("\n");
}
```

程序运行的结果为：

1 张广生	2 李中士	3 王 义
4 吴俊民	5 张广生	6 李中士
7 王 义	8 吴俊民	9 张广生
10 李中士	11 王 义	12 吴俊民
13 张广生	14 李中士	15 王 义
16 吴俊民	17 张广生	18 李中士
19 王 义	20 吴俊民	21 张广生
22 李中士	23 王 义	24 吴俊民
25 张广生		

例 10.12 编程序实现功能：模拟与计算机打扑克牌过程，要求从键盘上输入 1 张牌值，含花色（suit）和面值（face），让计算机随机产生 1 张牌，比较 2 张牌的大小。

```
/* Name: ex10-12.cpp */
#include <stdio.h>
#include <stdlib.h>
#include <time.h>
void main()
{   int yesno(char *s);          //判断是否继续函数原型
    void printsuitface(int suit,int face);     //输出牌面函数原型
    enum Suit{Diamonds=1,Clubs,Hearts,Spades} v_suit;     //花色枚举类型及变量
    enum Face{Deuce=2,Three,Four,Five,Six,Seven,Eight,Nine,
              Ten,Jack,Queen,King,Ace} v_face;          //点数枚举类型及变量
    char in_suit;
    int in_face;
    srand((unsigned)time(NULL));
    while(yesno("\n 敢和计算机赌大小吗"))
    {   getchar();
        printf("输入示例: D11 表示方块 Jack");
        printf("\n 花色: D C H S  和点数: 2-14 \n");
        scanf("%c%d",&in_suit,&in_face);
        getchar();
        if(!(in_suit=='D'||in_suit=='C'||in_suit=='H'||in_suit=='S'))
        {   printf("输入了非法的花色…\n");
            break;
        }
        if(in_face<2||in_face>14)
        {   printf("输入了非法的点数…\n");
            break;
```

```
        }
        switch(in_suit)
        {    case 'D':   in_suit = 1;
                         break;
             case 'C':   in_suit = 2;
                         break;
             case 'H':   in_suit = 3;
                         break;
             case 'S':   in_suit = 4;
                         break;
        }
        printf("操作者牌面:");
        printsuitface(in_suit,in_face);          //输出操作者选择的牌面
        v_suit = (Suit)(rand()%4 + 1);           //花色枚举值从 1 开始
        v_face = (Face)(rand()%13 + 2); //牌面点数从 2 开始
        printf("\n 计算机牌面:");
        printsuitface(v_suit,v_face);            //输出计算机抽到的牌面
        if(in_suit > v_suit)
            printf("\n 操作者赢!");
        else if(in_suit == v_suit)
        {   if(in_face > v_face)
                printf("\n 操作者赢!");
            else   printf("\n 计算机赢!");
        }
        else
            printf("\n 计算机赢!");
    }
}
int yesno(char *s)        //判断是否继续
{   char get;
    do
    {   printf("%s(Y/N)?",s);
        get = toupper(getchar());
        switch(get)
        {   case 'Y': return 1;
            case 'N': return 0;
            default:    break;
        }
```

```
    } while(1);
}
void printsuitface(int suit,int face)       //输出牌面
{     switch(suit)
    {     case 1: printf("方块");
                  break;
          case 2: printf("草花");
                  break;
          case 3: printf("红桃");
                  break;
          case 4: printf("黑桃");
                  break;
    }
    if(face <=10)
          printf("%d",face);
    else
          switch(face)
          {     case 11:printf("J");
                        break;
                case 12:printf("Q");
                        break;
                case 13:printf("K");
                        break;
                case 14:printf("A");
                        break;
          }
}
```

在例 10.12 程序中利用枚举类型构造扑克牌的数据结构：

Suit{Diamonds =1,Clubs,Hearts,Spades}

Face{Deuce =2,Three,Four,Five,Six,Seven,Eight,Nine,Ten,Jack,Queen,King,Ace}
其中的花色和牌面值已按枚举次序分出大小。用花色字符:D,C,H,S 分别代表方块、草花、红桃、黑桃。用数字 2 ~14 分别代表牌面值。

程序运行时首先回答“敢和计算机赌大小吗?”的问题,回答 Y 后从键盘上输入一张牌值,其格式为:花色字符 + 牌面值。例如:C14 代表“草花 A”。

计算机方利用随机函数产生 1 ~4 的值代表花色,2 ~14 的值代表牌面值。将其转换为对应枚举值赋给枚举变量。

通过花色和点数的比较,得出谁输谁赢的结论。程序可以一直运行,直到下列两种情况之一时退出:

(1)操作者在回答"敢和计算机赌大小吗?"时回答了N。

(2)操作者输入了一个非法的花色或者非法的点数。

习题10

一、单项选择题

1. 与十进制数255相等的二进制数是(　　)。

(A)11101110　(B)11111110　(C)10000000　(D)11111111

2. 若字符变量异或运算式 a^b,要求对变量a进行高4位求反,低四位不变,则b(二进制表示)应为(　　)。

(A)11110000　(B)00001111　(C)视a值而定　(D)不可能实现

3. 设a,b均为char。若想通过a&b来使a的二进制码中的首尾两位为原来的值,而其余为0,则b(二进制表示)应为(　　)。

(A)01111110　(B)10000001　(C)视a值而定　(D)无法办到

4. 下列可以进行位运算的数据类型是(　　)。

(A)整型和浮点型　(B)字符型,双精度型

(C)整型和字符型　(D)所有类型均可

5. 如果有 short int a = 2, b = 4;则 a&b 的十进制值等于(　　)。

(A)6　(B)4　(C)2　(D)0

6. 设 short int a = 3, b = 2,则表达式 a^b <<2 的十进制值是(　　)。

(A)2　(B)6　(C)4　(D)3

7. 若有运算符 <<, sizeof, ^, & = 则他们按优先级由高到低的正确排列次序是(　　)。

(A) sizeof, & = , << , ^　(B) sizeof, << , ^, & =

(C) ^, << , sizeof, & =　(D) << , ^, & = , sizeof

8. 以下叙述中不正确的是(　　)。

(A)表达式 a& = b 等价于 a = a&b　(B)表达式 a| = b 等价于 a = a|b

(C)表达式 a!= b 等价于 a = a!b　(D)表达式 a^ = b 等价于 a = a^b

9. 设 int b = 2;表达式 (b >>2)/ (b >>1)的值是(　　)。

(A)0　(B)2　(C)4　(D)8

10. 整型变量x和y的值相等、且为非0值,则以下选项中,结果为零的表达式是(　　)。

(A) x || y　(B) x | y　(C) x & y　(D) x ^ y

二、填空题

1. 或表达式:(255|128) <<2 的十进制值是____①____。

2. 下面程序的功能是取a从右端开始的4~7位,存放在d中并输出,请填空完成程序。

```c
#include <stdio.h>
void  main()
{   unsigned short   a,b,c,d;
    a = 0x29;
    b = a >> 4;
    c = ______②______;
    d = b & c;
     printf("%x\n%x\n",a,d);
}
```

3. 下面程序段的输出结果是______③______。

```c
char a = 9,b = 020;
printf("%x\n", ~a&b <<1);
```

4. 在位运算中,操作数每左移一位,在没有溢出的情况下结果相当于______④______。

5. 下面程序段的输出结果是______⑤______。

```c
unsigned short  a = 3,b = 10;
printf("%d\n",a <<2|b ==1);
```

三、程序阅读题

1. 写出程序执行后的输出结果。

```c
#include <stdio.h>
unsigned rightmove(unsigned m,int n);
void main()
{   unsigned   x = 0xfe00;
    printf("%x\n",rightmove(x, -5));
}
unsigned rightmove(unsigned m,int n)
{  if(n <0) n = -n,m = m << n;
   else  m = m >> n;
   return m;
}
```

2. 写出输入数据为十六进制数8F时的程序执行结果。

```c
#include <stdio.h>
void main()
{   union
      {    struct
           {  unsigned char low;
              unsigned char hig;
           }byte;
         unsigned short word;
```

```
    }x,y;
    printf("Input data: ");
    scanf("%x",&x.word);
    y.byte.hig = x.byte.low;
    y.byte.low = x.byte.hig;
    printf("x = %x\ty = %x\n",x.word,y.word);
}
```

3. 分析以下程序,写出其运行结果。

```
#include <stdio.h>
void main()
{   char *p,s[] = "lost control of the skidding car.";
    p = s;
    printf("原字符串是: %s\n",s);
    while(*p)
    {    *p = ~(*p);
         p++;
    }
    printf("加密后的字符串是: %s\n",s);
    p = s;
    while(*p)
    {    *p = ~(*p);
         p++;
    }
    printf("解密后的字符串是: %s\n",s);
}
```

四、程序设计题

1. 函数 displayBits 的原型是:void displayBits(unsigned x);,其功能是按二进制位 0、1 输出一个 2 字节正整数。编写函数 displayBits 并用相应主函数进行测试。

2. 编写程序实现功能:将一个整型变量的内容右移 4 位,利用上一题中实现的 displayBits 函数分别将移位前和移位后的整数按二进制位输出,并判断所使用的编译系统在右移出的空位上是补 0 或 1。

3. 函数 power2 的原型是:int power2(int number,int pow);,其功能是实现 number * 2^{po}。请利用一个无符号整数左移 1 位等价于把它乘以 2 的特性,编写函数 power2 并用相应主函数进行测试。

4. 函数 PackCharacters 的原型是:int PackCharacters(char c1,char c2);,其功能是通过左移位运算将 2 个字符 c1,c2 值合并到一个 2 字节的无符号整型变量中(具体实现过程为:将第一个字符赋给无符号变量,把变量左移 8 位,然后用按位或运算把第二个字符组合进无符号变量的低 8 位中)。编写函数 PackCharacters 并用相应主函数进行测试。

5. 函数 unpackCharacters 的原型是:void PackCharacters(unsigned short n);,其功能是利用右移位、位与等位运算将一个无符号整型变量分解为2个字符输出(具体实现过程为:将无符号整数"位与"屏蔽字0xFF00(或十进制数65280),保留其高八位值,结果右移8位,将其值赋给第一个字符变量;再将原无符号整数"位与"屏蔽字0x00FF(或十进制数255),保留其低八位,将其值赋给第二个字符变量)。编写函数 unpackCharacters 并用相应主函数进行测试。

6. 函数 encrypt 的原型是:char *encrypt(char *word,char code);,其功能是利用位异或操作"一个字符'异或'一个密码字符(如:0xF9),得到密文,再对该密文各字符'异或'同样的密码字符(如:0xF9)得到原文"的特性实现字符串加密或解密,其中参数:word 是待加密解密的字符串,code 是密码字符。编写函数 encrypt 并用相应主函数进行测试。

7. 原型为:unsigned getBits(unsigned value,int start,int end);函数的功能是从一个无符号整数中自左边开始取出一段二进制位,参数 start 和 end 分别表示起始位和结束位。例如,getBits(0xFE56,5,8);表示从 0xFE56 中从左边开始第5位到第8位共4位二进制数。编写函数 getBits 并用相应主函数进行测试。

8. 函数 extracteOddBits 的原型是:unsigned extracteOddBits(unsigned x);,其功能是抽取2字节整数的二进制奇数位并构成一个无符号整数后返回。编写函数 extracteOddBits 并用相应主函数进行测试。

9. 函数 unmutexCode 的原型是:unsigned unmutexCode(unsigned value);,其功能是求整数的补码。编写函数 unmutexCode 并用相应主函数进行测试。

参考文献

[1] Brian W. Kernighan, Dennis M. Rithie. The C Programming Language[M]. Second Edition. Pretice-Hall International, Inc. 机械工业出版社,2006.

[2] 熊壮,张全和. 程序设计技术[M]. 2 版. 重庆:重庆大学出版社,2005.

[3] 周启海. 计算机结构程序设计原理[M]. 北京:高等教育出版社,1989.

[4] 孙家骕,欧阳民,陈文科. C 语言程序设计[M]. 北京:北京大学出版社,1999.

[5] Al Kelley, Ira Pohl. A Book on c: Programming in C(C 语言教程)[M]. 北京:机械工业出版社,2004.

[6] H. M. Deitel, P. J. Deitel. C 程序设计教程[M]. 薛万鹏,译. 北京:机械工业出版社,2000.

[7] Samuel P. Harbison III, Guy L. Steele Jr. A Reference Manual(C 语言参考手册)5th[M]. 北京:人民邮电出版社,2003.

[8] Matthias Felleisen,黄林鹏. How To Design Programs(程序设计方法)[M]. 朱崇恺,译. 北京:人民邮电出版社,2003.

[9] 李智渊. C 语言[M]. 3 版. 电子科技大学出版社,1995.

[10] Robert Sedgewick,周良忠. C 算法(第一卷:基础、数据结构、排序和搜索)3th[M]. 北京:人民邮电出版社,2004.

[11] 黄维通,马力妮. C 语言程序设计[M]. 北京:清华大学出版社,2003.

[12] 王行言,乔林,黄维通,孟威,等. 计算机程序设计基础[M]. 北京:高等教育出版社,2004.

[13] 严蔚敏,吴伟民. 数据结构(C 语言版)[M]. 北京:清华大学出版社,1999.